现代铝加工生产技术丛书

主编 李凤轶 周 江

铝合金材料主要缺陷与质量控制技术

刘静安 单长智 侯 绎 谢水生 编著

北 京
冶 金 工 业 出 版 社
2022

内 容 简 介

本书是《现代铝加工生产技术丛书》之一，详细介绍了铝合金加工材的分类、主要品种、规格、特性、生产方法、工艺流程及生产过程中的质量控制；重点论述了变形铝合金的铸锭、管、棒、型、线材，板、带、条、箔材，自由锻件与模锻件、粉材、表面处理深加工材等主要铝合金加工材在生产过程中，特别是在各主要生产工序中所产生的主要缺陷（废品）及其产生的原因和预防措施，同时还介绍了铝合金产品的质量检测方法与生产过程的控制等。在内容组织和结构安排上，力求理论联系实际，切合生产实际需要，突出实用性、先进性和行业特色，为读者提供一本实用的技术著作。

本书是铝加工生产企业工程技术人员必备的技术读物，也可供从事有色金属材料与加工的科研、设计、教学、生产和应用等方面的技术人员与管理人员使用，同时可作为大专院校有关专业师生的参考书。

图书在版编目（CIP）数据

铝合金材料主要缺陷与质量控制技术/刘静安等编著．—北京：冶金工业出版社，2012.3（2022.8重印）
（现代铝加工生产技术丛书）
ISBN 978-7-5024-5846-1

Ⅰ.①铝…　Ⅱ.①刘…　Ⅲ.①铝合金—工程材料　Ⅳ.①TG146.2

中国版本图书馆CIP数据核字（2012）第019518号

铝合金材料主要缺陷与质量控制技术

出版发行　冶金工业出版社　**电　　话**　(010)64027926
地　　址　北京市东城区嵩祝院北巷39号　**邮　　编**　100009
网　　址　www.mip1953.com　**电子信箱**　service@mip1953.com

责任编辑　张登科　美术编辑　彭子赫　版式设计　孙跃红
责任校对　卿文春　责任印制　禹　蕊
北京虎彩文化传播有限公司印刷
2012年3月第1版，2022年8月第4次印刷
880mm×1230mm　1/32；12.875印张；381千字；389页
定价52.00元

投稿电话　(010)64027932　投稿信箱　tougao@cnmip.com.cn
营销中心电话　(010)64044283
冶金工业出版社天猫旗舰店　yjgycbs.tmall.com
（本书如有印装质量问题，本社营销中心负责退换）

《现代铝加工生产技术丛书》

编辑委员会

《现代铝加工生产技术丛书》

主要参编单位

西南铝业（集团）有限责任公司

东北轻合金有限责任公司

中国铝业股份有限公司西北铝加工分公司

北京有色金属研究总院

广东凤铝铝业有限公司

广东中山市金胜铝业有限公司

上海瑞尔实业有限公司

《丛书》前言

节约资源、节省能源、改善环境越来越成为人类生活与社会持续发展的必要条件，人们正竭力开辟新途径，寻求新的发展方向和有效的发展模式。轻量化显然是有效的发展途径之一，其中铝合金是轻量化首选的金属材料。因此，进入21世纪以来，世界铝及铝加工业获得了迅猛的发展，铝及铝加工技术也进入了一个崭新的发展时期，同时我国的铝及铝加工产业也掀起了第三次发展高潮。2007年，世界原铝产量达3880万吨（其中：废铝产量1700万吨），铝消费总量达4275万吨，创历史新高；铝加工材年产达3200万吨，仍以5%～6%的年增长率递增；我国原铝年产量已达1260万吨（其中：废铝产量250万吨），连续五年位居世界首位；铝加工材年产量达1176万吨，一举超过美国成为世界铝加工材产量最大的国家。与此同时，我国铝加工材的出口量也大幅增加，我国已真正成为世界铝业大国、铝加工业大国。但是，我们应清楚地看到，我国铝加工材在品种、质量以及综合经济技术指标等方面还相对落后，生产装备也不甚先进，与国际先进水平仍有一定差距。

为了促进我国铝及铝加工技术的发展，努力赶超世界先进水平，向铝业强国和铝加工强国迈进，还有很多工作要做：其中一项最重要的工作就是总结我国长期以来在铝加工方面的生产经验和科研成果；普及和推广先进铝加工技术；提出我国进一步发展铝加工的规划与方向。

几年前，中国有色金属学会合金加工学术委员会与冶金工业出版社合作，组织国内20多家主要的铝加工企业、科研院所、大专院校的百余名专家、学者和工程技术人员编写出版了大型工具书——《铝加工技术实用手册》，该书出版后受到广大读者，特别是铝加工企业工程技术人员的好评，对我国铝加工业的发展起到一定的促进作用。但由于铝加工工业及技术涉及面广，内容十分丰富，《铝加工技术实用手册》因篇幅所限，有些具体工艺还不尽深入。因此，有读者反映，能有一套针对性和实用性更强的生产技术类《丛书》与之配套，相辅相成，互相补充，将能更好地满足读者的需要。为此，中国有色金属学会合金加工学术委员会与冶金工业出版社计划在"十一五"期间，组织国内铝加工行业的专家、学者和工程技术人员编写出版《现代铝加工生产技术丛书》(简称《丛书》)，以满足读者更广泛的需求。《丛书》要求突出实用性、先进性、新颖性和可读性。

《丛书》第一次编写工作会议于2006年8月20日在北戴河召开。会议由中国有色金属学会合金加工学术委员会主任谢水生主持，参加会议的单位有：西南铝业（集团）有限责任公司、东北轻合金有限责任公司、中国铝业股份有限公司西北铝加工分公司、北京有色金属研究总院、广东凤铝铝业有限公司、华北铝业有限公司的代表。会议成立了《丛书》编写筹备委员会，并讨论了《丛书》编写和出版工作。2006年年底确定了《丛书》的编写分工。

第一次《丛书》编写工作会议以后，各有关单位领导十分重视《丛书》的编写工作，分别召开了本单位的编写工作会议，将编写工作落实到具体的作者，并都拟定了编写大纲和目录。中国有色金属学会的领导也十分重视《丛书》的编写工作，将《丛书》的编写出版工作列入学会的2007~2008年工作计划。

为了进一步促进《丛书》的编写和协调编写工作，编委会于2007年4月12日在北京召开了第二次《丛书》编写工作会议。参加会议的有来自西南铝业（集团）有限责任公司、东北轻合金有限责任公司、中国铝业股份有限公司西北铝加工分公司、北京有色金属研究总院、广东凤铝铝业有限公司、上海瑞尔实业有限公司、广东中山市金胜铝业有限公司、华北铝业有限公司和冶金工业出版社的代表21位同志。会议进一步修订了《丛书》各册的编写大纲和目录，落实和协调了各册的编写工作和进度，交流了编写经验。

为了做好《丛书》的出版工作，2008年5月5日在北京召开了第三次《丛书》编写工作会议。参加会议的单位有：西南铝业（集团）有限责任公司、东北轻合金有限责任公司、中国铝业股份有限公司西北铝加工分公司、北京有色金属研究总院、广东凤铝铝业有限公司、广东中山市金胜铝业有限公司、上海瑞尔实业有限公司和冶金工业出版社，会议代表共18位同志。会议通报了编写情况，协调了编写进度，落实了各分册交稿和出版计划。

《丛书》因各分册由不同单位承担，有的分册是合作编写，编写进度有快有慢。因此，《丛书》的编写和出版工作是统一规划，分步实施，陆续尽快出版。

由于《丛书》组织和编写工作量大，作者多和时间紧，在编写和出版过程中，可能会有不妥之处，恳请广大读者批评指正，并提出宝贵意见。

另外，《丛书》编写和出版持续时间较长，在编写和出版过程中，参编人员有所变化，敬请读者见谅。

《现代铝加工生产技术丛书》编委会

2008年6月

前　　言

21世纪以来，世界铝及铝合金加工材产业和技术获得了飞速的发展，成为许多国家的支柱产业之一。2010年世界电解铝产量达4500万吨，其中中国逾1600万吨，连续9年超过美国，位居世界首位，电解铝的80%以上以各种加工方法制成不同品种、规格、性能和用途的板、带、条、箔、管、棒、型、线材和模锻件、粉材等主要铝合金加工材。2010年世界各种铝合金加工材产量达3800万吨，其中，中国逾1680万吨，连续3年位居世界首位。目前，铝及铝合金加工产品的品种、规格达数万种之多，已广泛用于国民经济各部门，并成为重要的基础材料之一。但是，随着经济的发展和人们生活水平的提高，对铝及铝合金加工材的质量要求越来越高，由于铝及铝合金加工材品种规格多、形状复杂、生产加工方式各异、性能和用途多样化、个性化，在生产过程中不可避免地会产生各种缺陷，甚至出现废品，对产品质量和成品率会带来很大的挑战，会大大影响产品的使用性能和经济效益，甚至会造成资源和能源浪费。为此，世界各国围绕提高铝及铝合金加工材质量问题进行了大量的研发工作，在技术上提出了“零缺陷”口号，并取得了可喜的成绩，如有些发达国家铝材的综合成品率达到70%左右。我国在提高铝材质量方面也进行了大量工作（包括质量管理工作），并有突破性进展，在大大减少产品几何废料的同时，也大大减少了技术缺陷废料，但总体来看，与世界先进水平仍有较大差距。因此，为了提高铝及铝合金加工产品的质量，减少或杜绝不该产生的技术缺陷（废品），大幅度提高产品成品率，作者在总结多年来在铝材生产、科研及产品质量检验和管理中积累的经验和成果基础上，参阅了国内外大量文献资料，编写了本书，以期对我国铝加工材质量的提高有所裨益。

本书详细介绍了铝及铝合金加工材的分类、主要品种、规格、特性、生产方法、工艺流程及生产过程中的质量控制；重点论述了变形铝合金的铸锭、管、棒、型、线材，板、带、条、箔材，自由锻件与模锻件、粉材、表面处理深加工材等主要铝合金加工材在生产过程中，特别是在各主要生产工序中所产生的主要缺陷（废品）及其产生的原因和预防措施，同时还介绍了铝合金产品的质量检测方法与生产过程的控制等。在内容组织和结构安排上，力求理论联系实际，切合生产实际需要，突出实用性、先进性和行业特色，并从生产和应用中精选了大量典型缺陷实例，深入浅出地分析缺陷的特征、产生的原因和防止的办法，力争为读者提供一本实用的技术著作。

本书是铝加工生产企业工程技术人员必备的技术读物，也可供从事有色金属材料与加工的科研、设计、教学、生产和应用等方面的技术人员与管理人员使用，同时可作为大专院校有关专业师生的参考书。

本书第1、7、8章由刘静安编写，第3章由单长智、侯绎编写，第2、5章由单长智、侯绎、刘静安编写，第4章由单长智、侯绎、刘静安、谢水生编写，第6章由刘静安、谢水生编写。全书由刘静安教授与谢水生教授审定。

本书在编写过程中，邵莲芬、刘煜、刘鲁等同志做了大量工作，同时参考了国内外有关专家、学者一些文献资料、图表和数据等，并得到中国有色金属学会合金加工学术委员会和冶金工业出版社的支持，在此一并表示衷心的感谢！

由于作者水平有限，书中不妥之处，敬请广大读者提出宝贵意见。

作　者

2012年1月

目　录

1 概　　论

1.1　铝合金加工材料的分类、品种规格、性能与用途

1.1.1　铝及铝合金材料的分类

为了满足国民经济各部门和人民生活各方面的需求，世界原铝（包括再生铝）产量的85%以上被加工成板、带、条、箔、管、棒、型、线、自由锻件、模锻件、铸件、压铸件、冲压件及其深加工件等铝及铝合金产品，见图1-1。本书主要讨论铝合金加工材料，铸造材料只作简述。

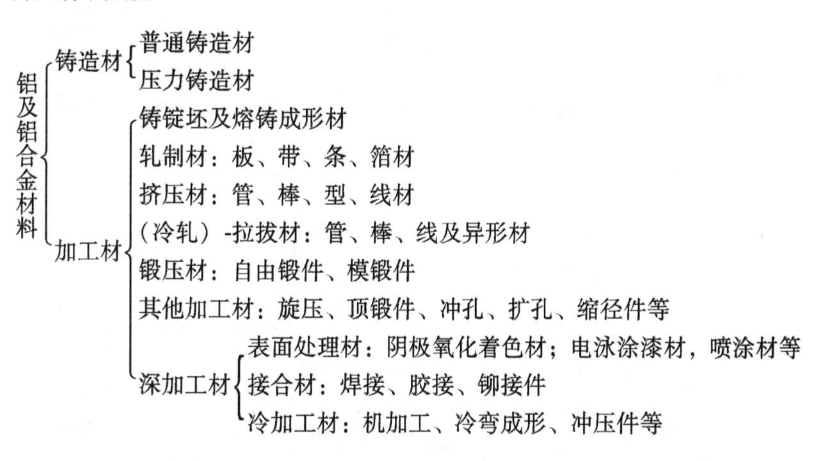

图1-1　铝及铝合金材料分类图

1.1.2　铝及铝合金加工材料的分类及主要品种与规格

目前，世界上已拥有不同合金状态、形状规格、品种型号、各种功能、性能和用途的铝及铝合金加工材料10余万种。科学地进行分类对于发展铝加工技术，提高产品质量和生产效率，挖掘产品的潜能

和合理使用铝材，加强生产技术质量、储运和使用的管理等都有重大意义。

1.1.2.1 按合金成分与热处理方式分类

铝及铝合金材料按合金成分与热处理方式分类，如表1-1和图1-2所示。

表1-1 铝及铝合金材料按合金成分与热处理方式分类

类别		合金名称	主要合金成分（合金系）	热处理和性能特点	举例
铸造铝合金		简单铝硅合金	Al-Si	不能热处理强化，力学性能较低，铸造性能好	ZL102
		特殊铝硅合金	Al-Si-Mg	可热处理强化，力学性能较高，铸造性能良好	ZL101
			Al-Si-Cu		ZL107
			Al-Si-Mg-Cu		ZL105 ZL110
			Al-Si-Mg-Cu-Ni		ZL109
		铝铜铸造合金	Al-Cu	可热处理强化，耐热性好，铸造性和耐蚀性差	ZL201
		铝镁铸造合金	Al-Mg	力学性能高，抗蚀性好	ZL301
		铝锌铸造合金	Al-Zn	能自动淬火，适于压铸	ZL401
		铝稀土铸造合金	Al-Re	耐热性好，耐蚀性高	ZL109Re
变形铝合金	不能热处理强化铝合金	工业纯铝	≥99.90% Al	塑性好，耐蚀，力学性能低	1A99 1050 1200
		防锈铝	Al-Mn	力学性能较低，抗蚀性好，可焊，压力加工性能好	3A21
			Al-Mg		5A05
	可热处理强化铝合金	硬铝	Al-Cu-Mg	力学性能高	2A11 2A12
		超硬铝	Al-Cu-Mg-Zn	室温强度最高	7A04 7A09
		锻铝	Al-Mg-Si-Cu	锻造性能好，耐热性能好	6A02 6061
			Al-Cu-Mg-Fe-Ni		2A70 2A80

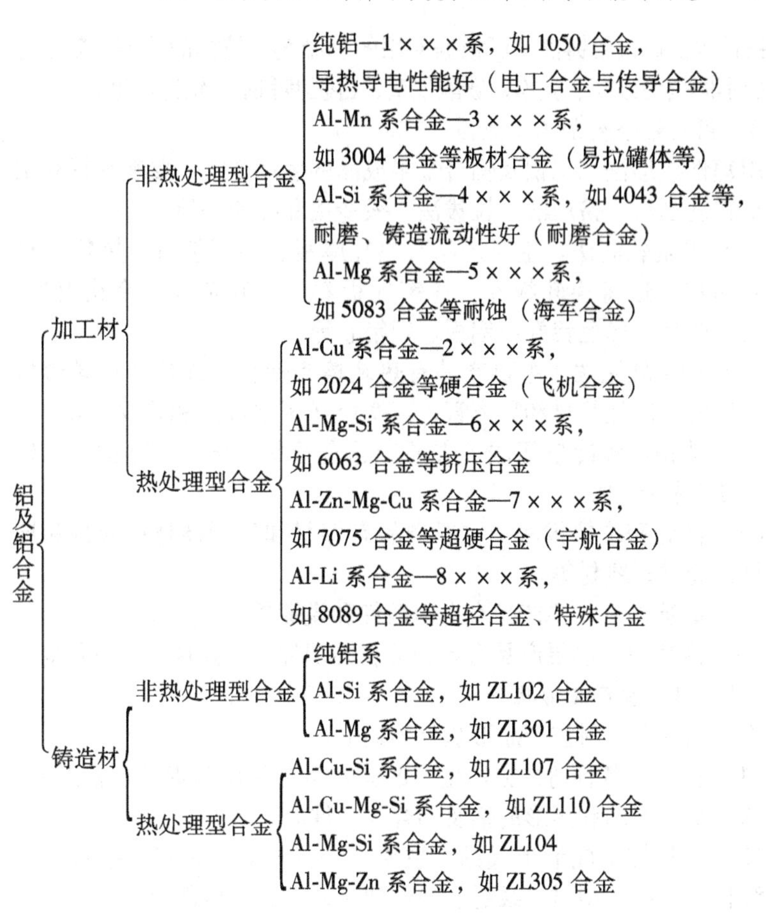

图1-2 铝及铝合金的分类图

1.1.2.2 按生产方式分类

铝及铝合金材料按生产方式可分为铝及铝合金铸件和铝合金加工半成品。

A 铝及铝合金铸件

在各国的工业标准中均明确规定了铝及铝合金铸件可分为金属模铝铸件、砂模铝铸件、压力铸造铝铸件、蜡模铸造铝铸件等。压力铸造铝铸件又可分为常压铝铸件、低压铝铸件、挤压铝铸件、高压铝铸件、真空吸铸铝铸件、真空铸造铝铸件、离心铝铸件、液体模锻和半固态铝铸件等。砂模铝铸件又可根据使用的黏结剂、铸模的造型、凝固方法等的不同分为砂模、壳模、碳酸气型、自硬型和蜡型铝铸件等。

B 铝及铝合金加工半成品

用塑性成形法加工铝及铝合金半成品的生产方式主要有平辊轧制法、型辊轧制法、挤压法、拉拔法、锻造法和冷冲法等。

(1) 平辊轧制法。主要产品有热轧厚板、中厚板材、热轧（热连轧）带卷、连铸连轧板卷、连铸轧板卷、冷轧带卷、冷轧板片、光亮板、圆片、彩色铝卷或铝板、铝箔卷等。

(2) 型辊轧制法。主要产品有热轧棒和铝杆；冷轧棒；异形材和异形棒材；冷轧管材和异形管；瓦楞板（压型板）和花纹板等。

(3) 热挤压和冷挤压法。主要产品有管材、棒材、型材、线材及各种复合挤压材。

(4) 冷轧和冷拉拔法。主要产品有棒材和异形棒材；管材和异形管材；型材；线材等。

(5) 锻造法。主要产品有自由锻件和模锻件。

(6) 冷冲法。主要产品有各种形状的切片、深拉件、冷弯件等。

1.1.2.3 按产品形状分类

铝及铝合金材料按产品形状分类如下：

(1) 铸件。各种铸造方法生产的铸件可分为圆盘形的、桶形的、管状的、平板形的和异形的铝及铝合金铸件。

(2) 塑性加工成形半成品。主要可分为板材、带材、条材、箔材、管材、棒材、型材、线材、锻件和模锻件、冷压件等。

1.1.2.4 按产品规格分类

铝及铝合金材料按产品规格分类如下：

(1) 按断面面积或质量大小分类，铝及铝合金材料可分为特大型、大型、中型、小型和特小型等几类。如投影面积大于 $2m^2$ 的模锻件、断面面积大于 $400cm^2$ 的型材，质量大于10kg的压铸件等都属于特大型产品。而断面面积小于 $0.1cm^2$ 的型材，质量小于0.1kg的压铸件等都称为特小型产品。

(2) 按产品的外形轮廓尺寸、外径或外接圆直径的大小分类，铝及铝合金材料也可分为特大型、大型、中小型和超小型几类。如宽度大于250mm、长度大于10m的型材称为大型型材，宽度大于

800mm 的型材称为特大型型材，而宽度小于 10mm 的型材称为超小型精密型材等。

（3）按产品的壁厚分类，铝及铝合金产品可分为超厚、厚、薄、特薄等几类。如厚度大于 270mm 的板材称为特厚板，厚度大于 150mm 的称为超厚板，厚度大于 8mm 的称为厚板，厚度 4～8mm 的称为中厚板，厚度在 3mm 以下的称为薄板，厚度小于 0.5mm 的板材称为特薄板，厚度小于 0.2mm 的称为铝箔等。

1.1.2.5 变形铝合金加工材料的典型品种和规格范围

目前，变形铝合金加工材料的品种与规格有几十万种。根据合金状态、加工方法、生产技术和工艺装备以及产品性能和用途等，典型的品种规格范围大致介绍如下：

（1）铸锭-圆锭：ϕ60～1500mm。

扁锭：20mm×100mm～700mm×4500mm。

（2）板带材：

中厚板：厚 4～8mm　宽 500～5000mm　长 2～36m。

厚板：厚 8～80mm　宽 500～5000mm　长 2～36m。

超厚板：厚 80～270mm　宽 500～3000mm　长 2～36m。

特厚板：厚≥270mm　宽 500～2500mm　长 2～30m。

薄板：厚 0.2～3mm　宽 500～3000mm　长卷。

特薄板：厚 0.2～0.5mm　宽 500～2500mm　长卷。

（3）箔材：

铝箔：0.2mm 以下的带材

无零箔：0.1～0.9mm　宽 30～2200mm　长卷。

单零箔：0.01～0.09mm　宽 30～2200mm　长卷。

双零箔：0.001～0.009mm　宽 30～2200mm　长卷。

（4）管材：ϕ5mm×0.5mm～ϕ800mm×150mm（ϕ1500mm×150mm），长 500～30000mm。

（5）棒材：ϕ7mm～800mm，长 500～30000mm。

（6）型材：宽为 3～2500mm；高为 3～500mm，厚为 0.17～50mm，长为 500～36000mm。

（7）线材：ϕ7～0.01mm。

（8）自由锻件和模锻件：0.1～5m^2。

（9）粉材：铝粉、铝镁粉。粗、中、细、微米级，纳米粉。

(10) 铝基复合材：加纤维（颗粒、长纤维、短纤维）强化材；双金属层压材。

(11) 粉末冶金材。

(12) 深加工产品，包括：

1）表面处理产品，如阳极氧化着色材、电泳涂装材、静电喷涂材、氟碳喷涂材、其他表面处理铝材等。

2）铝材接合产品，如焊接件、胶接件、铆接件。

3）铝材的机加工产品，如门窗幕墙加工件、零部件加工与组装件、铝材冷冲、弯曲成形件等。

1.1.3 铝及铝合金加工材料的性能与主要用途

1.1.3.1 铝及铝合金的基本特性与应用范围

A 铝的基本特性与应用举例

铝是元素周期表中第三周期主族元素，具有面心立方点阵，无同素异构转变，原子序数为13，相对原子质量为26.9815。表1-2列出了纯铝的主要物理性能。

铝具有一系列比其他有色金属、钢铁、塑料和木材等更优良的特性，如密度小，仅为2.7g/dm^3，约为铜或钢的1/3；良好的耐蚀性和耐候性；良好的塑性和加工性能；良好的导热性和导电性；良好的耐低温性能，对光、热、电波的反射率高、表面性能好；无磁性；基本无毒；有吸声性；耐酸性好；抗核辐射性能好；弹性系数小；良好的力学性能；优良的铸造性能和焊接性能；良好的抗撞击性。此外，铝材的高温性能、成形性能、切削加工性、铆接性、胶合性以及表面处理性能等也比较好。因此，铝材在航天、航海、航空、汽车、交通运输、桥梁、建筑、电子电气、能源动力、冶金、化工、农业排灌、机械制造、包装防腐、电器家具、文体用品等各个领域都获得了十分广泛的应用，表1-3列出了铝的基本特性及主要应用领域。

表1-2 纯铝的主要物理性能

性 能	高纯铝 w(Al)=99.996%	工业纯铝 w(Al)=99.5%
原子序数	13	
相对原子质量	26.9815	
晶格常数（20℃）/nm	0.40494	0.404

续表 1-2

性　能	高纯铝 w(Al) =99.996%	工业纯铝 w(Al) =99.5%
密度		
20℃/kg·m^{-3}	2698	2710
700℃		2373
熔点/℃	660.24	约 650
沸点/℃	2060	
溶解热/J·kg^{-1}	3.961×10^{5}	3.894×10^{5}
燃烧热/J·kg^{-1}	3.094×10^{7}	3.108×10^{7}
凝固体积收缩率/%		6.6
质量热容(100℃)/J·(kg·K)$^{-1}$	934.92	964.74
热导率(25℃)/W·(m·K)$^{-1}$	235.2	222.6(O 状态)
线膨胀系数/μm·(m·K)$^{-1}$		
20～100℃	24.58	23.5
100～300℃	25.45	25.6
弹性模量/MPa		70000
切变模量/MPa		26250
声音传播速度/m·s^{-1}		约 4900
电导率/% IACS	64.94	59(O 状态) 57(H 状态)
电阻率/μΩ·m		
20℃	0.0267(O 状态)	0.02922(O 状态)
20℃		0.3002(H 状态)
电阻温度系数/μΩ·m·K^{-1}	0.1	0.1
体积磁化率	6.27×10^{-7}	6.26×10^{-7}
磁导率/H·m^{-1}	1.0×10^{-5}	1.0×10^{-5}
反射率/%		
λ=250nm		87
λ=500nm		90
λ=2000nm		97
折射率(白光)①		0.78～1.48
吸收率(白光)①		2.85～3.92

①与材料表面状态无关。

表1-3 铝的基本特性及主要应用领域

基本特性	主要特点	主要应用领域举例
质量轻	铝的密度为 $2.7g/dm^3$，与铜（密度为 $8.9g/dm^3$）或铁（密度为 $7.9g/dm^3$）比较，约为它们的1/3。铝制品或用铝制造的物品质量轻，可以节省搬运和加工费用	用于制造飞机、轨道车辆、汽车、船舶、桥梁、高层建筑和质量轻的容器等
强度好，比强度高	铝的力学性能不如钢铁，但它的比强度高，可以添加铜、镁、锰、铬等合金元素，制成铝合金，再经热处理，而得到很高的强度。铝合金的强度比普通钢好，也可以和特殊钢媲美	用于制造桥梁（特别是吊桥、可动桥）、飞机、压力容器、集装箱、建筑结构材料、小五金等
成形性好，加工容易	铝的延展性优良，易于挤出形状复杂的中空型材和适于拉伸加工及其他各种冷热塑性成形	受力结构部件框架，一般用品及各种容器、光学仪器及其他形状复杂的精密零件
美观，适于各种表面处理	铝及其合金的表面有氧化膜，呈银白色，相当美观。如果经过氧化处理，其表面的氧化膜更牢固，而且还可以用染色和涂刷等方法，制造出各种颜色和光泽的表面	建筑用壁板、器具装饰、装饰品、标牌、门窗、幕墙、汽车和飞机蒙皮、仪表外壳及室内外装修材料等
耐蚀性、耐候性好	铝及其合金，因为表面能生成硬而且致密的氧化薄膜，很多物质对它不产生腐蚀作用。选择不同合金，在工业地区、海岸地区使用，也会有很优良的耐久性	门板、车辆、船舶外部覆盖材料、厨房器具、化学装置、屋顶瓦板、电动洗衣机、海水淡化、化工石油、材料、化学药品包装等
耐化学药品	对硝酸、冰醋酸、过氧化氢等化学药品不发生反应，有非常好的耐药性	用于化学装置、包装及酸和化学制品包装等
导热、导电性好	热导率、电导率仅次于铜，约为钢铁的3～4倍	电线、母线接头、锅、电饭锅、热交换器、汽车散热器、电子元件等
对光、热、电波的反射性好	对光的反射率，抛光铝为70%，高纯度铝经过电解抛光后为94%，比银（92%）还高。铝对热辐射和电波，也有很好的反射性能	照明器具、反射镜、屋顶瓦板、抛物面天线、冷藏库、冷冻库、投光器、冷暖器的隔热材料
没有磁性	铝是非磁性体	船上用的罗盘、天线、操舵室的器具等

续表 1-3

基本特性	主要特点	主要应用领域举例
无毒	铝本身没有毒性．它与大多数食品接触时溶出量很微小。同时由于表面光滑、容易清洗，故细菌不易停留繁殖	食具、食品包装、鱼罐、鱼仓、医疗机器、食品容器、农业机器
吸声性	铝对声音是非传播体，有吸收声波的性能	用于室内天棚板等
耐低温	铝在温度低时，其强度反而增加而无脆性，因此它是理想的低温装置材料	冷藏库、冷冻库、南极雪上车辆、氧及氢的生产装置

B 铝合金材料的主要应用范围

a 铝合金加工材的三大用户

铝及铝合金加工材料的应用范围非常广泛，涉及国民经济各部门和人民生活的各个方面，已成为社会发展的一种基础材料。随着经济的高速发展和社会文明程度的提高以及科技的快速进步，特别是进入21世纪以来，节约资源、节省能源、环保安全成为制约人类生存和发展的难题，迫切需要轻量化的现代交通运输工具，因此现代交通运输业成为铝加工材的第一大用户。此外，为了进一步提高人类的生存条件和生活质量，以铝门窗、幕墙为代表的建筑业和以易拉罐等软包装为代表的包装业成为了铝合金加工材的第二大和第三大用户。这三大用户年消耗量占年产铝加工材的比例如下：

（1）现代交通运输业占世界的30%～36%，占中国的15%～20%；

（2）现代建筑业占世界的15%～21%，占中国的25%～35%；

（3）现代包装业占世界的15%～20%，占中国的10%～15%。

b 铝及铝合金加工材的主要应用领域

（1）航空航天领域。

（2）现代交通运输：飞机、火车、高速列车、地铁、轻轨、货车、卡车、轿车、大巴、专用汽车、摩托车、自行车、轮船、舰艇、汽艇、快艇、水翼艇、旅游船、集装箱、桥梁等。

（3）包装业：硬包装如气桶、液桶、易拉罐；软包装如香烟箔、化妆品与医药、食品包装等。

（4）电子通讯、家用电器、家具五金等。

(5) 建筑工程与通用设施：门窗、幕墙、围栏、建筑结构件等。

(6) 电、热、传输系统：如空调、散热器、制冷设施等。

(7) 机械电气制造业：如电机外壳、机床支架等。

(8) 石化矿产、动力能源部门：如矿山设备，输气、输油管道，电力设备与输电系统，核能、水电、太阳能与风能设施等。

(9) 农业与轻工业方面：如农业排灌系统，印刷、纺织、木工机械等。

(10) 医疗器械与文体卫生：如精密医疗机械、足球门、跳水板等。

(11) 化学化工工业。

(12) 兵器与军工领域。

1.1.3.2 铝合金加工材料的典型性能及主要用途举例

A 变形铝合金的典型性能

变形铝合金可分为非热处理型合金和可热处理强化型合金。表1-4～表1-8分别列出了常用变形铝合金的一般特性与典型性能，其中表1-8列出了主要变形铝合金的典型特性及主要用途。

表 1-4 变形铝合金的物理性能

合金		密度（20℃）/t·m⁻³	熔化温度范围/℃	电导率(20℃)/%IACS	热导率（20℃）/kW·(m·℃)⁻¹
种类	状态				
1060	O	2.70	646～657	62	0.23
	H18			61	0.23
1100 1200	O	2.71	643～657	59	0.22
	H18			57	0.22
2011	T3	2.82	541～638	39	0.15
	T8			45	0.15
2014	O	2.80	507～638	50	0.19
	T4			34	0.13
	T6			40	0.15
2017	O	2.79	513～640	50	0.19
	T4			34	0.13
2018	T61	2.80	507～638	40	0.15

续表 1-4

合金		密度（20℃）/t·m^{-3}	熔化温度范围/℃	电导率(20℃)/% IACS	热导率（20℃）/kW·(m·℃)$^{-1}$
种类	状态				
2024	O	2.77	502～638	50	0.19
	T3、T4			30	0.12
	T6、T81			38	0.15
2117	T4	2.74	510～649	40	0.15
2218	T72	2.71	532～635	40	0.15
2219	O	2.68	543～643	44	0.17
	T3			28	0.11
	T6			30	0.12
3003	O	2.68	643～654	50	0.19
	H18			40	0.15
3004	O	2.70	629～654	42	0.16
3105	O	2.71	638～657	45	0.17
4032	O	2.69	532～571	40	0.15
	T6			36	0.14
4043	O	2.68	575～630	42	0.16
5005	O	2.70	632～652	52	0.20
5050	O	2.69	627～652	50	0.19
5052	O	2.68	607～649	35	0.14
5154	O	2.66	593～643	32	0.13
5454	O	2.68	602～646	34	0.13
5056	O	2.64	568～638	29	0.12
	H38			27	0.11
5083	O	2.66	574～638	29	0.12
5182	O	2.65	577～638	31	0.12
5086	O	2.66	585～640	31	0.13
6061	O	2.70	582～652	47	0.18
	T4			40	0.15
	T6			43	0.17

续表 1-4

合金种类	合金状态	密度（20℃）/t·m⁻³	熔化温度范围/℃	电导率(20℃)/%IACS	热导率（20℃）/kW·(m·℃)⁻¹
6N01	O	2.70	615 ~ 652	52	0.21
	T5			46	0.19
	T6			47	0.19
6063	O	2.69	615 ~ 655	58	0.22
	T5			55	0.21
	T6			53	0.20
6151	O	2.70	588 ~ 650	58	0.20
	T4			42	0.16
	T6			45	0.17
7003	T5	2.79	620 ~ 650	37	0.15
7050	O	2.83	524 ~ 635	47	0.18
	T76			40	0.15
7072	O	2.72	646 ~ 657	59	0.22
7075	T6	2.80	477 ~ 635	33	0.13
7178	T6	2.83	477 ~ 629	32	0.13
7N01	T6	2.78	620 ~ 650	36	0.14

表 1-5 变形铝合金的平均线膨胀系数 （℃⁻¹）

合金	温度范围/℃				
	-196 ~ -60	-60 ~ +20	20 ~ 100	100 ~ 200	200 ~ 300
1200	16.1×10^{-6}	21.8×10^{-6}	23.6×10^{-6}	24.7×10^{-6}	26.6×10^{-6}
2011	15.7×10^{-6}	21.2×10^{-6}	22.9×10^{-6}		
2014	15.3×10^{-6}	21.4×10^{-6}	23.0×10^{-6}	23.6×10^{-6}	24.5×10^{-6}
2017	15.6×10^{-6}	21.6×10^{-6}	23.6×10^{-6}	23.9×10^{-6}	25.0×10^{-6}
2018		20.9×10^{-6}	22.7×10^{-6}	23.2×10^{-6}	24.1×10^{-6}
2024	15.6×10^{-6}	21.4×10^{-6}	23.2×10^{-6}	23.9×10^{-6}	24.7×10^{-6}
2025	15.2×10^{-6}	21.6×10^{-6}	23.2×10^{-6}	23.8×10^{-6}	24.5×10^{-6}
2117	15.9×10^{-6}	21.8×10^{-6}	23.8×10^{-6}		
2218	15.3×10^{-6}	20.7×10^{-6}	22.3×10^{-6}	23.2×10^{-6}	24.1×10^{-6}

续表 1-5

合金	温度范围/℃				
	-196 ~ -60	-60 ~ +20	20 ~ 100	100 ~ 200	200 ~ 300
3003	15.8×10^{-6}	21.4×10^{-6}	23.2×10^{-6}	24.1×10^{-6}	25.0×10^{-6}
3004	15.8×10^{-6}	21.4×10^{-6}	23.9×10^{-6}	24.8×10^{-6}	25.9×10^{-6}
4032	13.3×10^{-6}	18.4×10^{-6}	20.0×10^{-6}	20.3×10^{-6}	21.1×10^{-6}
5005	16.1×10^{-6}	21.9×10^{-6}	23.8×10^{-6}	24.8×10^{-6}	25.7×10^{-6}
5052	16.2×10^{-6}	22.0×10^{-6}	23.8×10^{-6}	24.8×10^{-6}	25.7×10^{-6}
5056		22.3×10^{-6}	24.3×10^{-6}	25.4×10^{-6}	26.3×10^{-6}
5083		22.3×10^{-6}	24.2×10^{-6}		
6061	15.9×10^{-6}	21.6×10^{-6}	23.6×10^{-6}	24.3×10^{-6}	25.4×10^{-6}
6N61	16.0×10^{-6}	21.2×10^{-6}	23.5×10^{-6}	24.3×10^{-6}	25.3×10^{-6}
6063	16.0×10^{-6}	21.8×10^{-6}	23.4×10^{-6}	24.3×10^{-6}	25.2×10^{-6}
7003			23.6×10^{-6}		
7N01			23.6×10^{-6}	-24.1×10^{-6}	
7075	15.9×10^{-6}	21.6×10^{-6}	23.6×10^{-6}		25.9×10^{-6}

表 1-6 实用铝合金的相对腐蚀敏感性

名 称	合金系	实用合金	状态、敏感性
热处理不可强化合金	纯铝 Al	1050、1100、1200	所有……1
	Al-Mn	3005、3003、3004	所有……1
	Al-Mg	5005、5050、5154	所有……1
		5055、5356	H……4
	Al-Mg-Mn	5454	所有……1
		5086	所有……1
		5083、5456	H……1
热处理可强化合金	Al-Mg-Si	6063	所有……1
	Al-Mg-Si-Cu	6061	T4……2 T6……1
	Al-Si-Mg	6151、6351	T4……2 T6……1
	Al-Si-Mg-Cu	6066、6070	T6……2
	Al-Cu	2219、2017	T3 T4……2
		2219	T6 T8……2

续表 1-6

名 称	合金系	实用合金	状态、敏感性
热处理可强化合金	Al-Cu-Si-Mn	2014	T3……3 T6……3
	Al-Cu-Mg-Mn	2024	T3……3 T8……2
	Al-Cu-Li-Ca	2020	T6……2
	Al-Cu-Fe-Ni	2618	T61……3
	Al-Cu-Pb-Bi	2011	T3……4 T6 T8……2
	Al-Zn-Mg	7039	T6……3
	Al-Zn-Mg-Cu	7075、7079	T6……3
		7075、7078	T73……2

注：表中状态、敏感性栏中 1 ~4 分别表示：

1. 在使用中和实验室中均不产生开裂；
2. 在实验室中短横向产生开裂；
3. 在使用中短横向产生开裂和实验室中长横向产生开裂；
4. 在短横向和长横向上产生开裂。

表 1-7 常用变形铝及铝合金的工艺性能比较

合金	状态	挤压性能（铸锭状态）	切削性能	成形性能	抗蚀性	抗应力腐蚀开裂性	焊接性能			
							钎焊	气焊	氩弧焊	电阻焊
纯铝	O	A	D	A	A	A	A	A	A	A
	H18		D	A	A	A	A	A	A	A
3A21	O	A	E	A	A	A	A	A	A	B
	H18		D	B	A	A	A	A	A	A
5A02 5A03	O	A	D	A	A	A	D	C	A	B
	H18		C	C	A	A	D	C	A	A
5A05 5A06	O	D	D	A	A	B	D	C	A	B
	H18		C	C	A	C	D	C	A	A
2A70 2A80	T6	C	C	D	C	C	D	D	B	B
2A14	T4	C	B	C	D	C	D	D	B	B
	T6		B	D	D	C	D	D	B	B
4A11	T6	D	B	D	C	B	D	D	B	C

续表 1-7

合金	状态	挤压性能（铸锭状态）	切削性能	成形性能	抗蚀性	抗应力腐蚀开裂性	焊接性能			
							钎焊	气焊	氩弧焊	电阻焊
6061	T4 T6	B	C C	B C	B B	A A	A A	A A	A A	A A
6063	T5 T6	A	C C	C C	A A	A A	A A	A A	A A	A A
2A21	T4 T6	D	B B	B B	D E	D E	D D	D D	B B	B B
7A04	T6	E	B	B	C	C	C	D	C	B

注：A 优→E 差。

表 1-8 主要变形铝合金的典型特性与用途举例

合金	标准成分（质量分数）/%	性能					应用实例
		耐蚀性能①	切削性能①	可焊性①②	硬质材料强度/MPa	软质材料强度/MPa	
EC	Al≥99.45	A—A	D—C	A—A	190	70	导电材料
1100 1200	Al≥99.00	A—A	D—C	A—A	169	91	钣金、器具
1130	Al≥99.30	A—A	D—C	A—A	183	84	反射板
1145	Al≥99.45	A—A	D—C	A—A	197	84	铝箔、钣金
1345	Al≥99.45	A—A	D—C	A—A	197	84	线材
1060	Al≥99.60				141	70	化工机械、车载贮藏罐
2011	5.5Cu、0.5Bi、0.5Pb、0.4Mg	C—C	A—A	D—D	422		切削零件
2014	0.8Si、4.4Cu、0.8Mn	C—C	B—B	B—C	492	190	载重汽车、机架、飞机结构
2017	4.0Cu、0.5Mn、0.5Mg	C	B	B—C	436	183	切削零件、输送管道
2117	2.5Cu、0.3Mg	C	C	B—C	302		铆钉、拉伸棒材
2018	4.0Cu、0.6Mg、2.0Ni	C	B	B—C	420		汽缸盖、活塞

续表 1-8

合金	标准成分（质量分数）/%	性能					应用实例
		耐蚀性能①	切削性能①	可焊性①②	硬质材料强度/MPa	软质材料强度/MPa	
2218	4.0Cu、1.5Mg、2.0Ni	C	B	B—C	337		喷气式飞机机翼、环状零件
2618	2.3Cu、1.6Mg、1.0Ni、1.1Fe	C	B	B—C	450		飞机发动机（200℃以下）
2219	6.3Cu、0.3Mn、0.1V、0.15Zr	B	B	A	492	176	用于高温（320℃以下）下的结构、焊接结构
2024	4.5Cu、0.6Mn、1.5Mg	C—C	B—B	B—B	527	190	卡车车身、切削零件、飞机结构
2025	0.8Si、4.5Cu、0.8Mn	C—D	B—B	B—B	413	176	机件、飞机螺旋桨
3003 3203	1.2Mn	A—A	D—C	A—A	211	112	炊事用具、化工装置、压力槽、钣金零件、建筑材料
3004 3104	1.2Mn、1.0Mg	A—A	D—C	A—A	288	183	钣金零件、贮槽、易拉罐
4032	12.2Si、0.9Cu、1.1Mg、0.9Ni	C—D	D—C	B—C	387		活塞、气缸
4043	5.0Si						焊条、焊丝
4343	7.5Si						板状和带状的硬钎焊料
5005	0.8Mg	A—A	D—C	A—A	211	127	器具、建筑材料、导电材料
5050	1.4Mg	A—A	D—C	A—A	225	148	建筑材料、冷冻机的调整蛇形管、管道
5052	2.5Mg、0.25Cr	A—A	D—C	A—A	295	197	钣金零件、水压管、器具
5252	2.5Mg、0.25Cr	A—A	D—C	A—A	274	197	汽车的调整蛇形管
5652	3.5Mg、0.25Cr	A—A	D—C	A—A	295	197	焊接结构、压力槽、过氧化氢贮槽

续表 1-8

合金	标准成分（质量分数）/%	性能					应用实例
		耐蚀性能[①]	切削性能[①]	可焊性[①②]	硬质材料强度/MPa	软质材料强度/MPa	
5154	0.8Mn、2.7Mg、0.10Cr	A—A	D—C	A—A	337	246	焊接结构、压力槽、贮槽
5454	0.1Mn、5.2Mg、0.10Cr	A—A	D—C	A—A	300	253	焊接结构、压力容器、船舶零件
5056	0.1Mn、5.0Mg、0.10Cr	A—C	D—C	A—A	433	295	电缆皮、铆钉、挡板、铲斗
5356	0.8Mn、5.1Mg、0.10Cr	A—B	D—C	A—A	440	305	焊条、焊丝
5456	0.8Mn、5.1Mg、0.15Cr	A—B	D—C	A	457	380	高强焊接结构、贮槽、压力容器、船舶零件
5657	0.7Mn、4.5Mg、0.15Cr	A—A	D—C	A—A	225	134	经阳极化处理的汽车，机器外部装饰零件
5083	0.5Mn、4.0Mg、0.15Cr	A—C	D—C	A—B	366	295	不受热的焊接压力容器、船、汽车和飞机的零件
5086	0.5Si、4.8Mg	A—C	D—C	A—B	352	267	电视塔、电动工具、高强零件、低温装置
5087	0.4Si、4.5Mg、0.25Zr	A—B	D—C	A—A	350	260	高级焊丝、焊条
6101	1.0Si、0.7Mg、0.25Cr	A—B	B—C	A—B	225	98	高强汇流排材料
6151	0.7Si、1.3Mg、0.25Cr	A—B	C	A—B	337		形状复杂的机器或汽车零件
6053	0.6Si、0.25Cu、1.0Mg、0.20Cr	A—B	C	B—C	295	112	铆钉材料、线材
6061	0.6Si、0.2Cu、1.0Mg、0.09Cr	A—A	B—C	A—A	316	127	耐蚀性结构、载重汽车、船舶、车辆、家具

续表 1-8

合金	标准成分（质量分数）/%	性能					应用实例
		耐蚀性能①	切削性能①	可焊性①②	硬质材料强度/MPa	软质材料强度/MPa	
6262	0.6Pb、0.6Bi	A—A	A—A	B-B	408		管路、切削零件
6063	0.4Si、0.7Mg	A—A	D—C	A—A	295	111	管状栏杆、家具、建筑用挤压型材
6463	0.4Si、0.7Mg	A—A	D—C	A—A	246	155	建筑材料、装饰品
6066	1.3Si、1.0Cu、0.9Mn、1.1Mg	B—C	D—B	A—A	4011	155	型材的焊接结构
7001	2.1Cu、3.0Mg、0.3Cr、7.4Zn	C	B—C	D	689	225	重型结构
7039	0.2Mn、2.7Mg、0.2Cr、4.0Zn	A—C	B	A	422	225	低温、导弹等焊接结构
7072	1.0Zn	A—A	D—C	A—A			机翼材料、包铝板的表层材料
7075	1.6Cu、2.5Mg、0.3Cr、5.6Zn	C	B	D	584	232	飞机及其他结构件
7178	2.0Cu、2.7Mg、0.3Cr、6.8Zn	C	B	D	619	232	飞机及其他结构零件
7179	0.6Cu、0.2Mn、3.3Mg、0.20Cr、4.4Zn	C	B	D	548	225	飞机结构零件

①A、B、C和D表示合金性能的优劣顺序。“D—C”中的“—”的左边表示软质材料。右边表示硬质材料。

②A—可以采用普通的方法进行电弧焊；B—焊接有一定困难，但经试验可以焊接；C—容易产生焊接裂纹，并且抗蚀性或强度下降；D—采用现有的方法不能进行焊接。

B 非热处理型铝合金加工材的合金、品种、状态、性能与典型性能举例

1×××、3×××、4×××、5×××系属非热处理型变形铝合金，其加工材料的品种、状态和典型用途举例见表1-9~表1-12。

表1-9 1×××系铝合金加工材的品种、状态和典型用途

合 金	品种	状 态	典型用途
1050	板、带、箔材 管、棒、线材 挤压管材	O、H12、H14、H16、H18 O、H14、H18 H112	导电体，食品、化学和酿造工业用挤压盘管，各种软管，船舶配件，小五金件，烟花粉
1060	板、带材 箔材 厚板 拉伸管 挤压管、型、棒、线材 冷加工棒材	O、H12、H14、H16、H18 O、H19 O、H12、H14、H112 O、H12、H14、H18、H113 O、H112 H14	要求耐蚀性与成形性均高，但对强度要求不高的零部件，如化工设备、船舶设备、铁道油罐车、导电体材料、仪器仪表材料、焊条等
1100	板、带材 箔材 厚板 拉伸管 挤压管、型、棒、线材 冷加工棒材 冷加工线材 锻件和锻坯 散热片坯料	O、H12、H14、H16、H18 O、H19 O、H12、H14、H112 O、H12、H14、H16、H18、H113 O、H12、H14、F O、H12、H14、H16、H18、H112 H112、F O、H14、H18、H19、H25、H111、H113、H211	用于加工需要有良好的成形性和高的抗蚀性，但不要求有高强度的零部件，例如化工设备、食品工业装置与贮存容器、炊具、压力罐、薄板加工件、深拉或旋压凹形器皿、焊接零部件、热交换器、印刷板、铭牌、反光器具、卫生设备零件和管道、建筑装饰材料、小五金件等
1145	箔材 散热片坯料	O、H19 O、H14、H19、H25、H111、H113、H211	包装及绝热铝箔、热交换器
1350	板、带材 厚板 挤压管、型、棒、线材 冷加工圆棒 冷加工异形棒 冷加工线材	O、H12、H14、H16、H18 O、H12、H14、H112 H112 O、H12、H14、H16、H22、H24、H126 H12、H111 O、H12、H14、H16、H19、H22、H24、H26	电线、导电绞线、汇流排、变压器带材、铝箔毛料
1A90	箔材 挤压管	O、H19 H112	电解电容器箔、光学反光沉积膜、化工用管道

表1-10 3×××系铝合金的品种、状态和典型用途

合金	品种	状态	典型用途
3003 3A21	板材	O、H12、H14、H16、H18	用于加工需要有良好的成形性能、高的抗蚀性或可焊性好的零部件，或既要求有这些性能，又需要有比1×××系合金强度高的工件，如运输液体产品的槽和罐、压力罐、贮存装置、热交换器、化工设备、飞机油箱、油路导管、反光板、厨房设备、洗衣机缸体、铆钉、焊丝
	厚板	O、H12、H14、H112	
	拉伸管	O、H12、H14、H16、H18、H25、H113	
	挤压管、型、棒、线材	O、H112	
	冷加工棒材	O、H112、F、H14	
	冷加工线材	O、H112、H12、H14、H16、H18	
	铆钉线材	O、H14	
	锻件	H112、F	
	箔材	O、H19	
	散热片坯料	O、H14、H18、H19、H25、H111、H113、H211	
包铝的3003合金	板材	O、H12、H14、H16、H18	房屋隔断、顶盖、管路等
	厚板	O、H12、H14、H112	
	拉伸管	O、H12、H18、H25、H113	
	挤压管	O、H112	
3004	板材	O、H32、H34、H36、H38	全铝易拉罐罐身，要求有比3003合金更高强度的零部件，化工产品生产与贮存装置，薄板加工件，建筑挡板、电缆管道、下水管，各种灯具零部件等
	厚板	O、H32、H34、H112	
	拉伸管	O、H32、H36、H38	
	挤压管	O	
包铝的3004	板材	O、H131、H151、H241、H261、H341、H361、H32、H34、H36、H38	房屋隔断、挡板、下水管道、工业厂房屋顶盖
	厚板	O、H32、H34、H112	
3105	板材	O、H12、H14、H16、H18、H25	房间隔断、挡板、活动房板，檐槽和落水管，薄板成形加工件，瓶盖和罩帽等

表1-11 4×××系铝合金的品种、状态和典型用途

合金	品种	状 态	典型用途
4A11	锻件	F、T6	活塞及耐热零件
4A13	板材	O、F、H14	板状和带状的硬钎焊料，散热器钎焊板和箔的钎焊层
4A17	板材	O、F、H14	板状和带状的硬钎焊料，散热器钎焊板和箔的钎焊层
4032	锻件	F、T6	活塞及耐热零件
4043	线材和板材	O、F、H14、H16、H18	铝合金焊接填料，如焊带、焊条、焊丝
4004	板材	F	钎焊板、散热器钎焊板和箔的钎焊层

表1-12 5×××系铝合金的品种、状态和典型用途

合金	品 种	状 态	典型用途
5005	板材 厚板 冷加工棒材 冷加工线材 铆钉线材	O、H12、H14、H16、H18、H32、H34、H36、H38 O、H12、H14、H32、H34、H112 O、H12、H14、H16、H22、H24、H26、H32 O、H19、H32 O、H32	与3003合金相似，具有中等强度与良好的抗蚀性。用作导体、炊具、仪表板、壳与建筑装饰件。阳极氧化膜比3003合金上的氧化膜更加明亮，并与6063合金的色调协调一致
5050	板材 厚板 拉伸管 冷加工棒材 冷加工线材	O、H32、H34、H36、H38 O、H112 O、H32、H34、H36、H38 O、F O、H32、H34、H36、H38	薄板可作为制冷机与冰箱的内衬板，汽车气管、油管，建筑小五金、盘管及农业灌溉管
5052	板材 厚板 拉伸管 冷加工棒材 冷加工线材 铆钉线材 箔材	O、H32、H34、H36、H38 O、H32、H34、H112 O、H32、H34、H36、H38 O、F、H32 O、H32、H34、H36、H38 O、H32 O、H19	此合金有良好的成形加工性能、抗蚀性、可焊性、疲劳强度与中等的静态强度，用于制造飞机油箱、油管，以及交通车辆、船舶的钣金件、仪表、街灯支架与铆钉线材等

续表 1-12

合金	品种	状 态	典型用途
5056	冷加工棒材 冷加工线材 铆钉线材 箔材	O、F、H32 O、H111、H12、H14、H18、H32、H34、H36、H38、H192、H392 O、H32 H19	镁合金与电缆护套、铆接镁的铆钉、拉链、筛网等；包铝的线材广泛用于加工农业捕虫器罩，以及需要有高抗蚀性的其他场合
5083	板材 厚板 挤压管、型、棒、线材 锻件	O、H116、H321 O、H112、H116、H321 O、H111、H112 H111、H1112、F	用于需要有高的抗蚀性、良好的可焊性和中等强度的场合，诸如船舶、汽车和飞机板焊接件；需要严加防火的压力容器、制冷装置、电视塔、钻探设备、交通运输设备、导弹零件、装甲等及焊丝材料
5086 5087	板材 厚板 挤压管、型、棒、线材	O、H112、H116、H32、H34、H36、H38 O、H112、H116、H321 O、H111、H112	用于需要有高的抗蚀性、良好的可焊性和中等强度的场合，诸如舰艇、汽车、飞机、低温设备、电视塔、钻井设备、运输设备、导弹零部件与甲板等及焊丝材料
5154	板材 厚板 拉伸管 挤压管、型、棒、线材 冷加工棒材 冷加工线材	O、H32、H34、H36、H38 O、H32、H34、H112 O、H34、H38 O、H112 O、H112、F O、H112、H32、H34、H36、H38	焊接结构、贮槽、压力容器、船舶结构与海上设施、运输槽罐
5182	板材	O、H32、H34、H19	薄板用于加工易拉罐盖、汽车车身板、操纵盘、加强件、托架等零部件
5252	板材	H24、H25、H28	用于制造有较高强度的装饰件，如汽车、仪器等的装饰性零部件，在阳极氧化后具有光亮透明的氧化膜

续表 1-12

合金	品种	状态	典型用途
5254	板材 厚板	O、H32、H34、H36、H38 O、H32、H34、H112	过氧化氢及其他化工产品容器
5356 5556	线材	O、H12、H14、H16、H18	焊接镁含量大于3%的铝-镁合金焊条及焊丝
5454	板材 厚板 拉伸管 挤压管、型、棒、线材	O、H32、H34 O、H32、H34、H112 H32、H34 O、H111、H112	焊接结构，压力容器，船舶及海洋设施管道及焊丝
5456	板材 厚板 锻件	O、H32、H34 O、H32、H34、H112 H112、F	装甲、高强度焊接结构、贮槽、压力容器、船舶材料
5457	板材	O	经抛光与阳极氧化处理的汽车及其他设备的装饰件
5652	板材 厚板	O、H32、H34、H36、H48 O、H32、H34、H112	过氧化氢及其他化工产品贮存容器
5657	板材	H241、H25、H26、H28	经抛光与阳极氧化处理的汽车及其他装备的装饰件，但在任何情况下都必须确保材料具有细的晶粒组织
5A02	同5052	同5052	飞机油箱与导管，焊丝，铆钉，船舶结构件
5A03	同5254	同5254	中等强度焊接结构件，冷冲压零件，焊接容器，焊丝，可用来代替5A02合金
5A05	板材 挤压型材 锻件	O、H32、H34、H112 O、H111、H112 H112、F	焊接结构件，飞机蒙皮骨架

续表 1-12

合金	品种	状态	典型用途
5A06	板材 厚板 挤压管、型、棒材 线材 铆钉线材 锻件	O、H32、H34 O、H32、H34、H112 O、H111、H112 O、H111、H12、H14、H18、H32、H34、H36、H38 O、H32 H112、F	焊接结构，冷模锻零件，焊接容器受力零件，飞机蒙皮骨架部件，铆钉
5A12	板材 厚板 挤压型、棒材	O、H32、H34 O、H32、H34、H112 O、H111、H112	焊接结构件，防弹甲板

C 热处理可强化型变形铝合金加工材品种、状态、性能与典型用途举例

2×××、6×××、7×××、Al-Li 系等变形铝合金属热处理可强化型铝合金，其加工材的品种、状态和典型用途举例见表1-13～表1-16。

表 1-13 2×××系铝合金的品种、状态和典型用途

合金	品种	状态	典型用途
2011	拉伸管 冷加工棒材 冷加工线材	T3、T4511、T8 T3、T4、T451、T8 T3、T8	螺钉及要求有良好切削性能的机械加工产品
2014 2A14	板材 厚板 拉伸管 挤压管、棒、型、线材 冷加工棒材 冷加工线材 锻件	O、T3、T4、T6 O、T451、T651 O、T4、T6 O、T4、T4510、T4511、T6、T6510、T6511 O、T4、T451、T6、T651 O、T4、T6 F、T4、T6、T652	应用于要求高强度与硬度（包括高温）的场合。重型锻件、厚板和挤压材料用于飞机结构件，多级火箭第一级燃料槽与航天器零件，车轮、卡车构架与悬挂系统零件

续表 1-13

合金	品 种	状 态	典型用途
2017 2A11	板材 挤压型材 冷加工棒材 冷加工线材 铆钉线材 锻件	O、T4 O、T4、T4510、T4511 O、H13、T4、T451 O、H13、T4 T4 F、T4	这是第一个获得工业应用的2×××系合金，目前的应用范围较窄，主要用作铆钉、通用机械零件、飞机、船舶、交通、建筑结构件、运输工具结构件，螺旋桨与配件
2024 2A12	板材 厚板 拉伸管 挤压管、型、棒、线材 冷加工棒材 冷加工线材 铆钉线材	O、T3、T361、T4、T72、T81、T861 O、T351、T361、T851、T861 O、T3 O、T3、T3510、T3511、T81、T8510、T8511 O、T13、T351、T4、T6、T851 O、H13、T36、T4、T6 T4	飞机结构（蒙皮、骨架、肋梁、隔框等）、铆钉、导弹构件、卡车轮毂、螺旋桨元件及其他各种结构件
2016、2036、2009	汽车车身薄板	T4	汽车车身钣金件
2048	板材	T851	航空航天器结构件与兵器结构零件
2117	冷加工棒材和线材 铆钉线材	O、H13、H15 T4	用作工作温度不超过100℃的结构件铆钉
2124	厚板	O、T851	航空航天器结构件
2218	锻件 箔材	F、T61、T71、T72 F、T61、T72	飞机发动机和柴油发动机活塞，飞机发动机气缸头，喷气发动机叶轮和压缩机环
2219 2A16	板材 厚板 箔材 挤压管、型、棒、线材 冷加工棒材 锻件	O、T31、T37、T62、T81、T87 O、T351、T37、T62、T851、T87 F、T6、F852 O、T31、T3510、T3511、T62、T81、T8510、T8511 T851 T6、T852	航天火箭焊接氧化剂槽与燃料槽，超声速飞机蒙皮与结构零件，工作温度为-270～300℃。焊接性好，断裂韧性高，T8状态有很高的抗应力腐蚀开裂能力

续表 1-13

合金	品种	状态	典型用途
2319	线材	O、H13	焊接2219合金的焊条和填充焊料
2618 2A70	厚板 挤压棒材 锻件与锻坯	T651 O、T6 F、T61	厚板用作飞机蒙皮，棒材、模锻件与自由锻件用于制造活塞，航空发动机气缸、气缸盖、活塞、导风轮、轮盘等零件，以及要求在150～250℃温度下工作的耐热部件
2A01	冷加工棒材和线材 铆钉线材	O、H13、H15 T4	用作工作温度不超过100℃的结构件铆钉
2A02	棒材 锻件	O、H13、T6 T4、T6、T652	用作工作温度200～300℃的涡轮喷气发动机的轴向压气机叶片、叶轮和盘等
2A04	铆钉线材	T4	工作温度为120～250℃结构件的铆钉
2A06	板材 挤压型材 铆钉线材	O、T3、T351、T4 O、T4 T4	工作温度为150～250℃的飞机结构件及工作温度125～250℃的航空器结构铆钉
2A10	铆钉线材	T4	强度比2A01合金高，用于制造工作温度不高于100℃的航空器结构铆钉
2A17	锻件	T6、T852	用作工作温度为225～250℃的航空器零件，很多用途被2A16合金所取代
2A50	锻件、棒材、板材	T6	形状复杂的中等强度零件
2B50	锻件	T6	航空器发动机压气机轮、导风轮、风扇、叶轮等

续表 1-13

合金	品 种	状 态	典型用途
2A80	挤压棒材 锻件与锻坯	O、T6 F、T61	航空器发动机零部件及其他工作温度高的零件，该合金锻件几乎完全被 2A70 取代
2A90	挤压棒材 锻件与锻坯	O、T6 F、T61	航空器发动机零部件及其他工作温度高的零件，合金锻件逐渐被 2A70 取代

表 1-14 6×××系铝合金的品种、状态和典型用途

合金	品 种	状 态	典型用途
6005	挤压管、棒、型、线材	T1、T5	挤压型材与管材，用于要求强度大于 6063 合金的结构件，如梯子、电视天线等
6005A 6N01	挤压管、棒、型材	T6、T651	交通运输，车厢板等
6009	板材	T4、T6	汽车车身板
6110 6010	板材	T4、T6	汽车车身板
6061	板材 厚板 拉伸管 挤压管、棒、型、线材 导管 轧制或挤压结构型材 冷加工棒材 冷加工线材 铆钉线材 锻件	O、T4、T6 O、T451、T651 O、T4、T6 O、T1、T4、T4510、T4511、T51、T6、T6510、T6511 T6 T6 O、H13、T4、T541、T6、T651 O、H13、T4、T6、T89、T913、T94 T6 F、T6、T652	要求有一定强度、可焊性与抗蚀性高的各种工业结构件，如制造卡车、塔式建筑、船舶、电车、铁道车辆、家具等用的管、棒、型材

续表 1-14

合金	品种	状态	典型用途
6063	拉伸管 挤压管、棒、型、线材 导管	O、T4、T6、T83、T831、T832 O、T1、T4、T5、T52、T6 T6	建筑型材，灌溉管材，供车辆、台架、家具、升降机、栅栏等用的挤压材料，以及飞机、船舶、轻工业部门、建筑物等用的不同颜色的装饰构件
6066	拉伸管 挤压管、棒、型、线材 锻件	O、T4、T42、T6、T62 O、T4、T4510、T4511、T42、T6、T6510、T6511、T62 F、T6	焊接结构用锻件及挤压材料
6070 6013	挤压管、棒、型、线材 锻件	O、T4、T4511、T6、T6511、T62 F、T6	重载焊接结构与汽车工业用的挤压材料与管材，桥梁、电视塔、航海用元件、机器零件、导管等及部分飞机用材
6101	挤压管、棒、型、线材 导管 轧制或挤压结构型材	T6、T61、T63、T64、T65、H111 T6、T61、T63、T64、T65、H111 T6、T61、T63、T64、T65、H111	公共汽车用高强度棒材、高强度母线、导电体与散热装置等
6151	锻件	F、T6、T652	用作模锻曲轴零件、机器零件与生产轧制环，水雷与机器部件，既要求有良好的可锻性能、高的强度，又要求有良好的抗蚀性
6201	冷加工线材	T81	高强度导电棒材与线材
6205	板材 挤压材料	T1、T5	厚板、踏板与高冲击的挤压件
6262	拉伸管 挤压管、棒、型、线材 冷加工棒材 冷加工线材	T2、T6、T62、T9 T6、T6510、T6511、T62 T6、T651、T62、T9 T6、T9	要求抗蚀性优于 2011 和 2017 合金的有螺纹的高应力机械零件（切削性能好）

续表 1-14

合金	品 种	状 态	典型用途
6351	挤压管、棒、型、线材	T1、T4、T5、T51、T54、T6	车辆的挤压结构件，水、石油等的输送管道，控压型材
6463	挤压棒、型、线材	T1、T5、T6、T62	建筑与各种器械型材，以及经阳极氧化处理后有明亮表面的汽车装饰件
6A02	板材 厚板 管、棒、型材 锻件	O、T4、T6 O、T4、T451、T6、T651 O、T4、T4511、T6、T6511 F、T6	飞机发动机零件，形状复杂的锻件与模锻件，要求有高塑性和高抗蚀性的机械零件

表 1-15 7×××系铝合金的品种、状态和典型用途

合金	品 种	状 态	典型用途
7005	挤压管、棒、型、线材 板材和厚板	T53 T6、T63、T6351	挤压材料，用于制造既要有高的强度，又要有高的断裂韧性的焊接结构与钎焊结构，如交通运输车辆的桁架、杆件、容器；大型热交换器，以及焊接后不能进行固溶处理的部件；还可用于制造体育器材（如网球拍、垒球棒）
7039	板材和厚板	T6、T651	冷冻容器、低温器械与贮存箱，消防压力器材，军用器材、装甲、导弹装置
7049	锻件 挤压型材 薄板和厚板	F、T6、T652、T73、T7352 T73511、T76511 T73	用于制造静态强度既与7079-T6合金的相同，又要求有高的抗应力腐蚀开裂能力的零件，如飞机与导弹零件——起落架、齿轮箱、液压缸和挤压件。零件的疲劳性能大致与7075-T6合金相同，而韧性稍高

续表 1-15

合金	品种	状 态	典型用途
7050	厚板 挤压棒、型、线材 冷加工棒、线材 铆钉线材 锻件 包铝薄板	T7451、T7651 T73510、T73511、T74510、T74511、T76510、T76511 H13 T73 F、T74、T7452 T76、T79	飞机结构件用中厚板、挤压件、自由锻件与模锻件。制造这类零件对合金的要求是：抗剥落腐蚀、应力腐蚀开裂能力、断裂韧性与疲劳性能都高。飞机机身框架、机翼蒙皮、舱壁、桁条、加强筋、肋、托架、起落架支承部件、座椅导轨、铆钉
7072	散热器片坯料	O、H14、H18、H19、H23、H24、H241、H25、H111、H113、H211	空调器铝箔与特薄带材；2219、3003、3004、5050、5052、5154、6061、7075、7475、7178 合金板材与管材的包覆层
7075	板材 厚板 拉伸管 挤压管、棒、型、线材 轧制或冷加工棒材 冷加工线材 铆钉线材 锻件	O、T6、T73、T76 O、T651、T7351、T7651 O、T6、T73 O、T6、T6510、T6511、T73、T73510、T73511、T76、T76510、T76511 O、H13、T6、T651、T73、T7351 O、H13、T6、T73 T6、T73 F、T6、T652、T73、T7352	用于制造飞机结构及其他要求强度高、抗蚀性能强的高应力结构件，如飞机上、下翼面壁板、桁条、隔框等。固溶处理后塑性好，热处理强化效果特别好，在150℃以下有高的强度，并且有特别好的低温强度，焊接性能差，有应力腐蚀开裂倾向，双级时效可提高抗 SCC 性能
7175	锻件 挤压件	F、T74、T7452、T7454、T66 T74、T6511	用于锻造航空器用的高强度结构件，如飞机翼外翼梁、主起落架梁、前起落架动作筒、垂尾接头、火箭喷管结构件。T74 材料有良好的综合性能，即强度、抗剥落腐蚀与抗应力腐蚀开裂性能、断裂韧性、疲劳强度都高

续表1-15

合金	品 种	状 态	典型用途
7178	板材 厚板 挤压管、棒、型、线材 冷加工棒材、线材 铆钉线材	O、T6、T76 O、T651、T7651 O、T6、T6510、T6511、T76、T76510、T76511 O、H13 T6	供制造航空航天器用的要求抗压屈服强度高的零部件
7475	板材 厚板 轧制或冷加工棒材	O、T61、T761 O、T651、T7351、T7651 O	机身用的包铝与未包铝的板材。其他既要有高的强度，又要有高的断裂韧性的零部件，如飞机机身、机翼蒙皮、中央翼结构件、翼梁、桁条、舱壁、T-39隔板、直升机舱板、起落架舱门、子弹壳
7A04	板材 厚板 拉伸管 挤压管、棒、型、线材 轧制或冷加工棒材 冷加工线材 铆钉线材 锻件	O、T6、T73、T76 O、T651、T7351、T7651 O、T6、T73 O、T6、T6510、T6511、T73、T73510、T73511、T76、T76510、T76511 O、H13、T6、T651、T73、T7351 O、H13、T6、T73 T6、T73 F、T6、T652、T73、T7352	飞机蒙皮、螺钉，以及受力构件（如大梁桁条、隔框、翼肋、起落架等）
7150	厚板 挤压件 锻件	T651、T7751 T6511、T77511 T77、T79	大型客机的上翼结构，机体板梁凸缘，上面外板主翼纵梁，机身加强件，龙骨梁，座椅导轨。强度高，抗腐蚀性（剥落腐蚀）良好，是7050的改良型合金，在T651状态下比7075的高10%～15%，断裂韧性高10%，抗疲劳性能好，两者的抗SCC性能相似

续表 1-15

合金	品种	状态	典型用途
7055	厚板 挤压件 锻件	T651、T7751 T77511 T77、T79	大型飞机的上翼蒙皮、长桁、水平尾翼、龙骨梁、货运滑轨。抗压和抗拉强度比 7150 的高 10%，断裂韧性、耐腐蚀性与 7150 的相似

表 1-16 Al-Li 铝合金的品种、状态和典型用途

合金	品种	状态	典型用途
2090	薄板、厚板、挤压材、锻件	O、T31、T3、T6、T81、T83、T84、T86、T351、T851	目前，Al-Li 铝合金材料主要用于航天航空工业，如飞机蒙皮、舱门、隔板、机架、翼梁、翼肋、燃料箱、舱壁、甲板、桁架、上下桁条、座椅、导管、框架、行李箱等。 在汽车工业、导弹、火箭和兵器工业上都获得应用
2091	薄板、厚板、挤压材、锻件	O、T3、T8、T84、T851、T8X51、T83、T351、T851、T86	
2094	薄板、厚板、挤压材、锻件	O、T3、T31、T8、T83、T86、T851、T351、T86	
2095	薄板、厚板、挤压材、锻件	O、T3、T31、T351、T8、T83、T86、T851	
2195	薄板、厚板、挤压材、锻件	O、T3、T351、T8、T851、T86	
X2096	薄板、厚板、挤压材、锻件	O、T3、T351、T8、T851、T86	
2097	薄板、厚板、挤压材、锻件	O、T3、T351、T8、T85、T86	
2197	薄板、厚板、挤压材、锻件	O、T3、T351、T8、T851、T86	
8090	薄板、厚板、挤压材、锻件	O、T8、T8X、T81、T8771、T651、T8E70	
8091	薄板、厚板、挤压材、锻件	T8151、T8E51、T6511、T8511、T8510、T7E20、T8X、T810	
8093	薄板、厚板、挤压材、锻件	O、T852、T8、T81、T351、T851、T86、T652、T8551	
Weldalite	薄板、厚板、挤压材、锻件	O、T3、T4、T6、T8、T86、T851、T351	
BAA23	板材、挤压材、锻件	O、T3、T4、T6、T8、T851、T351	

1.2 铝合金加工材料的加工成形方法与生产工艺流程

目前，铝及铝合金材料的生产方法主要有铸造法、塑性成形法和深加工法等。本节主要讨论变形铝合金的塑性成形法。

1.2.1 铝及铝合金塑性加工成形方法的分类与特点

铝及铝合金塑性加工成形方法很多，分类标准也不统一。目前，最常见的是按工件在加工时的温度特征和工件在变形过程中的应力-应变状态来进行分类。

1.2.1.1 按加工时的温度特征分类

按工件在加工过程中的温度特征，铝及铝合金加工方法可分为热加工、冷加工和温加工。

A 热加工

热加工是指铝及铝合金锭坯在再结晶温度以上所完成的塑性成形过程。热加工时，锭坯的塑性较高，而变形抗力较低，可以用吨位较小的设备生产变形量较大的产品。为了保证产品的组织性能，应严格控制工件的加热温度、变形温度与变形速度、变形程度以及变形终了温度和变形后的冷却速度。常见的铝合金热加工方法有热挤压、热轧制、热锻压、热顶锻、液体模锻、半固态成形、连续铸轧、连铸连轧、连铸连挤等。

B 冷加工

冷加工是指在不产生回复和再结晶的温度以下所完成的塑性成形过程。冷加工的实质是冷加工和中间退火的组合工艺过程。冷加工可得到表面光洁、尺寸精确、组织性能良好和能满足不同性能要求的最终产品。最常见的冷加工方法有冷挤压、冷顶锻、管材冷轧、冷拉拔、板带箔冷轧、冷冲压、冷弯、旋压等。

C 温加工

温加工是指介于冷、热加工之间的塑性成形过程。温加工大多是为了降低金属的变形抗力和提高金属的塑性性能（加工性）所采用的一种加工方式。最常见的温加工方法有温挤、温轧、温顶锻等。

1.2.1.2 按变形过程的应力-应变状态分类

按工件在变形过程中的受力与变形方式（应力-应变状态），铝及铝合金加工可分为轧制、挤压、拉拔、锻造、旋压、成形加工（如冷冲压、冷弯、深冲等）及深度加工等，如图 1-3 所示。图 1-4 为部分加工方法的变形力学简图。

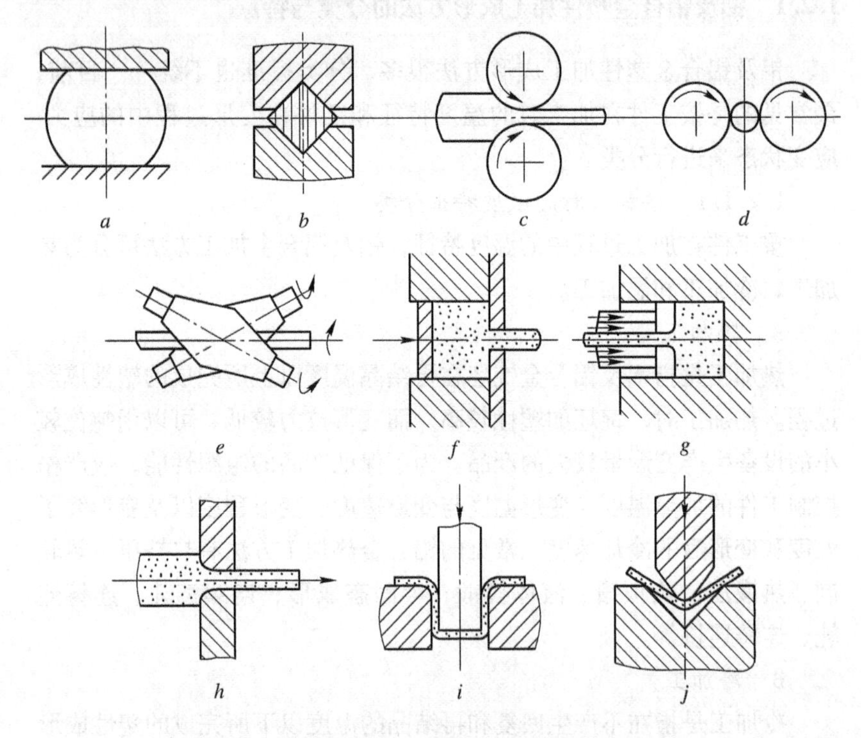

图 1-3 铝加工按工件的受力和变形方式的分类

a—自由锻造；b—模锻；c—纵轧；d—横轧；e—斜轧；f—正向挤压；g—反向挤压；h—拉拔；i—冲压；j—弯曲

铝及铝合金通过熔炼和铸造生产出铸坯锭，作为塑性加工的坯料，铸锭内部结晶组织粗大而且很不均匀，从断面上看可分为细晶粒带、柱状晶粒带和粗大的等轴晶粒带，见图 1-5。铸锭本身的强度较低，塑性较差，在很多情况下不能满足使用要求。因此，在大多数情况下，铸锭都要进行塑性加工变形，以改变其断面的形状和尺寸，改

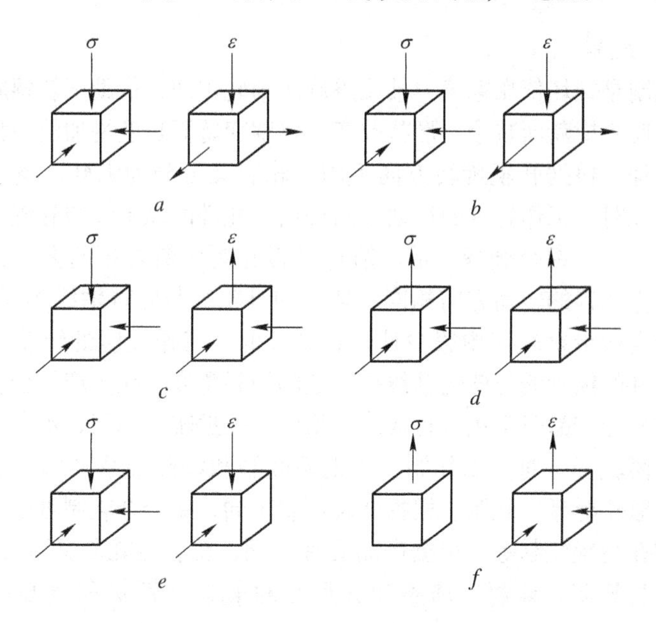

图 1-4　主要加工方法的变形力学简图

a—平辊轧制；*b*—自由锻造；*c*—挤压；*d*—拉拔；*e*—静力拉伸；*f*—在无宽展模压中锻造或平辊轧制宽板

图 1-5　铝合金铸锭的内部结晶组织

善其组织与性能。为了获得高质量的铝材，铸锭在熔铸过程中，必须进行化学成分纯化、熔体净化、晶粒细化、组织性能均匀化，以保证得到高的冶金质量。

A 轧制

轧制是锭坯依靠摩擦力被拉进旋转的轧辊间，借助于轧辊施加的压力。使其横断面减小，形状改变，厚度变薄而长度增加的一种塑性变形过程。根据轧辊旋转方向不同，轧制又可分为纵轧、横轧和斜轧。纵轧时，工作轧辊的转动方向相反，轧件的纵轴线与轧辊的轴线相互垂直，是铝合金板、带、箔材平辊轧制中最常用的方法；横轧时，工作轧辊的转动方向相同，轧件的纵轴线与轧辊轴线相互平行，在铝合金板带材轧制中很少使用；斜轧时，工作轧辊的转动方向相同，轧件的纵轴线与轧辊轴线呈一定的倾斜角度。在生产铝合金管材和某些异形产品时常用双辊或多辊斜轧。根据辊系不同，铝合金轧制可分为两辊（一对）系轧制、多辊系轧制和特殊辊系（如行星式轧制、V形轧制等）轧制。根据轧辊形状不同，铝合金轧制可分为平辊轧制和孔型辊轧制等。根据产品品种不同，铝合金轧制又可分为板、带、箔材轧制，棒材、扁条和异形型材轧制，管材和空心型材轧制等。

在实际生产中，目前世界上绝大多数企业是用一对平辊纵向轧制铝及铝合金板、带、箔材。铝合金板带材生产可以分为以下几种：

（1）按轧制温度可分为热轧、中温轧制和冷轧。

（2）按生产方式可分为块片式轧制和带式轧制。

（3）按轧机排列方式可分为单机架轧制、多机架半连续轧制、多机架连续轧制、连铸连轧和连续铸轧等，见图1-6。

在生产实践中，可根据产品的合金、品种、规格、用途、数量与质量要求，市场需求及设备配置与国情等条件选择合适的生产方法。

冷轧主要用于生产铝及铝合金薄板、特薄板和铝箔毛料，一般用单机架多道次的方法生产，但近年来，为了提高生产效率和产品质量，出现了多机架连续冷轧的生产方法。

热轧用于生产热轧厚板、特厚板及拉伸厚板，但更多的是用于热轧开坯，为冷轧提供高质的毛料。用热轧开坯生产毛料的优点是生产效率高、宽度大、组织性能优良，可作为高性能特薄板（如易拉罐板、高级PS版基和汽车车身深冲板及航天航空用板带材等）的冷轧坯料，但设备投资大，占地面积大，工序较多，生产周期较长。目前

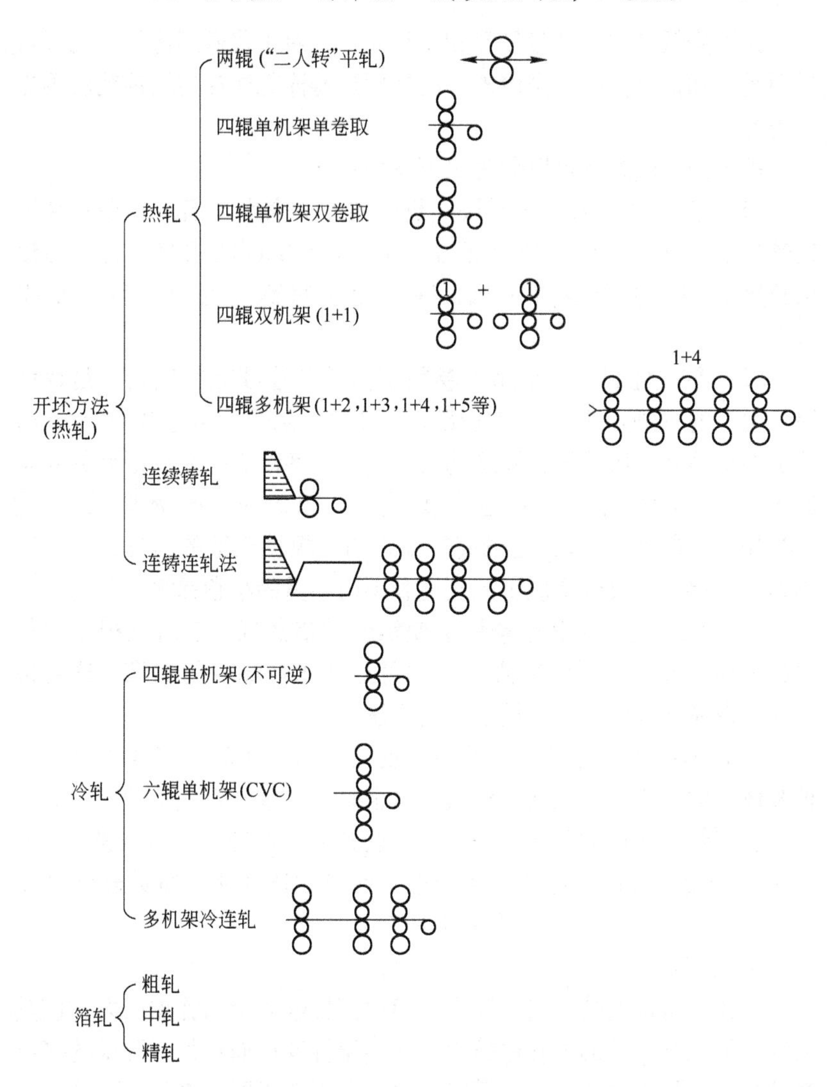

图1-6 铝合金轧制加工按轧机排列方式分类示意图

国内外铝及铝合金热轧与热轧开坯的主要方法有：两辊单机架轧制；四辊单机架单卷取轧制；四辊单机架双卷取轧制；四辊两机架（热粗轧+热精轧，简称1+1）轧制；四辊多机架（1+2，1+3，1+4，1+5等）热连轧等。

为了降低成本，节省投资和占地面积，对于普通用途的冷轧板带材用毛料和铝箔毛料，国内外广泛采用连铸连轧法和连续铸轧法等方法进行生产。

铝箔的生产方法可以分为以下几种：

（1）叠轧法。采用多层块式叠轧的方法来生产铝箔，是一种比较落后的方法，仅能生产厚度为0.01～0.02mm的铝箔，轧出的铝箔长度有限，生产效率很低，除了个别特殊产品外，目前很少采用。

（2）带式轧制法。采用大卷径铝箔毛料连续轧制铝箔，是目前铝箔生产的主要方法。现代化铝箔轧机的轧制速度可达2500m/min，轧出的铝箔表面质量好，厚度均匀，生产效率高。一般在最后的轧制道次采用双合轧制，可生产宽度达2200mm、最薄厚度可达0.004mm、卷重达25t以上的高质量铝箔。根据铝箔的品种、性能和用途，大卷铝箔可分切成不同宽度和不同卷重的小卷铝箔。

（3）沉积法。在真空条件下使铝变成铝蒸气，然后沉积在塑料薄膜上而形成一层厚度很薄（最薄可达0.004mm）的铝膜，这是最近几年发展起来的一种铝箔生产新方法。

（4）喷粉法。将铝制成不同粒度的铝粉，然后均匀地喷射到某种载体上而形成一层极薄的铝膜，这也是近年来开发成功的新方法。

轧制铝箔所用的毛料：一是用热轧开坯后经冷轧所制成的0.3～0.5mm的铝带卷；二是采用连铸连轧或连续铸轧所获得铸轧卷经冷轧后，加工成的0.5mm左右的铝带卷。

B　挤压

挤压是将锭坯装入挤压筒中，通过挤压轴对金属施加压力，使其从给定形状和尺寸的模孔中挤出，产生塑性变形而获得所要求的挤压产品的一种加工方法。按挤压时金属流动方向不同，挤压又可分为正向挤压法、反向挤压法和联合挤压法。正向挤压时，挤压轴的运动方向和挤出金属的流动方向一致，而反向挤压时，挤压轴的运动方向与挤出金属的流动方向相反。按锭坯的加热温度，挤压可分为热挤压、冷挤压和温挤压。热挤压是将锭坯加热到再结晶温度以上进行挤压，冷挤压是在室温下进行挤压，温挤压介于二者之间。

C 管材和棒材的冷轧与拉拔

铝合金管坯和管材的冷轧制常用两辊或多辊孔型轧机生产，可分为单线式、多线式、直线式、盘管式等生产方式，其自动化程度不断提高。

铝合金管材和棒材或线材的冷拉拔是用拉伸机（或拉拔机）通过夹钳把铝及铝合金坯料（线坯或管坯）从给定形状和尺寸的模孔拉出来，使其产生塑性变形而获得所需的管、棒、型、线材的加工方法。根据所生产的产品品种和形状不同，拉伸可分为线材拉伸、管材拉伸、棒材拉伸和型材拉伸。管材拉伸又可分为空拉伸、带芯头拉伸和游动芯头拉伸。拉伸加工的要素是拉伸机、拉伸模和拉伸卷筒。根据拉伸配模可分为单模拉伸和多模拉伸。铝合金拉伸机按制品形式可分为直线和圆盘式拉伸机两大类。为提高生产效率，现代拉伸机正朝着多线、高速、自动化方向发展。多线拉伸最多可同时拉 9 根。拉伸速度可达 150m/min。有的已实现了装、卸料等工序全盘自动化。

D 锻造

锻造是锻锤或压力机（机械的或液压的）通过锤头或压头对铝及铝合金铸锭或锻坯施加压力，使金属产生塑性变形的加工方法。铝合金锻造有自由锻和模锻两种基本方法。自由锻是将工件放在平砧（或型砧）间进行锻造；模锻是将工件放在给定尺寸和形状的模具内。近年来，无飞边精密模锻、多向模锻、辊锻、环锻以及高速锻造、全自动的 CAD/CAM/CAE 等技术也获得了发展。

E 铝材的其他塑性成形方法

铝及铝合金除了采用以上 4 种最常用、最主要的加工方法来获得不同品种、形状、规格及各种性能、功能和用途的铝加工材料以外，目前还研究开发出了多种新型的加工方法，主要有：

（1）压力铸造成形法，如低、中、高压铸造成形，挤压铸造成形等。

（2）液态或半固态成形法，如半固态轧制、半固态挤压、半固态拉拔、液体模锻、连铸连挤等。

（3）连续成形法，如连铸连挤、高速连铸轧、Conform 连续挤压法等。

(4) 复合成形法，如层压轧制法、多坯料挤压法和铝基复合材料加工法等。

(5) 制粉法和粉末冶金法及喷射成形法。

(6) 变形热处理法等。

(7) 深度加工。深度加工是指将塑性加工所获得的各种铝材，根据最终产品的形状、尺寸、性能或功能、用途的要求，继续进行（一次、两次或多次）加工，使之成为最终零件或部件的加工方法。铝材的深度加工对于提高产品的性能和质量，扩大产品的用途和拓宽市场，提高产品的附加值和利润，变废为宝和综合利用等都有重大的意义。

铝及铝合金加工材料的深度加工方法主要有以下几种：

1) 表面处理法，包括氧化上色、电泳涂漆、静电喷涂和氟碳喷涂等。

2) 焊接、胶接、铆接及其他接合方法。

3) 冷冲压成形加工，包括落料、切边、深冲（拉伸）、切断、弯曲、缩口、胀口等。

4) 切削加工。

5) 复合成形等。

1.2.2 铝及铝合金加工材料的生产工艺流程

铝及铝合金加工材料中以压延材（板、带、条、箔材）和挤压材（管、棒、型、线材）应用为最广，产量最大，据近年的统计，这两类材料的年产量分别占世界铝材总年产量（平均）的 54% 和 44% 左右，其余铝加工材，如锻造产品等，仅占铝材总产量的百分之几。因此，下面仅介绍铝及铝合金板、带材及圆片生产工艺流程和铝及铝合金挤压材生产工艺流程，分别如图 1-7 ~ 图 1-12 所示。

1.3 铝合金加工材料在塑性加工成形时的组织与性能变化

1.3.1 热变形对铝合金加工材料组织性能的影响

1.3.1.1 热变形时铝合金加工材料铸态组织的改善

铝合金在高温下塑性高、抗力小，加之原子扩散过程加剧，伴随

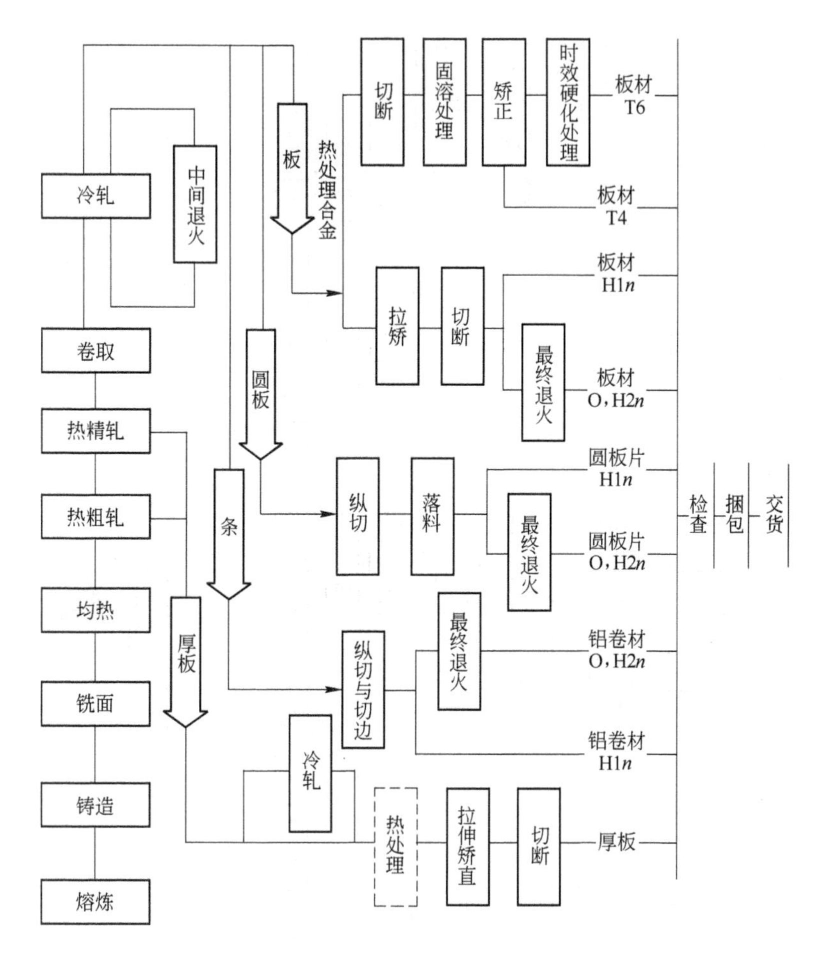

图 1-7 铝合金板、带材及圆片生产工艺流程（典型）

有完全再结晶，有利于组织的改善。在三向压缩应力状态占优势的条件下，热变形能最有效地改变铝及铝合金的铸态组织。给予适当的变形量，可以使铸态组织发生下述有利的变化：

（1）由于在每一道次中硬化和软化过程是同时发生的，所以一般热变形是通过多道次的反复变形来完成的。变形破碎了粗大的柱状晶粒，通过反复的变形，使材料的组织成为较均匀细小的等轴晶粒。同时，还能使某些微小的裂纹得以愈合。

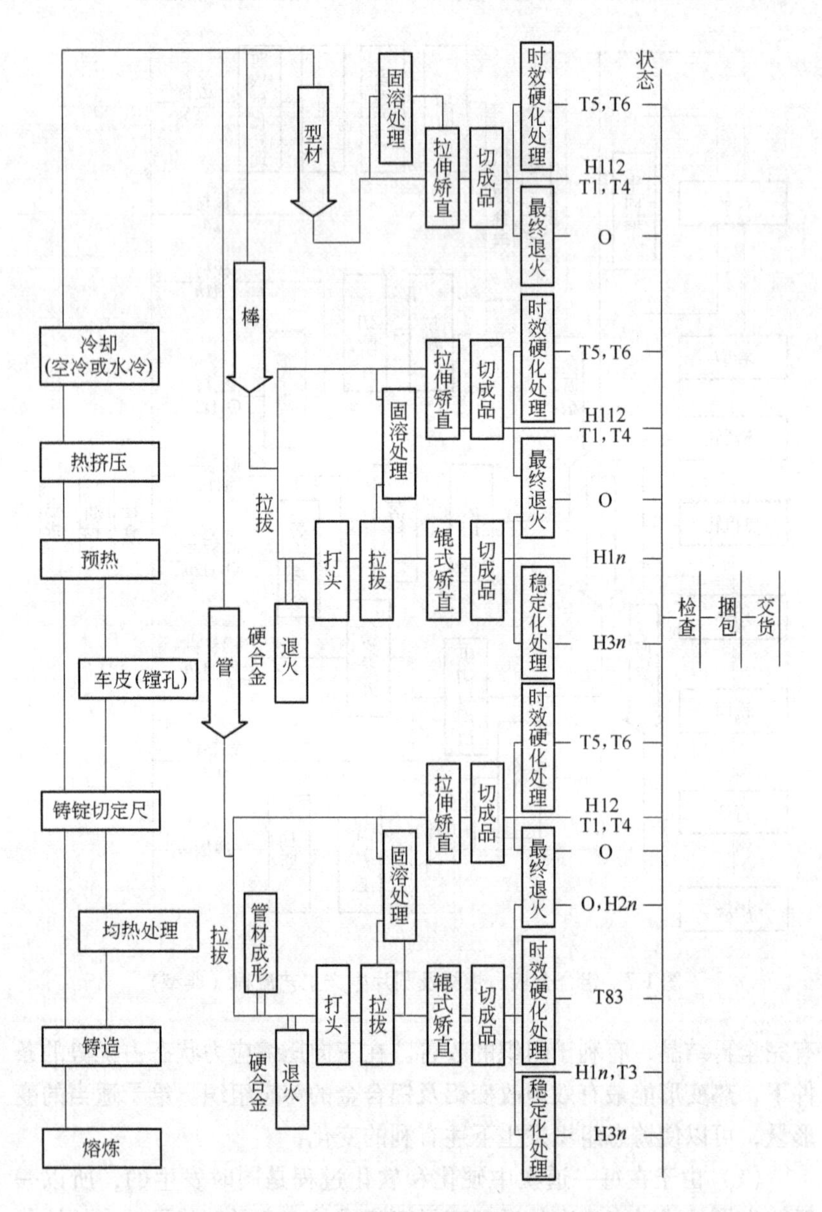

图 1-8　铝及铝合金挤压材生产工艺流程（典型）

（2）由于应力状态中静水压力的作用，可促进铸态组织中存在

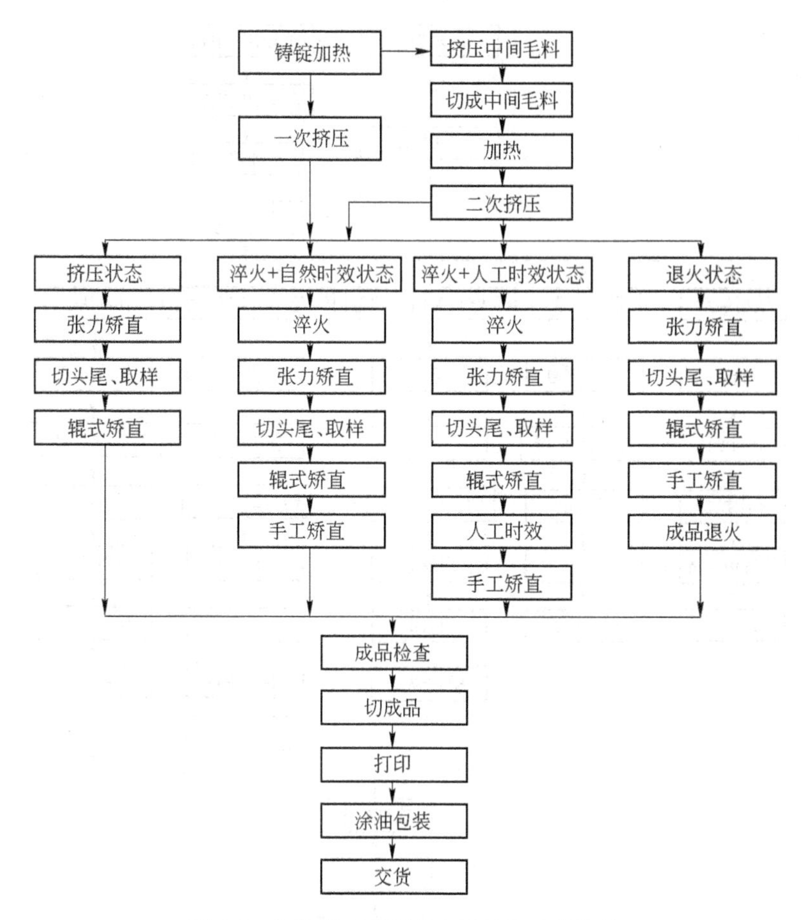

图 1-9 各种状态下铝合金型材的工艺流程

的气泡焊合，缩孔压实，疏松压密，变为较致密的组织结构。

(3) 由于高温原子热运动能力加强，在应力作用下，借助原子的自由扩散和异扩散，有利于铸锭化学成分的不均匀性相对减少。

通过热变形，铸锭组织改善了变形组织（或加工组织），使其具有较高的密度、均匀细小的等轴晶粒及比较均匀的化学成分，因而塑性和抗力的指标都有明显的提高。

1.3.1.2 热变形制品晶粒度的控制

热变形后制品晶粒度的大小，取决于变形程度和变形温度（主

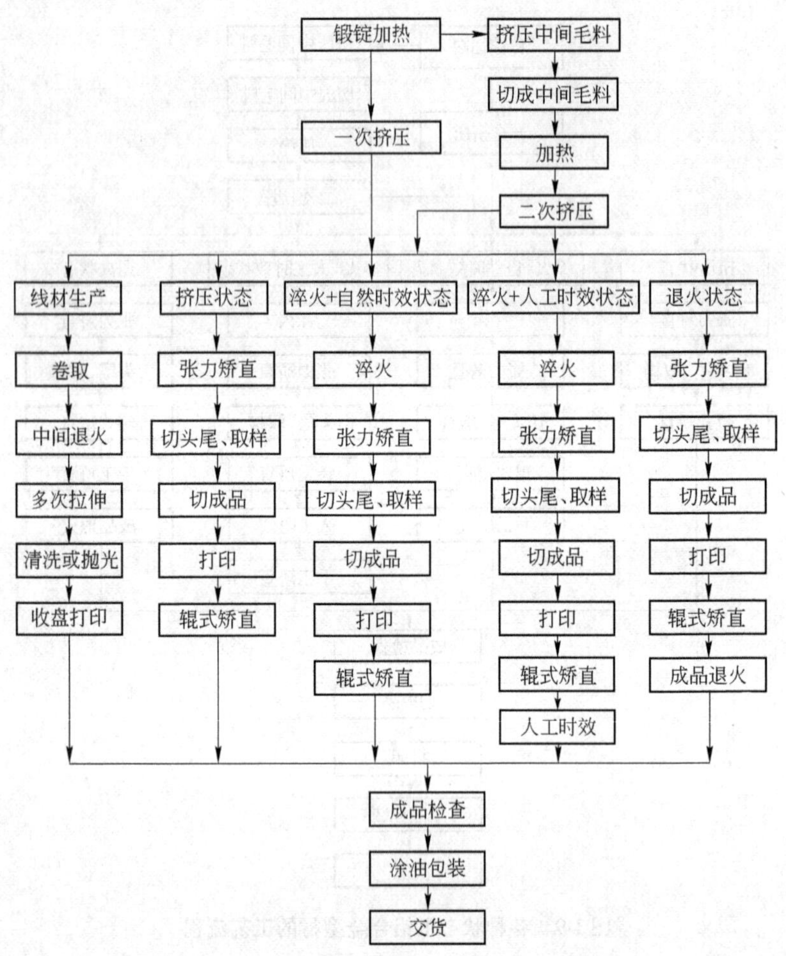

图1-10 铝合金棒（线）材生产工艺流程

要是加工终了温度）。在完全软化的温度范围内加工铝及铝合金材料时，为了获得均匀细小的晶粒，每道次的变形量应大于临界变形程度。通常每道次的变形量应大于10%，如2024合金的临界变形程度，在变形速度大时（如冲击变形时）为2%～8%，在变形速度小时（如在液压机上模锻或挤压时）应大于10%。

1.3.1.3 热变形时的纤维组织

在热变形过程中，金属内部的晶粒、杂质和第二相及各种缺陷将

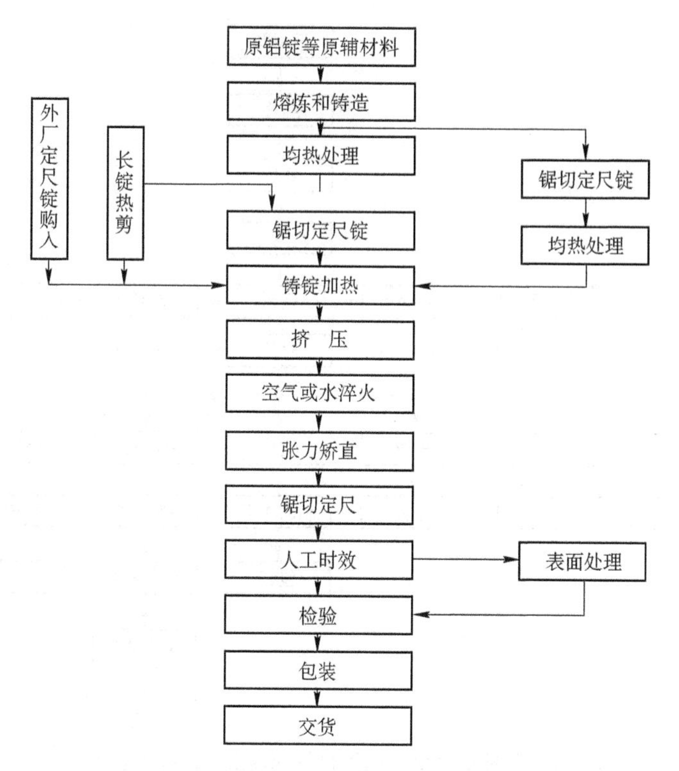

图 1-11 铝合金民用建筑型材生产工艺流程

沿最大延伸主变形方向被拉长、拉细，而形成纤维方向的强度高于材料其他方向的强度（如有挤压效应时更为明显），材料表现出不同程度的各向异性。此外，热变形时也可能同时产生变形结构及再结晶结构，它们也会使材料产生方向性及不均匀性。

1.3.1.4 热变形过程中的回复与再结晶

热变形过程中，在应力状态作用下，铝及铝合金材料一般发生动态回复与再结晶。

A 铝及铝合金在热变形过程中的回复

铝及铝合金在热变形过程中的堆垛层错能较大，自扩散能较小。在高温下，位错的滑移和攀移比较容易进行。因此，动态回复是它们在热变形过程中的唯一软化机构。高温变形后，对铝合金材料立即观

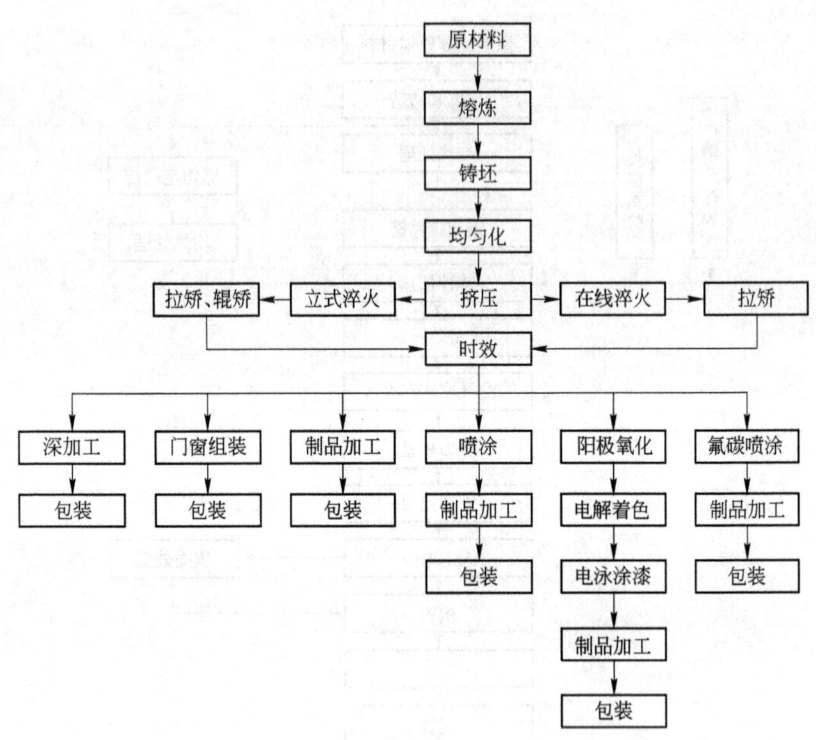

图 1-12 各种铝合金挤压型材及深加工生产线工艺流程

察，在组织中可看到大量的回复亚晶。将动态回复的组织保持下来，已成功地用来提高 6063 合金建筑挤压型材的强度。

研究证明：发生动态回复有一个临界变形程度，只有达到此值时才能形成亚晶；形成亚晶的变形程度与变形温度和变形速度有关。当变形达到稳态后，亚晶也保持一个平衡形状（针状、条状或等轴状等）：亚晶的取向一般分散在 1°～7°的宽广范围内；热变形达到稳态后，亚晶的平均尺寸有一个平衡值。铝材在热变形后的力学性能仅取决于最终的亚晶尺寸，而与其他变形条件无关，因而有可能采用控制变形条件的方法，来获取所需要的亚晶尺寸，然后通过足够快的冷却速度来抑制产生静态再结晶，而将该组织保持下来。

B 铝材热变形过程中的再结晶

热变形进入稳态后，铝材内部发生全面的动态再结晶，随着变形的继续，回复与再结晶又反复进行，其组织状态已不随变形量的增加而变化。但是，由动态再结晶而导致软化的铝材，其组织一般难以保持，因为就在热变形完结后，静态再结晶即迅速发生而替代了那种“加工结构”。所以，热变形过程中的再结晶，包括与变形同时发生的动态再结晶和各道次之间，变形完结后冷却时所发生的静态再结晶。但热变形时起软化作用的主要还是动态再结晶。研究结果表明：

（1）动态再结晶的临界变形程度很大；

（2）动态再结晶易于在晶界及亚晶界处形核；

（3）由于动态再结晶的临界变形程度比静态再结晶大得多，因此，一旦变形停止，马上会发生静态再结晶；

（4）变形温度愈高，发生动态再结晶与静态再结晶所需时间就愈短。

应控制变形条件，以获得最佳的组织结构。

1.3.2 冷变形对铝合金加工材料组织性能的影响

1.3.2.1 冷变形对铝合金加工材料内部组织的影响

A 晶粒形状的变化

铝材冷加工后，随着外形的改变，晶粒皆沿最大主变形发展方向被拉长、拉细或压扁。冷变形程度越大，晶粒形状变化也越大。在晶粒被拉长的同时，晶间的夹杂物也跟着拉长，使冷变形后的金属出现纤维组织。

B 亚结构

金属晶体经过充分冷塑性变形后，在晶粒内部出现了许多取向不同、大小约为 $10^{-3} \sim 10^{-6}$ cm 的小晶块，这些小晶块（或小晶粒间）的取向差不大（小于 1°），所以它们仍然维持在同一个大晶粒范围内。这些小晶块称为亚晶，这种组织称为亚结构（或镶嵌组织）。亚晶的大小、完整程度、取向差与材料的纯度、变形量和变形温度有关。当材料中含有杂质和第二相时，在变形量大和变形温度低的情况下，所形成的亚晶小，亚晶间的取向差大，亚晶的完整性差（即亚晶内晶格的畸变大）。冷变形过程中，亚晶结构对金属的加工硬化起重要作用，由于各晶块的方位不同，其边界又为大量位错缠结，对晶内的进一步滑移起阻碍作用。因此，亚结构可提高铝及铝合金加工材料的强度。

C 变形织构

铝及铝合金在冷变形过程中，内部各晶粒间的相互作用及变形发展方向因受外力作用的影响，晶粒要相对于外力轴产生转动，而使其动作的滑移系有朝着作用力轴的方向（或最大主变形方向）做定向旋转的趋势。在较大冷变形程度下，晶粒位向由无序状态变成有序状态的情况，称为择优取向。由此所形成的纤维状组织，因具有严格的位向关系，称为变形织构。变形织构可分为丝织构（如在拉丝、挤压、旋锻条件下形成的织构）和板织构（如轧制织构）。具有冷变形织构的材料进行退火时，由于晶粒位向趋于一致，总有某些位向的晶块易于形核长大，往往形成具有织构的退火组织，这种组织称为再结晶织构。

冷变形材料中形成变形织构的特性，取决于变形程度、主变形图和合金的成分与组织。变形程度越大，变形状态越均匀，则织构越明显。主变形图对产生织构有决定性的影响，如拉伸、拉丝和圆棒挤压时可得到丝织构，而宽板轧制、带材轧制和扁带拉伸时可得到板织构等。织构使材料具有明显的各向异性，在很多情况下会出现织构硬化。在实际生产中，要控制变形条件，充分利用其有利的一面，而避免其不利的一面。

D 晶内及晶间的破坏

因滑移（位错的运动及其受阻、双滑移、交叉滑移等）、双晶等过程的复杂作用以及晶粒所产生的相对移动与转动，造成了在晶粒内部及晶粒间界处出现一些显微裂纹、空洞等缺陷，使铝材密度减小，这是造成显微裂纹和宏观破断的根源。

1.3.2.2 冷变形对铝加工材料性能的影响

A 理化性能

a 密度

冷变形后，因晶内及晶间出现了显微裂纹或宏观裂纹、裂口空洞等缺陷，使铝材密度减小。

b 电阻

晶间物质的破坏使晶粒直接接触、晶粒位向有序化、晶间及晶内破裂等，都对电阻的变化有明显的影响。前两者使电阻随变形程度的增加而减少，后者则相反。

c 化学稳定性

经冷变形后，材料内能增高，使其化学性能更不稳定而易被腐蚀，特别是易产生应力腐蚀。

B 力学性能

铝材经冷变形后，一方面，由于发生了晶内及晶间的破坏，晶格产生了畸变以及出现了第二类残余应力等，塑性指标急剧下降，在极限状态下可能接近于完全脆性的状态；另一方面，由于晶格畸变、位错增多、晶粒被拉长细化以及出现亚结构等，其强度指标大为提高，即出现加工硬化现象。

C 织构与各向异性

铝材经较大冷变形后，由于出现织构，材料呈现各向异性。例如，铝合金薄板在深冲时易出现明显的制耳。应合理控制加工条件，以充分利用织构与各向异性有利的一面，而避免或消除其不利的一面。

1.4 铝及铝合金加工材料生产技术现状与发展趋势

1.4.1 铝及铝合金材料加工业进入了一个崭新的发展时代

1.4.1.1 新时代为铝及铝合金材料加工工业发展提供了机遇

新时代对节能、环保、安全提出了新要求，发展铝工业是解决三大问题的重要途径之一。

(1) 铝及铝材是一种可再生的资源。地壳中铝元素含量本来就十分丰富，废弃的铝及铝材又可回收重熔，既节能又少污染。铝似乎成了一种“永不枯竭”的材料，至少可供人类使用相当长的时间。

(2) 铝及铝材是一种节能和储能材料。在安全和环保的条件下，铝的节能、储能功能远大于钢铁和其他许多材料。

(3) 铝材是航空航天和现代交通运输（包括高速列车、地下铁道、轻轨列车、火车、豪华客车、双层客车、轿车、舰艇、船舶、摩托车、自行车、集装箱等）轻量化、高速化的关键材料。轻量化可使飞机和宇航器飞得更高、更快、更远，可使导弹打得更快、更远、更准，可使电动汽车零污染、高速行驶，可减少牵引力和节省大量能源，使运输工具既安全又准点。由于铝材大量用于改进军事装备，可起到以实力求和平、抑制军事垄断、减少战争的作用。

由此可见，铝及铝材在改善环境、节约资源、节约能源、增强安全感方面确实是人类的得力助手。

1.4.1.2 铝及铝合金材料将成为更加重要的基础材料

铝及铝材的高速发展和广泛应用势必部分替代钢铁而成为所有工业部门和整个社会的基础材料。

由于铝具有一系列独特的优点，因而发展十分迅猛。目前，世界电解铝产量已超过4500万吨，并以平均5%的年增长率增长，预计到2020年，世界原铝产量可达8000万吨以上。

原铝的85%以上被加工成板、带、条、箔、管、棒、型、线、自由锻件、模锻件、粉、铸件、压铸件、冲压件等各类半成品或成品，广泛用于国民经济的各行各业和人民生活的各个方面。第二次世界大战以前，铝材主要用于军事。第二次世界大战以后到20世纪60年代，为了医治战争创伤和美化城市建筑，铝材被广泛用于民用建筑结构和门窗等，占世界原铝产量的25%以上，而日本占50%以上和联邦德国占40%。20世纪70~80年代，铝材被广泛用作硬包装（各种罐体和容器等）和软包装（如医药、化妆品、食品的铝箔包装）材料，高峰期达原铝产量的23%以上，几乎与建筑用铝材相当。90年代以后，由于节能和环保的要求，铝材开始广泛用于交通运输工业。目前，交通运输工业已成为铝及铝材第一大用户，其消耗量占全球铝产量的30%以上，交通运输工具的全铝化是一种不以人们意志为转移的客观趋势。作为朝阳工业的铝材业由于自身的优越条件和社会发展的推动，其迅猛发展的趋向是前所未有的，铝材势必部分替代钢铁而成为所有工业部门和整个社会的基础材料。

近20年来，铝加工产业发展十分迅猛，成了很多国家和地区的支柱产业之一。2010年世界与中国的铝产量（原铝+再生铝）和铝加工材的生产情况见表1-17。

表1-17　2010年世界与中国的铝产量和铝加工材生产情况（万吨）

项　目	世界	中国
电解铝（+再生铝）	4500（+2000）	1600（+480）
铝加工材（合计）	3800	1680（电缆线材150）
其中铝轧制材（板、带、箔材）	2200	540+130=670
铝挤压材（管、棒、型、线材）	1600	840+110=950
铝轧制材:铝挤压材	56:44	41:59
铝合金型材（合计）	1420	840
其中铝建筑型材	620	550
铝工业型材	800	290
建筑型材:工业型材	43:57	66:34
铝铸造材	2200	280
铝及铝材的年平均增长率/%	5~6	15~20

由表1-17可知，世界铝及铝加工产业发展，已具有相当规模。中国已成为铝加工大国，但还不是铝加工强国，而且产品的比例仍不够合理，铝板、带材的产量和品种仍落后于发达国家。因此需要加大产业结构和产品结构调整，加大科技开发与技术创新，研发核心技术，提高铝加工材的各项综合指标（如生产效率、成品率、利润率等）。目前，中国的年增长速度大大高于世界各国，在不久的将来，中国很快会赶上世界先进水平。

1.4.2　现代铝合金加工业及技术的发展特点

（1）工艺装备更新换代快。工艺装备更新周期一般为10年左右，设备朝大型化、精密化、紧凑化、成套化、自动化方向发展。

（2）工艺技术不断创新，朝着节能降耗、精简连续、高速高效、广谱交叉的方向发展。新工艺、新技术、新产品、新设备、新材料大量涌现，大大促进了铝加工产业和铝加工技术向现代化发展的步伐。

（3）十分重视工具和模具的结构设计、材质选择，加工工艺、热处理工艺和表面处理工艺不断改进和完善，质量和寿命得到极大的提高。

（4）产品结构处于大调整时期。为了适应科技的进步和经济、社会的发展及人们生活水平的提高，很多传统的和低档的产品将被淘汰，而新型的高档、高科技产品将会不断涌现，以节能、环保、安全为目的的轻量材料获得快速的发展。

（5）十分重视科技进步、技术创新和信息开发。随着信息时代和知识经济时代的到来，铝加工技术显得更为重要。

（6）科学管理，全面实现自动化和现代化，体制和机制不断进行调整，以适应社会发展和市场变化的需要。

1.4.3　铝加工技术的发展趋势

1.4.3.1　熔铸技术的发展趋势

（1）优化铝合金的化学成分、主要元素配比和微量元素的含量，控制有害元素，不断提高铝合金的纯度。

（2）强化和优化铝熔体在线净化处理技术，尽量减少熔体中的气体（H_2 等）和夹杂物的含量，如使每 100gAl 中的 H_2 含量小于 0.1mL；Na 离子的质量分数小于 3×10^{-6}等，不断提高铝合金的纯净度。

（3）强化和优化细化处理和变质处理技术，不断改进和完善 Al-Ti-B、Al-Ti-C 等细化工艺，改进 Sr、Na、P 等变质处理工艺。

（4）采用先进的熔铝炉型和高效喷嘴，不断提高熔炼技术和热效率。目前世界上最大的熔铝炉为 150t，是一种圆形、可倾倒、可开盖的计算机自动控制的燃气炉。各种炉型正朝大型化和自动化方向发展。

（5）采用先进的铸造方法，如电磁铸造，油气混合润滑铸造、矮结晶器铸造等，以提高生产效率和产品质量，节能降耗、降低成本。

（6）采用先进均匀化处理设备与工艺，提高铸锭的化学成分、组织与性能的均匀性。

1.4.3.2　轧制技术的发展趋势

（1）热轧机朝大型化、控制自动化和精密化方向发展。目前世界最大的热轧机为美国的 5580mm 热轧机组，热轧板的最大宽度为 5000mm，最长为 30m。“二人转”的老式轧机将被淘汰，四辊式单机架单卷取将被双卷取所代替，适当发展热粗轧 + 热精轧（即 1 + 1）的生产方式，大力发展 1 + 3、1 + 4、1 + 5 等热连轧生产方式，大大提高生产效率和产品质量。

（2）连铸轧和连铸连轧朝高速、高精、超宽、薄壁方向发展。最近美国研制成功的高速薄壁连铸轧机组可生产宽2000mm、厚2mm的连铸轧板材，速度达10m/min，可代替冷轧机，直接供给铝箔毛料，有的甚至可用作易拉罐的毛坯料。连铸连轧也朝宽幅、高速、多合金品种方向发展。

（3）冷轧朝宽幅（大于2000mm）、高速（最大为45m/s），高精（±2μm）、高度自动化控制方向发展。冷连轧也开始发展，可大幅度提高生产效率。

（4）铝箔轧制朝更宽、更薄、更精、更自动化的方向发展。可用不等厚的双合轧制生产0.004mm的特薄铝箔。同时开发了喷雾成形等其他生产铝箔的方法。

1.4.3.3 挤压技术的发展趋势

铝合金挤压材正在朝大型化、扁宽化、薄壁化、高精化、复杂化、多品种、多用途、多功能、高效率、高质量方向发展。目前世界最大的挤压机为350MN的立式反向挤压机，可生产ϕ1500mm以上的管材，俄罗斯的200MN卧式挤压机可生产2500mm宽的整体壁板。全世界共有40余台80MN以上的挤压机，主要生产大型、薄壁、扁宽的空心与实心型材，精密、大径、薄壁管材。扁挤压、组合模挤压、宽展挤压、高速挤压、高效反向挤压等新工艺不断涌现，工模具结构不断创新，设备、工艺技术、生产管理的全线自动化程度不断提高。高速轧管、双线拉拔技术将得到进一步发展，多坯料挤压、半固态挤压、连续挤压、连铸连挤等新技术将进一步完善。

1.4.3.4 锻压技术的发展趋势

铝合金锻件主要用作重要受力结构。锻压液压机正在朝大型化和精密化方向发展。俄罗斯的750MN、法国的650MN、美国的450MN以及中国的300MN等都属于重型锻压水压机。近年来中国正在设计和制造400MN和800MN超大型立式模锻液压机，将成为世界之最。目前最大的模锻件可达5.0m^2，最大质量达2.5t以上。无加工余量的精密模锻、多向模锻、等温模锻等新工艺将得到发展。由于铝合金模锻件的品种多、批量小、模具成本昂贵，目前世界上有用预拉伸厚板数控加工的方法代替大型模锻件的趋势。

1.4.3.5 质量检测与质量保证

为了保证产品的质量，不仅要逐步建立各种质量管理和质量保证体系（ISO9000 等），还要不断研制开发各种仪器仪表和测试手段，实现精确和快速检查，保证产品的尺寸公差、形位精度、化学成分、内部组织、力学性能和特种性能及表面质量，以达到技术标准的要求。

1.4.3.6 深加工技术的发展

铝材深加工是提高产品附加值、扩大铝材应用的重要途径之一。目前，铝材深度加工技术主要朝新型焊接技术、胶合技术、铆接技术、新型表面处理技术以及机加工和电加工等方向发展。

1.4.4 铝合金加工材料的发展现状与研发方向

1.4.4.1 概述

目前全世界已正式注册的铝合金达千种以上，最常用的有 450 种，分别包括在 1×××~9×××系中，为世界经济的发展和人类文明的进步做出了巨大贡献。但是，随着科技的进步，国民经济和国防军工的现代化发展及人民生活水平的提高，有些合金已被淘汰，急需发展一批高强、高韧、高模、耐磨、耐蚀、耐疲劳、耐高温、耐低温、耐辐射、防火、防爆、易切割、易抛光、可表面处理、可焊接的和超轻的新型合金。如 $\sigma_b \geqslant 750$MPa 的高强高韧合金，密度小于 2400kg/m^3 的铝锂合金，粉末冶金和复合材料等。

近几十年来，铝合金材料大致朝以下两个方向发展：（1）发展高强高韧等高性能铝合金新材料，以满足航空航天等军事工业和特殊工业部门的需要；（2）发展一系列可以满足各种条件、用途的民用铝合金新材料。由于各方的努力，已取得了可喜的成果，研发出了一系列新合金和新材料，使铝合金及其加工工艺达到了一个新的水平。

1.4.4.2 高强高韧等高性能铝合金的研发

高性能铝合金中，最具代表性的是为适应航空航天器高机动性、高载荷、高抗压和高耐疲劳及高速与高可靠性的要求而研制的高强高韧铝合金，主要包括 2×××和 7×××系列 IM 传统熔铸铝合金，以及在此基础上发展起来的 PM 粉末冶金合金、SF 喷射成型铝合金、铝基复合材料、超塑性铝合金等。其主要特性及应用举例见表 1-18。

表 1-18 高强高韧性 Al-Cu-Mg 及 Al-Cu-Mg-Zn 系合金的主要特性及应用举例

合金牌号	主要特性	主要制品及状态	应用实例
2124	强度、塑性和断裂韧性比 2024 合金好，SCC 性能与 2024 的相似	T351 和 T851uddyr 38～152mm 厚板	飞机结构件
2048	断裂韧性比 2124 合金好，SCC 性能与 2024 和 2124 的相似	T851 状态厚板，薄板	飞机结构件
2419	断裂韧性比 2219 合金好		飞机高温结构件，高强焊接件
2224	强度、断裂韧性和抗疲劳性能比 2024 合金好，工艺性能和耐腐蚀性与 2024 的相似，价格比 2024 的贵	T3511 挤压件	波音 767 等飞机结构件
2324	高强度和高断裂韧性	T39 状态厚板，薄板	波音 767 等飞机结构件
Д16Ч	断裂韧性比 Д16Ч 合金高 10%～15%	以 T、TH、T1、T1H 状态应用	T、TH 状态材料用于运输机，T1H 状态材料用于超声速飞机
1161	断裂韧性比 Д16Ч 的高 2 倍、韧性比 Д16Ч 的高 20%～50%	以 T、TH、T1、T1H 状态应用	T、TH 状态材料用于运输机，T1H 状态材料用于超声速飞机
1163	断裂韧性比 Д16Ч 的高 2 倍、韧性比 Д16Ч 的高 10%	以 T、TH、T1、T1H 状态应用	伊尔 96-300 和图 204 等飞机机体受力构件
7075	固溶处理后塑性好，热处理强化效果特别好，在 150℃以下有高强度，并且有特别好的低温强度；焊接性能差，有应力腐蚀开裂倾向，双级时效可提高抗 SCC 性能	T6、T73、T76 薄板，T651、T7651、T7351 厚板，T6、T73、T7352 锻件，T6511、T73511 挤压件	飞机上、下翼面壁板，桁条，隔框

续表 1-18

合金牌号	主要特性	主要制品及状态	应用实例
7049	可代替 7079 合金，强度高和抗 SCC 性能好；抗普通腐蚀能力不强	T73511、T76511 挤压件，T73、T7352 锻件，T73 薄板和厚板	飞机主起落架，导弹配件
7149 7249	强度和抗 SCC 性能好，断裂韧性好于 7049，是 7049 的改良型合金，优于 7149	T73、T74、T7452 锻件，T73511、T76511 挤压件	飞机结构件
7175 7475	强度、断裂韧性高、抗疲劳性能好，抗蚀性（T76）比 7075 好，即有很好的综合性能。采用特殊加工工艺可使其具超塑性	T76、T761 薄板，T651、T7651 和 T7351 厚板、薄板	机身、机翼蒙皮，中央翼结构件，翼梁，舱膛，T-39 隔板，直升机舱板，起落架舱门
7050 7150	强度高，断裂韧性、抗应力腐蚀和抗剥落腐蚀性能好，淬火敏感性小，可制造大型件。7150 的综合性能优于 7050 合金 10% ~15%	T7651、T7451 厚板，T3511、T76511、T73511、T74511 挤压件，T7452 自由锻件。T76、T7652、T7452 模锻件，T73 线材，T76 包铝薄板	飞机机身框架，机翼蒙皮，舱壁，条，加强筋，肋，托架，起落架支承部件，座椅导轨，铆钉
7010	具有与 7050 大致相同的特点，降低了 Cu 含量，解决了 7050 合金铸造裂纹问题	T7651 厚板，T74、T7452 锻件	飞机机身框架，机翼蒙皮，舱壁，条，加强筋，肋，托架，起落架支承部件，座椅导轨，铆钉
7055	抗压和抗拉强度比 7150 的高 10%，断裂韧性、耐腐蚀性与 7150 相似	T7751 厚板和挤压件、T77511 挤压件，T77 锻件	飞机上翼蒙皮，长桁，水平尾翼，龙骨梁，座椅导轨，货运滑轨
7090	PM7090-T7E80 强度比 7050-T76 高 10% ~20%，其韧性和耐腐蚀性也均比 IM7050 好，即综合性能好	T7E80、T7E71 锻件，T7E71 挤压件	飞机主起落架闸门的连杆操纵装置，机体构件，直升机旋翼夹头、起落撬和弹射座椅导轨

续表 1-18

合金牌号	主要特性	主要制品及状态	应用实例
7091	具有与 7090 大致相同的特点，韧性和耐腐蚀性回升好于 7090	T7E68 锻件，TE70、TE69 挤压件	飞机主起落架闸门的连杆操纵装置，机体构件，直升机旋翼夹头、起落撬和弹射座椅导轨
CW67	强度与 7090 相当，而断裂韧性高 1 倍	T7X2 锻件	飞机主起落架闸门的连杆操纵装置，机体构件，直升机旋翼夹头、起落撬和弹射座椅导轨
7064	有极好的综合性能	TX651、TX7651、TX7351 挤压件	飞机主起落架闸门的连杆操纵装置，机体构件，直升机旋翼夹头、起落撬和弹射座椅导轨
B93ПЧ	工艺性能高，具有低的临界淬火冷却速度（3℃/s）	T1、T3 形状复杂的大型锻件	飞机主起落架闸门的连杆操纵装置，机体构件，直升机旋翼夹头、起落撬和弹射座椅导轨
B95	具有与 7075 基本相同的特点	T1、T2、T3 状态薄板、包铝薄板、厚板、预拉伸板、挤压件、自由锻件、模锻件	飞机结构件，通用工业结构材料
B95ПЧ	B95 改良型合金，断裂韧性比 B95 高	T1、T2、T3 薄板、包铝薄板、厚板、预拉伸板、T1、T2、T3 挤压件、自由锻件、模锻件	飞机上翼蒙皮，隔框，桁条，起落架

续表 1-18

合金牌号	主要特性	主要制品及状态	应用实例
B95ОЧ	B95 改良型合金，断裂韧性比 B95ПЧ 高	T3 锻件、T2、T3 板材和挤压件	飞机结构件用锻件及飞机上翼蒙皮，隔框，桁条
B96Ц	合金化程度最高、强度高，抗应力腐蚀和剥落腐蚀性能低，应力集中敏感性较高	T1、T2、T3 挤压件、锻件	飞机结构件用锻件及飞机上翼蒙皮，隔框，桁条
B96Ц1	具有与 B96Ц 相似的特点，σ_b 高达 735MPa，T2、T3 有中等断裂韧性	T1、T2、T3 挤压件、锻件	飞机上大中型零件
B96Ц3	强度比 B96Ц 和 B96Ц1 低，塑性高 50% ~100%	T1、T2、T3 挤压件、锻件	飞机上大中型零件
01975	在 Al-Zn-Mg 合金中添加少量 Sc 和 Zr，有好的抗疲劳性能和焊接性能		
01970	在 Al-Zn-Mg 合金中添加少量 Sc 和 Zr，有好的抗疲劳性能和焊接性能		

典型的航空航天工业用铝合金产品主要有预拉伸厚板、蒙皮板、锻件和模锻件、大型整体壁板、大梁型材等，要求在不断提高强度指标的同时，具有良好的韧性、抗应力腐蚀性、抗疲劳性和断裂韧性等综合性能。为此，世界各国对高性能铝合金进行了大量深入的研究。

A 传统的 Al-Cu-Mg 和 Al-Cu-Mg-Zn 系合金的改善及开发

（1）调整合金中的主要合金元素含量及各组元的比值，添加微量过渡元素及稀土元素，从而改变合金中各种化合物的性能和分量，以开发出对应各种不同需要的新合金，如 Al-Cu-Mg-Zn 系合金中，以 Zr 代 Mn 和 Cr，可使 B96Ц3 合金材料的 σ_b 高达 700MPa 以上。

（2）减少合金中的 Fe、Si 等杂质和氢、氧等气体的含量，提高合金的纯净度，研究控制杂质和除气、除渣方法和技术；改善合金的综合性能，在保证合金成分优化和高质量铸锭前提下，充分考虑各种加工因素互相影响、互相制约、互相渗透的关系，采用特殊加工工艺达到材料组织性能的高度均匀，充分发挥每种合金元素的作用，以实现高强、高韧、高均匀的目的，并使新合金材料具有优良的断裂韧性和耐应力腐蚀性能。

（3）研究开发和应用各种先进的和特殊的变形加工与热处理新工艺，如超塑成形、精密模锻、等温模锻，半固态成形、等温挤压、控制轧制、强化高温形变、大变形加工，厚板锻轧以及先进的铸造技术和新型的形变热处理工艺等，提高合金材料的综合性能和特殊性能。如在研发预拉伸厚板时，对2024、2124、2324、2424、7175、7475及7055、7155等合金逐步加强合金中的杂质控制，从最初牌号中Fe和Si含量0.5%下降到最新牌号0.1%以下，大大减小了近代断裂力学理论认为的可成为裂纹源的内部缺陷数量和尺寸，改进了析出相的分布及形态，同时采用先进的工艺生产优质大铸块，用大压下量轧制厚板，淬火后进行预拉伸，充分消除内部残余应力，然后进行单级成多级人工时效，研发出在航空航天、兵器、舰艇等领域得到广泛应用的适合于不同用途的T351、T7451、T851、T651、T765、T7351、T7451、T77、T7751、T79等不同状态的大型预拉伸板。目前美国的Alcoa公司的Davenbot铝加工厂有3台厚板拉矫机，最大的为12500t，可拉150mm×4060mm×33500mm的铝合金预拉伸板。我国最大拉矫机为12000t，在拉矫能力、合金品种和规格范围以及拉矫工艺等方面尚有一定的差距。

B 采用新合金元素开发新合金

a 铝-锂合金

铝锂合金的特性是具有低的密度、高的弹性模量和高的强度。现在开发成熟的铝锂合金主要是Al-Li-Cu-Zr、Al-Li-Cu-Mg-Zr系合金，能够替代7×××系超高强合金的均是Al-Li-Cu-Mg-Zr系合金。最典型的合金有2090和8091等。研制的目标是达到7075-T6的强度和7075-T73的抗蚀性能。1996年美国直升机应用的铝-锂合金已达到机体质量的20%左右，2009年以后在大型客机上预计有30%的结构采用铝-锂合金制作。表1-19所示为已研制并广泛应用的高强铝-锂合金化学成分。

表 1-19 典型的高强铝-锂合金化学成分 （质量分数，%）

合金	Si	Fe	Cu	Mn	Mg	Cr	Zn	Ag	Ti	Li	Zr	Al
2090	0.10	0.12	2.4～3.0	0.05	0.25	0.05	0.10		0.15	1.9～2.6	0.08～0.15	余量
2091	0.20	0.30	1.8～2.5	0.10	1.1～1.9	0.05	0.25		0.10	1.7～2.3	0.14～0.16	余量
2094	0.12	0.15	4.4～5.2	0.25	0.25～0.8		0.25	0.25～0.6	0.10	0.7～1.4	0.04～0.18	余量
2095	0.12	0.15	3.9～4.6	0.25	0.25～0.8		0.25	0.25～0.6	0.10	0.7～1.5	0.04～0.18	余量
2195	0.12	0.15	3.7～4.3	0.25	0.25～0.8		0.25	0.25～0.6	0.10	0.8～1.2	0.08～0.16	余量
X2096	0.12	0.15	2.3～3.1	0.25	0.25～0.8		0.25	0.25～0.6	0.05	0.9～1.3	0.04～0.18	余量
2097	0.12	0.15	2.5～3.1	0.10～0.50	0.25		0.35		0.15	1.2～1.8	0.08～0.16	余量
2197	0.10	0.10	2.5～3.1	0.10～0.50	0.25		0.05		0.12	1.3～1.7	0.08～0.15	余量
X2297	0.10	0.10	2.5～3.1	0.10～0.50	0.25		0.05		0.12	1.1～1.7	0.08～0.15	余量
8091	0.30	0.30	1.6～2.2	0.10	0.50～1.2	0.10	0.25		0.10	2.4～2.8	0.06～0.16	余量

b 铝-钪合金

钪属于稀土类金属元素，密度小，熔点高，因为它能显著提高铝合金的再结晶温度和力学性能，因而引起高度重视。近年来，俄罗斯和德国在 Al-Sc 合金的研究方面取得了很大进展，并研发出 Al-Zn-Mg-Sc-Zr 系和 Al-Mg-Sc 系合金。前者的特性是强度高，塑性、疲劳性能和焊接性能好，是一种新的高强、高韧性可焊铝合金。它的应用领域也主要是航空和航天，此外也可以应用在高速舰艇和高速列车上。

c 铝-铍合金

铍也属于高熔点的稀有金属，Al-(7.0 ~30)% Be-(3 ~8)% Mg 合金都处于 Al-Be-Mg 三元相图的两相区，其组织由初晶铍和固溶 Mg 的 (Al) 相组成，使合金有很好的综合性能。如 Al-7.0% Be-3% Mg 合金的抗拉强度达到 650MPa，伸长率大于 10%，可应用于航空工业。但由于制造工艺复杂，其应用受到限制。

C 采用新的制备技术研发新型超高强铝合金材料

（1）目前采用 PM 法制造的超高强铝合金，虽然成本较高，产品尺寸小，但可以生产一些 IM 法无法生产的高综合性能合金。国外已开发的 PM 的超高强铝合金有 7090、7091 和 CW67 合金等，它们的强度均达到了 600MPa 以上（见表 1-18），其强度和抗 SCC 性能均比 IM 合金好，特别是 CW67 合金的断裂韧性最好。现在美国可生产重达 350kg 的坯锭，加工出来的挤压件和模锻件，已应用到飞机、导弹以及航天器上。

（2）SD 喷射沉积法（喷射成形法）是一种新型的快速凝固技术，其特点介于 DC 铸造和 PM 粉末冶金之间。SD 法与 PM 法相比，生产工艺简单，成本较低，金属含氧化物少，仅是 PM 法的 1/3 ~ 1/7，制锭质量大（可达 1000kg 以上），可批量生产，与 IM 法相比，最大的优点是可以制备 IM 法无法生产的高合金化铝合金，而且还可以生产颗粒复合材料。即使是生产普通合金，也还有铸造锭晶粒极其细微、加工材综合性能好等特点。所以采用此方法开发制造具有高性能的超高强铝合金，有着非常好的发展前景。

（3）铝基复合材料的研究方兴未艾，各国都投入了很大力量在进行研究，它是金属基复合材料中研究得最多和最主要的复合材料。目前开发的铝基复合材料主要有 B/Al、BC/Al、SiC/Al、Al_2O_3/Al 等。添加的形式可分为颗粒、晶须、短纤维和长纤维，其中 SiC/Al 复合材料是最有发展前途的，因为它不需要用扩散层处理包覆纤维，成本低。铝基复材料的特点是密度小，比强度和比刚度高，比弹性模量大，导电、导热性好，抗腐蚀，耐高温，抗蠕变和耐疲劳等。美国用其制造的挤压型材和管材已经用在了各种航天器上，并且已经成为铝合金甚至铝锂合金的重要竞争对手。此外，铝钢、铝钛等层压式铝基超高强复合材料在近年来也获得了发展。

1.4.4.3 民用高性能铝合金的研发

由于铝质轻，比强度、比刚度高，耐腐蚀，易成形，无毒，导电导热性良好，可进行各种表面处理，所以铝合金材料在交通运输、民用建筑、电子及电力工程、包装、印刷、家电等方面获得了广泛的应用。各国已相继开发出了一系列高性能民用铝合金，如汽车车身板合金 6009、6111、6010、6016、6017、6082、2038 及 CP609 等；汽车保险杠用的 7021、7029 等合金；机械切削用的 2011、6262 等合金；轨道车厢用的 6005A、7005 以及 Al-Zn-Mg 中强可焊合金；交通运输用的 Cp703、7120 等合金；导线用的 1370 合金以及 Al-Mg-Si 系的 6013、6101、6201、A4/L、A4G/L 等合金；热交换器用的 Al-Si-Mg-Bi 合金（把它包在 3000 系合金上作为钎焊材料）；冲压和搪瓷器皿用的 4006 合金以及高级 PS 版基、CTP 版基和高性能易拉罐板新合金等。表 1-20 列出了部分挤压型材用新型铝合金的性能数据。

表 1-20 挤压型材用新型铝合金的性能

合 金	力学性能			挤压性能	
	T6 状态		挤压状态	实心型材	空心型材
	$\sigma_{0.2}$/MPa	σ_b/MPa	σ_b/MPa		
6060	200	230	175	特优	特优
6106	235	265	180	优	优
6005A	270	290	200	优	优

续表 1-20

合金	力学性能			挤压性能	
	T6 状态		挤压状态	实心型材	空心型材
	$\sigma_{0.2}$/MPa	σ_b/MPa	σ_b/MPa		
6082	290	340	200	优	优
6013	331	359	200	优	可以
7020	310	370	330	良	一般
CP703	300	340	310	优	良
7120	390	440	340	很好	不良

A 高档民用建筑铝合金新材料的研发

铝合金门窗、幕墙等民用建筑材料在与塑料、复合材料等的激烈竞争中，要想立于不败之地，唯一的出路就是不断淘汰中、低档产品，研发新型的高档产品。近年来，围绕 6063 合金研发了一系列不同用途的新合金，而且朝 6061、6351、6082、5005、6005、7005 等中强合金方向发展，状态也由单一的“T5”朝 T6 等的方向发展。同时研制了隔热断桥型材等新品种和铝-塑、铝-木、铝-塑-木等新材料，其应用范围也由门窗、围栏等装饰件朝屋顶、桁架、立柱、跳板、桥梁、模板等承力和结构件方向发展，大大加强了铝材在建筑领域的地位。

B 高性能特薄板铝合金新材料的研发

现代高档装饰和涂层板，高级镜面板、蒙皮板和 PS 版基和 CTP 版基，超薄罐体板和高级铝箔毛料等材料，对铝合金的成分、纯洁度、组织和性能及表面质量和精度等提出了很高的要求，因此，各国都在研发新的合金，如 8011、1050A、3103、3105、5052A、5N01、5657、5182、3204、3404 等合金，以及 H2n、H3n 等状态，研究新的制备方法和工艺，以满足市场需求。

C 高性能电子铝合金新材料的研发

铝箔的用途十分广泛。为了生产各种性能、各种功能、不同用途的铝箔新材料，各国已研发出多种铝箔用新合金，特别是高性能电子和电容器铝箔用新型铝合金，如工业纯 1074A、1060、1050A 铝合金及高纯铝1A09、1A93、1A85等铝合金。

D 不同性能的新型合金的研发

交通运输用大型铝合金特种型材的品种越来越多，对性能和质量的要求也越来越高。因此，需要开发不同性能的新型合金，目前已研发成功的新合金主要有6005、6005A、6N01、7N01、7005及高性能焊丝材料5356、5086、5087等合金。

1.4.4.4 我国铝合金新材料的研制开发方向

从1960年开始至今，我国相继对高强、高韧、高性能的航空航天、兵器、舰船等军事和特殊工业部门用的新型铝合金材料以及各种性能和用途的民用铝合金新材料进行了深入系统的研究。并开发和生产出了上百种符合我国国情的各种铝合金，基本上跟上了世界研究开发的步伐，有许多研究成果达到了国际先进水平，也基本满足了国防军工、国民经济建设和人民生活的需要。但是，其整体水平和自主研发能力与国际先进水平相比仍有很大差距，需要迎头赶上。

（1）用最新技术改善传统铝合金并研发一批新型铝合金材料。应用微合金化理论，采用电子冶金技术，调整合金元素和比例，添加高效微量元素，研究新型强化理论，开发新型变形与热处理工艺及高效纯化、净化、细化和均匀化新技术；改造现有1×××~9×××的上千种传统铝合金，使之充分发挥潜力；并设计和发展一批新型的高强、高韧、高模、耐磨、耐蚀、耐疲劳、耐高温、耐低温、耐辐射、防火、防爆、易切削、易抛光、可表面处理、可焊接的和超轻的铝合金材料，以适应不同用途、各种性能、功能的需要，满足不断发展的国防军工、科技尖端和国民经济高速度发展的要求。

（2）研究开发各种新型铝合金热处理、形变热处理、表面处理工艺，以获得各种具有特殊功能的新材料。

（3）全面深入研究铝合金的成分-加工与热处理-组织与性能之间的关系，以改善各种材料的性能，拓宽其用途，使之成为各种场合需要的新材料。

（4）广泛研究铝合金的粉末冶金、喷射成形、复合材料、超细粉和纳米级材料等新产品。

2 铝合金加工材料的质量控制及主要缺陷检测技术

2.1 铝合金加工材料的质量指标、废品分布及成品率

2.1.1 铝合金加工材料的质量指标

所谓产品质量就是所提供的合格产品要全面地、合理地满足产品的使用性能和用户的要求。即从原、辅材料选用，工艺装备和工模具的精心设计，生产方法与工艺操作规范的精心编制与实施，以及产品在生产过程中的精确检测等方面严格把关，最终全方位（包括产品的材质成分、外观和内在质量，组织与性能以及尺寸与形位精度等）地达到技术标准或供需双方正式签订技术质量协议对技术质量指标的要求。铝合金加工材料与绝大多数其他产品一样，其质量指标应包括以下几方面：

（1）化学成分。包括合金的主成分元素及其配比，微量元素添加量以及杂质元素的含量等均应符合相关技术标准或技术协议的要求。

（2）内部组织。主要包括晶粒的大小、形貌及分布；第二相的多少、大小及分布；金属与非金属夹杂的多少、大小及分布；疏松及气体含量与分布；内部裂纹及其他不连续性缺陷（如缩尾、折叠、氧化膜等）；金属流纹与流线等均应符合技术标准或技术协议的要求。

（3）内外表面质量。按技术标准的要求，内外表面应光洁、光滑、色泽调和，达到一定光洁度、不应有裂纹、擦伤、划伤和腐蚀痕，不应有气泡、气孔、黑白斑点、麻纹和波浪等。

（4）性能。根据技术标准或用户的使用要求，应达到合理的物理、化学性能，耐腐蚀性能、力学性能，加工性能或其他的特殊性能指标。

（5）尺寸公差和形位精度。包括断面的尺寸公差和产品的形位精度（如弯曲度、平面间隙、扭拧、扩口、并口、板形、波浪等），都应符合技术标准和使用要求。

2.1.2 铝合金加工材料的废品（缺陷）及成品率控制

2.1.2.1 铝合金加工材料的缺陷

铝合金加工材料在生产过程中或经成品检测后，发现其质量指标有一项或多项不符合技术标准或技术协议，影响使用性能的，称为产品缺陷。根据缺陷对产品质量和使用性能的影响可分为严重的、轻微的两种：轻微的缺陷是可修复的缺陷，经返工或修复后仍可满足使用要求或基本符合技术标准的规定，是可以交付使用的，如表面气泡、擦划伤、印痕、起皮等。严重的缺陷是指不可修复的缺陷，一般称为废品或绝对废品，如过烧、贯穿气孔、裂纹、性能不合格、尺寸超差等。废品是不能出厂交付使用的，应废弃或重熔。

2.1.2.2 铝合金加工材料废品（废料）的分类

铝合金加工材料的废品，也称废料。废品一般分成几何废品和技术（工艺）废品。几何废品是铝合金加工材料在生产过程产生的不可避免的废料，如挤压的残料，铸锭的切头、切尾，拉伸时制品两端的夹头，厚板的切头、切尾，板、带箔材的切边和切头、切尾，模锻件的切飞边，铸锭和制品切取定尺、短料和切头、切尾的锯口消耗的铝屑，切取必要的试样以及试模时消耗的铝锭等。几何废料是不可避免的，只能尽量减少，而不可能消除。

技术废品（废料）也称工艺废品（废料），是铝合金加工材料在生产过程中因工艺不合理、设备出现问题，工人操作不当而产生的人为废品。它和几何废品不同，通过技术改进、加强管理，可以有效地克服和杜绝技术废品的产生。技术废品可以分为以下几种：

（1）组织废品。如过烧、粗晶环、粗大晶粒、缩尾、夹渣、内部裂纹、贯穿气孔、疏松、氧化膜、流纹不顺等。

（2）力学性能不合格废品。如强度、硬度太低，不符合国家标准；或塑性太低，没有充分软化，不符合技术要求。

（3）表面废品。如成层、气泡、外表裂纹、橘皮、组织条纹、黑斑、纵向焊合线、横向焊合线、擦划伤、金属压入等。

（4）几何尺寸废品。如波浪、扭拧、弯曲、平面间隙、尺寸超差和形位精度不符合技术标准要求等。

2.1.2.3 成品率的计算方法

成品率是企业的一个主要经济质量指标，成品率的高低反映一个企业的技术质量、管理水平的好坏。企业的成品率分为工序成品率和综合成品率。

（1）工序成品率。一般指主要的工序，按一个车间进行成品率计算。如熔铸工序（熔铸车间）、热轧车间、冷轧车间、箔轧车间、挤压工序（挤压车间）、锻压车间、氧化着色工序（氧化车间）、喷粉工序（喷涂车间）等。所以工序成品率通常就是车间成品率。它的定义是：车间合格品的产出量与车间原料（也可能是半成品）的投入量之比。

$$\text{熔铸车间的成品率}\ K_1 = \frac{\text{合格铸锭的产出量}}{\text{车间投入的原料总量}} \times 100\% \tag{2-1}$$

$$\text{生产车间的成品率}\ K_2 = \frac{\text{合格加工制品的产出量}}{\text{车间投入的铸锭总量}} \times 100\% \tag{2-2}$$

$$\text{氧化车间的成品率}\ K_3 = \frac{\text{合格的氧化着色制品产出量}}{\text{车间投入的加工制品总量}} \times 100\% \tag{2-3}$$

其他车间的成品率计算方法相同。如果企业连续生产的话，从上面公式可以看出，上道工序的产出量往往就是下道工序的投入量，如果中间有部分半成品外销，则要减去其半成品的外销量，才是下道工序的投入量。如熔铸车间某月产出合格铸锭总数560t，其中外销60t，挤压车间在同一个月产出合格加工制品385t，则加工车间在该月的成品率 K_2 为77%。

$$K_2 = \frac{385}{560 - 60} \times 100\% = 77\%$$

（2）综合成品率 K。又称总成品率或最终成品率，它的定义为企业的最终成品总量与最初投入总量之比，即

$$K = \frac{最终成品总量}{最初投入总量} \times 100\%$$
$$= \frac{最初投入总量 - (几何废料 + 技术废料)}{最初投入总量} \times 100\% \tag{2-4}$$

综合成品率等于各个工序成品率的连乘积，即

$$K = K_1 K_2 K_3 \cdots \tag{2-5}$$

（3）成品率的影响因素。成品率与设备及工模具的好坏、铸锭品质、产品结构、品种规格的变换频率、工艺技术的先进程度、企业管理水平和操作工人的素质等因素有关。所以成品率可以看作企业的综合考核指标。技术发达、管理先进的国家加工制品的成品率均较高。如日本的挤压制品的成品率可以达到85%以上，我国挤压车间的成品率多数不到80%，平均在76%左右。建筑型材的成品率可达80%，而工业材的成品率低5%～10%，为70%左右。一般来说，熔铸车间的成品率可达90%～95%，铝箔车间的成品率可达85%～90%，表面处理车间的成品率可达98%左右，而压延车间和模锻车间的成品率要低一些。

以挤压车间为例，按铝加工建设标准——建标［1992］894号（此标准自1993年3月1日起实施），铝加工厂产品成品率应符合表2-1规定。

表2-1 铝加工厂设计产品成品率 （%）

工厂类型		产品种类	大型企业	中型企业
建筑铝型材厂	熔铸车间	实心圆锭	85～95	80～90
	挤压车间	挤压材	75～85	75～80
	氧化车间	氧化着色材	93～98	92～97

我国几家知名建筑铝型材企业近年来挤压制品成品率情况见表2-2。

表2-2 我国几家知名建筑铝型材企业近年来挤压成品率情况

企业名称	挤压车间成品率/%	企业名称	挤压车间成品率/%
华加日铝业有限公司	85	福建闽发铝业有限公司	81.8
广东兴发集团有限公司	84.8	西南铝业（集团）有限公司	78.5
广东坚美铝型材厂有限公司	84.5	东北轻合金有限责任公司	76

注：各企业的产品结构不同，成品率也不同，以上数据仅供参考。

2.1.2.4 控制和提高成品率的主要方法

提高铝合金型材的成品率的关键就是要减少和消除废品。几何废品虽然是不可避免的，但可以设法使其降到最低。技术废品是人为因素，可以逐项分析加以消除，也可以使其降到最低。为此可以采取如下方法来有效地控制和提高挤压制品的成品率（以铝合金挤压型材为例）。

A 减少几何废料是提高成品率的重要前提

几何废料的组成及所占比例（以挤压加工材为例），见表2-3。

表2-3 各种几何废料组成及所占的比例

废料类别	挤压残料	铸锭车皮	铸锭锯口	型材切头切尾料	试模料	不够定尺废弃的料	模具中残留铝	成品锯切铝屑
所占比率/%	3~5	3~5	0.5~1.0	2~4	0.5~1.5	1~10	0.1~0.2	0.1~0.3

将表2-3中各项几何废料按比例大小绘制成排列图，如图2-1所示。

将工艺废料所占比例加起来可知：几何废料的最小值为10.2%，最大值为27.0%。也就是说，即使技术废品为零，挤压制品的最高成品率也仅为89.8%，最低值只有73.0%。

可见减少几何废品对提高成品率的潜力很大。从图2-1可知，几何废料潜力最大的是前面四项：因不够定尺长度切去的废品最多，其次是残料和车皮，最后是切头、切尾。下面分析如何减少这些几何废品。

减少几何废品的措施：

（1）正确选择铸锭长度是减少工艺废品的主要措施。铸锭长度

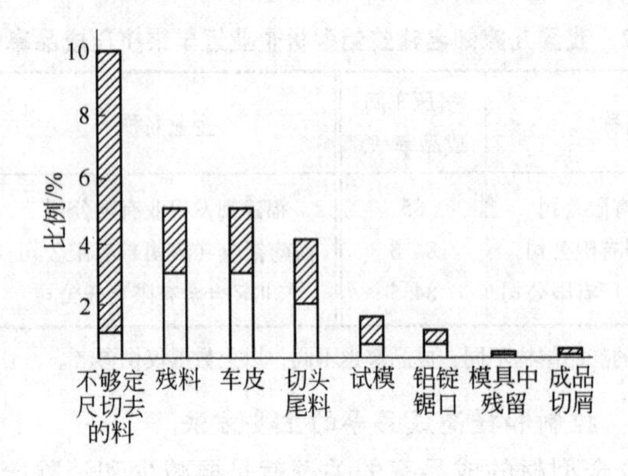

图2-1 几何废料所占比例

不是先挤压后再计算，而是要先计算后再挤压。按定尺产品计算出合理的铸锭长度，确保最高的生产效率和成品率。

除了认真计算铸锭长度外，还要了解该制品所用的模具是新模还是旧模。因为用新模生产的型材壁厚一般都先从负公差做起，旧模往往是正公差。有的甚至是接近超差的模具，要从电脑的模具档案中了解模具的使用情况和详细的数据，然后对所计算的铸锭长度进行修正。如果是短铸锭生产更有必要，采用长铸锭加热时，可以用第一根料挤压出的长度来证实，挤出制品的长度是否合适，然后以此来调整铸锭长度。铸锭长度选择恰到好处，成品率就可以提高1%~10%。这是提高经济效益的一项很大的潜力。

另外，在选择定尺个数或制品长度时，在保证挤压机能顺利挤压的前提下，冷床长度又足够长时，尽可能增加定尺个数或制品长度，也即尽可能选择较长的铸锭。

这是降低几何废料比例和提高成品率的有效方法。

（2）长锭加热，采用热剪技术是减少几何废品的一项良好措施。它不仅可在将铸棒切成短棒时不会产生废料，而且可在试模时切取一个只要够试模的短棒就可以了，从而减少了试模的几何废料。同时正确的热剪短棒还可以适当减少挤压残料的长度。这样几何废料可以降低1%~3%。

（3）改善铸锭的内外部品质可以使大多数合金铸棒不用车皮，

即使像硬铝和超硬铝那样的合金一定要车皮，也可以减少车皮的深度。从而减少了车皮的几何废品。由于铸锭的内外部品质好，也可以适当缩短残料长度。

通过以上几项措施可以使几何废料最大量减少 18%，即最少的几何废料约为 9%，可以使成品率达到 91%（技术废品为零的情况）。由此可见减少几何废料是企业一项重要的技术质量管理措施，对提高经济效益有很大的意义。

（4）一模多孔挤压可提高成品率。对于某些制品适合多孔挤压时，尽可能采用多孔挤压，不仅可以减小挤压系数，降低挤压力，而且可以提高成品率。从表 2-4 可以看出，在技术废品为零的情况下用双孔挤压比单孔挤压成品率可以提高 3% ~4%。

表 2-4 单孔与双孔模挤压的成品率比较

制品名称	制品断面面积/mm^2	挤压筒直径/mm	模孔数/个	铸锭长度/mm	残料长度/mm	挤压系数 λ	成品率/%
25mm×25mm×1.4mm 角材	68.04	100	1	260	20	115.4	85
25mm×25mm×1.4mm 角材	68.04	100	2	400	20	57.7	88
ϕ16mm 圆棒	201	130	1	350	25	66	84
ϕ16mm 圆棒	201	130	2	450	25	33	87.3

B 掌握好温度是杜绝组织与性能废品的关键

大部分的组织废品和力学性能不合格的废品，都与工艺温度有关。从表 2-5 可以看出工艺温度对制品品质的影响。

表 2-5 工艺温度对制品品质的影响

工艺温度	淬火温度		铸锭加热温度		人工时效温度		成品退火温度	
	过高	过低	过高	过低	过高	过低	过高	过低
对制品品质的影响	易过烧、晶粒粗大、易产生气泡	力学性能不合格	易过烧、易产生裂纹	力学性能不合格，易产生粗晶环	易过时效，晶粒粗大	力学性能不合格	粗大晶粒退火半硬制品性能不合格	退火软制品力学性能不合格

从表 2-5 中可以看出，工艺温度过高或过低都易产生组织和性能不合格的废品。因此正确控制温度，认真执行工艺规范是杜绝以上废品的关键。

C　控制好挤压速度是品质和效益的统一

挤压速度是挤压工艺中一个重要的工艺参数，它关系到产品品质的好坏和生产效率的高低。挤压速度不像控制工艺温度那样，一种合金、一种热处理工艺基本上可以选定一个温度，而挤压速度是一个经验性很强的工艺参数，不同的合金和状态选用的挤压速度不同，同一种合金和状态，对于不同的制品所选用的挤压速度也不相同。即使是同一种合金、同一种制品在挤压过程中前后的挤压速度也不一定相同。要正确地控制好挤压速度，应做到：

（1）要熟练地、灵活地掌握好各种合金、各种断面（包括壁厚）的挤压速度范围，并注意观察在该挤压速度范围内调整速度大小对挤压制品品质的影响，从中总结经验。

（2）要熟悉挤压设备控制挤压速度的能力。有的挤压机有等速挤压控制和 PLC 控制，有的只有 PLC 控制，有的两者都没有。当给定一个挤压速度时，有的挤压机开始可以按这个速度挤压，随着挤压筒内坯料的逐渐减少，挤压力降低，制品的流出速度会越来越快，有时会使制品的后端产生裂纹。因此要及时地调整挤压速度。只有了解设备状态，才能恰当地调整、控制挤压速度。

（3）要了解不同的模具对挤压速度产生的影响。一般来说平模（实心型材）的挤压速度比分流模（空心型材）的挤压速度大。但同一类模具、同一断面形状的制品，由于设计和制造水平不同，所选用的挤压速度应有所不同。特别是断面有壁厚差，或有开口的半空心型材，与模具有很大的关系，只有适用模具设计的某一挤压速度为最好，速度太大或太小都易产生扭拧、开口或收口现象。

如果能对模具建立详细的档案，模具流动到每一个地方都有跟踪记录，在电脑里都可显示出来，操作者可以从电脑里的资料中了解每一套模具的特点和曾经使用的挤压速度，从而能正确控制好每个产品的挤压速度。

D 保证工艺装备和工模具品质，是提高成品率的主要技术措施

提高模具设计、制造水平，减少试模次数，是保证产品品质，提高成品率的重要技术措施。一般每次试模都耗费1～3个铸锭，使成品率降低0.5%～1.5%。如果模具的设计、制造水平低，有的产品要修模、试模3～4次甚至更多次才能出成品，成品率会降低2%～6%，这不仅是一个经济上的损失，而且由于反复试模，延长生产周期，不能及时向客户提供产品，影响企业声誉。因此必须提高模具的设计、制造水平。

现代模具提出零试模概念，即模具制造出来以后，不需要试模，可以直接上机生产出合格产品。采用模拟设计软件，有限元分析，设计可以全部在电脑里完成，模腔加工在数控加工中心里面完成，因此模具的质量非常高，上机合格率在90%以上，成品率可以提高2%～6%。

E 首检和互检是消灭尺寸废品和表面废品的必要手段

外形尺寸废品如壁厚超差、扭拧、平面间隙、开口或收口等，主要靠试模后第一、二根料由操纵手在出料时检查和质检员在拉伸后检查把关来杜绝这类废品的产生。这就是通常所说的首料必检制度。一般壁厚公差要从负公差开始控制，因为随着制品的陆续生产，由于模具的逐渐磨损，制品的壁厚会逐渐变厚。另外在出料口检查时，还要留出0.01～0.04mm的拉伸余量。出现扭拧、平面间隙、开口或收口时，要及时通知修模工修理模具或更换模具。质检员在拉伸矫直后还要认真对照图纸复检一遍，看拉伸后制品的外形尺寸是否全部合格。

表面废品如擦划伤、橘皮、组织条纹、黑斑、气泡等，往往不是每一根制品都会出现的。需要通过操纵手、质检员、拉伸成品锯切工序，互相检查，共同监督将表面存在的废品挑出。如质检员在出料台上未发现制品有擦划伤，到成品锯切时发现制品有划伤现象，就要从冷床的转换过程中检查运输皮带、拨料器等某些部位是否有尖硬突出造成制品划伤。拉伸矫直时，拉伸工站在两头操作不易发现因拉伸量过大产生橘皮现象。质检员或成品锯切工则容易发现，就要及时通知拉伸工适当控制拉伸率。这体现了互检的重要。

质量管理是全员、全过程的管理，每个工序都必须把好质量关，

做到自检、互检、专检相结合，才能有效地将技术废品消灭在萌芽状态。人为地控制和提高成品率。

由以上实例分析可知，控制和提高铝合金挤压加工材料成品率的主要途径是：(1) 千方百计控制和减少几何废料；(2) 合理制定和控制生产过程的温度、速度、变形程度及力学规范等工艺参数，并严格、认真地操作实施；(3) 合理选择工艺装备和保证工模具质量；(4) 加强首检和互检，加强质量管理等。用其他加工方法，如轧制法、模锻法等生产铝合金加工材料，其成品率的控制与提高途径也与用挤压方法生产基本相同，可参照实施。

2.2 铝合金加工材料的质量控制

2.2.1 概述

质量是一个广义的概念，既指产品质量，又指某个活动、过程和体系的质量。质量是产品的保障，是企业的生命。

为达到质量要求所采取的作业技术和活动，称为质量控制。这就是说，质量控制是通过监视质量形成过程，消除质量环节上所有阶段内不合格或不满意效果的因素，以达到质量要求，获取经济效益，而采用的各种质量作业技术和活动。质量管理是在质量管理体系基础上进行的一系列管理活动。在企业领域，质量控制活动主要是企业内部的生产现场管理，它与有无合同无关，是指为达到和保证质量而进行控制的技术措施和管理措施方面的活动。

2.2.2 质量控制方法

2.2.2.1 质量管理体系

目前，国际上通用的质量管理体系是ISO9000族。对质量管理体系的定义是：建立质量方针和质量目标并实现这些目标的体系。

质量管理体系的作用有两点：一是建立质量方针和质量目标；二是通过一系列活动来实现质量方针和目标，这些活动主要是质量策划、质量控制、质量保证及质量改进。

2.2.2.2 质量保证体系

质量管理是伴随着整个社会生产的发展而发展的。人类社会开始有生产实践活动后，就有了质量管理问题。质量管理大体经历了检验质量管理、统计质量管理和全面质量管理三个阶段。

A 现场质量管理

从狭义角度讲，现场质量管理是指对生产第一线的管理。从原料的进入到成品入库的所有实现产品质量的生产场所，称为现场。现场质量管理的目的是实现产品规定的要求。现场质量管理主要包括全过程质量控制、生产要素控制、质量信息反馈控制和不合格品控制四个方面。

a 全过程质量控制

生产全过程质量控制（T·Q·C）是对产品的整个生产流程质量进行控制，全面监督产品是否按原定设计方案生产，产品是否满足规定的质量要求。其中最重要的是工序质量控制，特别是重点工序和关键工序的质量控制。

b 生产要素控制

生产要素的稳定性直接影响产品的质量，生产要素控制实质上是对影响产品质量的所有因素，包括设备、人员、原材料及工艺规程与参数等进行控制，实现要素的稳定性。

c 质量信息反馈控制

质量信息反馈的建立是为了在生产现场内实现质量信息快速有效传递和及时处理，保证质量体系的正常有序运行。它要求形成从发现、处理到效果确认的闭环反馈机制，可对已发生或潜在的质量问题进行快速处理。

d 不合格品控制

经检验、试验判定为不合格品后必须做好标识、记录、评价、隔离、处理和通报。其中最重要的是在生产过程中要认真自检、互检和专检，要用先进的检测方法、手段和仪表对产品进行严格的检测与监督，确保产品达到技术标准的要求。

B PDCA 循环

PDCA 循环是质量改进和其他质量管理工作都应遵循的科学工作方法。质量改进是致力于提高产品、过程和体系的有效性和效率。全面质量管理要求企业根据顾客及其他相关需求，不断开展质量改进活动，增强企业及产品的竞争力。

PDCA 循环包括计划（plan）、执行（do）、检查（check）、行动（act）四个阶段。

2.3 变形铝合金加工材料的主要缺陷检测技术

随着生产设备不断地更新换代和工艺技术水平的提高，变形铝合金加工材料的质量得到大幅度的改善。但在铝合金工业化大生产中，仍然难免产生各种类型的冶金和加工缺陷。因此在生产中，采用先进、合理、高效及易操作的缺陷检验技术，对控制和提高产品质量具有极其重要的意义。本节着重介绍变形铝合金加工生产中常用的缺陷检测方法与技术。

2.3.1 变形铝及铝合金加工材料的显微组织检测方法

2.3.1.1 适用范围

本方法适用于铝合金加工材料的显微组织检查的试样制备、侵蚀、组织检验及晶粒度测定方法等。

2.3.1.2 试样制备

A 试样切取

（1）铸锭试样。铸锭试样根据种类、规格和试验目的，选取有代表性部位的横向截面。

（2）加工制品试样。加工制品试样，根据有关标准或技术协议的规定，以及制品的种类、热处理方法、使用要求等，选取有代表性的部位。例如，检查过烧应在加热炉的高温区、制品变形小的部位截取，检查板材包覆层应在卷筒头尾横向截取。

（3）试样数量及尺寸。取样数量应根据标准或技术协议的规定以及试验要求来确定。试样尺寸参照表2-6。

表2-6 显微组织试样一般尺寸 （mm）

类型	长	宽	高
块试样	25	15	15
板试样	30	30	

（4）测量包覆层和铜扩散深度的试片应采用夹样法或镶嵌法。夹样法试片间及试片与夹具间必须垫上退火状态铝板，保证夹紧试片后使各试片间无缝隙和样夹外层试片磨面平整。

B 试样粗加工

试样的被检查面用铣刀（或锉刀）去掉1~3mm，铣或锉成平面。然后在研磨机上用150~180号砂纸垂直刀痕方向进行粗磨，采用煤油进行冷却和润滑。磨掉全部刀痕，将试样转90°，再用380号左右的砂纸进行细磨，磨去所有粗磨痕为止。

C 机械抛光

将磨好的试样用水和20%~25%硝酸水溶液洗去表面油污，在抛光机上进行抛光。抛光机的转速通常为400~600r/min。精抛光时，转速为150~200r/min。

a 粗抛

在装有粗呢子的抛光盘上进行粗抛。用浓度大、颗粒较粗的三氧化二铬（或三氧化二铝或其他抛光材料）粉与水混合的悬浮液做粗抛光剂。垂直于磨痕抛光到磨痕全部消失，磨面平整光亮无脏物为止。

b 细抛

将粗抛好的试样用水冲洗干净后，在装有细呢子（或其他纤维细软的丝织品）的抛光盘上细抛。用浓度较稀、颗粒较细的三氧化二铬（或三氧化二铝或其他抛光材料）粉与水混合的悬浮液做细抛光剂。垂直于粗抛光痕迹抛到表面无任何痕迹和脏物，在显微镜上可观察到清晰的组织为止。

c 精抛

对特殊需要高质量显微图片的试样，细抛后可在慢速抛光机上用鹿皮进行精细抛光，采用极细的三氧化二铝粉或氧化镁粉与净水混合做抛光剂。

D 电解抛光

工业纯铝、高纯铝以及某些生产检验的铝合金试样可采用电解抛光。

经细砂纸或机械抛光的试样，用20%硝酸水溶液洗去表面油污，用水冲洗，再用无水乙醇棉球擦干表面后方可进行电解抛光。

电解抛光装置示于图 2-2。电解液的成分为 70%（体积分数）的高氯酸 10mL 与无水乙醇 90mL 的混合溶液。

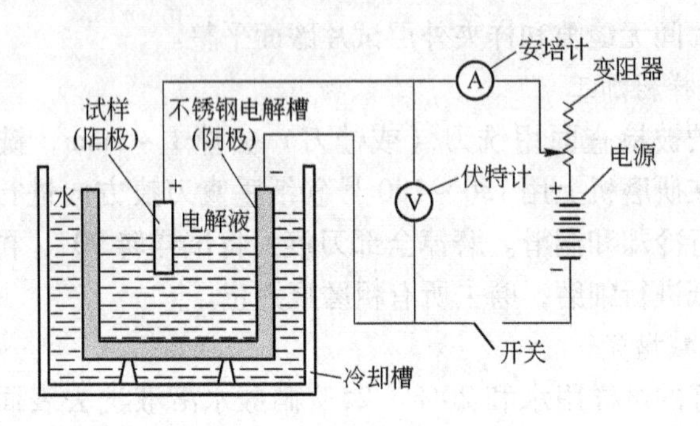

图 2-2 电解抛光装置示意图

电解抛光工艺参数：

（1）起始电压 25 ~60V；

（2）电解时间 6 ~35s；

（3）电解液温度低于 40℃。

电解过程中可摆动试样，抛光面不得脱离电解液。所用阴极为铅板或无锈钢板。电解试样用水冲洗，然后在 30% ~50%（体积分数）硝酸水溶液中清洗表面上的电解产物，最后用水冲洗，无水乙醇棉球擦干。

E 阳极化制膜

在偏光下观察铸锭、退火状态制品的晶粒以及加工变形材料的显微组织，抛光后的试样应进行阳极化制膜处理。纯铝及软合金试样阳极化制膜前可电解抛光，以提高制膜质量。

（1）阳极化制膜装置同图 2-2。在制膜过程中试样表面（阳极）与阴极表面保持适当的距离，并且不能摆动试样。

（2）纯铝、铝-镁及铝-锰等软合金的制膜液成分和制膜工艺参数：

1）制膜液成分：

95% ~98%（体积分数）的硫酸　38mL

85%（体积分数）的磷酸　43mL

水　　19mL

2）制膜工艺：

电压　　20～30V

电流密度　　0.1～0.5A/cm^2

时间　　1～3min

温度　　<40℃

（3）其他铝及铝合金制膜液成分及制膜工艺参数：

1）制膜液成分：

氟硼酸（HBF_4）　　5g

水　　200mL

2）制膜工艺：

电压　　20～45V

电流密度　　0.1～0.5A/cm^2

时间　　1～3min

温度　　<40℃

2.3.1.3　试样侵蚀

（1）铝及铝合金铸锭、变形及退火状态制品晶粒检查的试样，抛光后必须进行阳极化制膜，才能在偏光下观察到晶粒组织。

（2）机械抛光及电解抛光的试样，观察疏松、气孔、裂纹、夹杂等缺陷组织可不进行侵蚀。其他按以下规定进行侵蚀：

1）一般组织和包覆层检查采用表2-7中的4号侵蚀剂（低浓度混合酸）侵蚀。根据材料的组织状态和合金成分选定侵蚀时间，以显现所要求的组织清晰、正确为准。

2）包铝层铜扩散检查，可采用表2-7中的3号侵蚀剂（高浓度混合酸）侵蚀，侵蚀时间为40～90s。

3）纯铝、3A21等合金晶粒检查如不采用制膜法偏光观察，也可采用50%氢氟酸水溶液进行侵蚀，侵蚀时间为40～90s。

4）试样侵蚀后用水清洗，用25%硝酸水溶液进行光洗（相分析试样除外），去掉表面腐蚀产物，再用水冲洗，用无水乙醇棉球擦干（或吹干）即可用于显微镜观察。

表 2-7 常用侵蚀剂成分 (mL)

编号	名 称	HF	HNO_3	HCl	NaOH	H_2O
1	特强混合酸	1	5	15		
2	氢氧化钠溶液				15~25	75~85
3	高浓度混合酸	2	1	1		76
4	低浓度混合酸	2	5	3		250

注：表中所用的 NaOH 和 HNO_3 为工业纯，其他试剂为化学纯。

2.3.1.4 组织检查的一般规则、步骤、方法和判据

A 对试样的要求

在显微镜上观察的试样表面，应洁净、干燥、无水痕，组织清晰真实，无过蚀孔洞和过蚀加宽晶界。

B 铸锭的显微组织检查的内容和方法

通常在未侵蚀试样上观察合金中相的形态和疏松、夹杂等缺陷，在侵蚀试样上观察枝晶结构、鉴别相的组分和观察均火状态的过烧组织，在偏光状态下观察晶粒形态。

C 加工制品固溶处理试样检查的内容及判据

在制备好的试样上检查晶粒状态、过烧组织、包覆层厚度及铜扩散深度。

(1) 铝合金过烧组织的判别。金属温度达到或高于合金中低熔点共晶的熔点或固相线，使共晶或固溶体晶界产生复熔的现象，称过烧。

(2) 在显微组织中，凡出现下列任何一种组织特征即可判为过烧：

1) 复熔共晶球；

2) 晶界局部复熔加宽；

3) 在三个晶粒交界处形成复熔三角形。

D 包覆层的测定及判据

在合金板材的表面，为提高抗腐蚀性能或某种工艺性能的需要，而包覆一层铝或合金，成为包覆层。

(1) 检查包覆层时，应取板材横向截面，采用夹样或镶嵌法进

行抛光，保证包覆层不被磨损。

（2）测量包覆层厚度时，应在试样的包覆面取5～10点进行测量，计算其平均值，也可按标准规定进行评定。包覆层厚度百分数按下式计算：

$$\text{包覆层厚度百分数} = \frac{\text{包覆层厚度平均值(mm)}}{\text{板材总厚度(mm)}} \times 100\% \quad (2\text{-}6)$$

E 铜扩散的检测及判据

Al-Cu-Mg系硬铝合金包铝板材，经高温长时间加热处理，会使合金中的铜原子沿晶界扩散到包铝层。铜扩散越深，对板材抗腐蚀性保护作用越小。如果铜扩散穿透包铝层，则完全失去保护作用。

铜扩散深度检查，试样采用电解抛光效果最佳。观测两面包铝层中铜扩散的最大深度。

2.3.1.5 晶粒度的检测内容、方法及一般原则

A 晶粒度检测的内容

在铝及铝合金材料中，晶粒度通常是指基体（铝固溶体）的晶粒尺寸，对于少量的第二相、夹杂物和其他附加物，在晶粒度测量中通常不予考虑。

B 测量方法

晶粒度的测量方法有以下三种：

（1）比较法；

（2）平面晶粒计算法；

（3）截距法。

C 试样的选择、制备及测量的一般原则

（1）根据标准或技术条件规定的部位、方向或试验研究的需要选取试样。

（2）抛光过程中应保证试样无发热或明显的冷作硬化，推荐采用电解抛光。

（3）在每个截面上应测定三个或更多个有代表性面积内的晶粒数。代表性是指试样上所有部位都对测定结果作出贡献，而不是主观上有意选定。

D 比较法

（1）比较法适用于含有等轴晶（近似等轴晶）的完全再结晶晶粒和铸造材料的晶粒。

（2）比较法是将在被检查试样上所观察到的晶粒图像与已知晶粒大小的标准图像比较，得到被检查试样的晶粒度（或通过简单计算得到）。

（3）图 2-3 是铝合金加工材料晶粒度标准评级图，放大 100 倍，每个图下的表内给出不同放大倍数及相应的晶粒级别指数 G。

（4）在标准图所给出的放大倍数中选择适当的倍数，观察被检

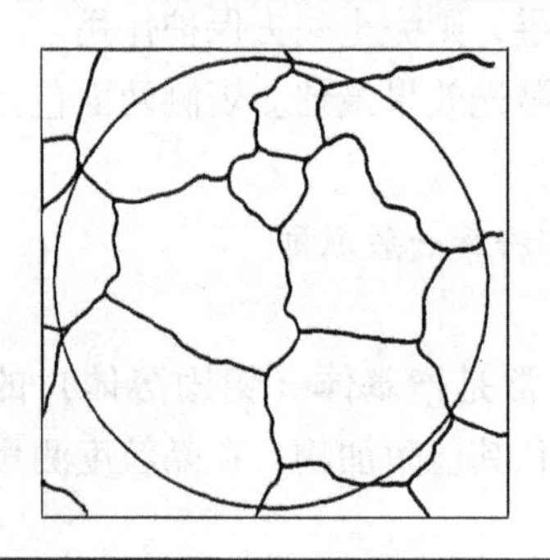

晶粒级别指数	−3	−1	1	3	5	7
放大倍数	25	50	100	200	400	800

Ⅰ

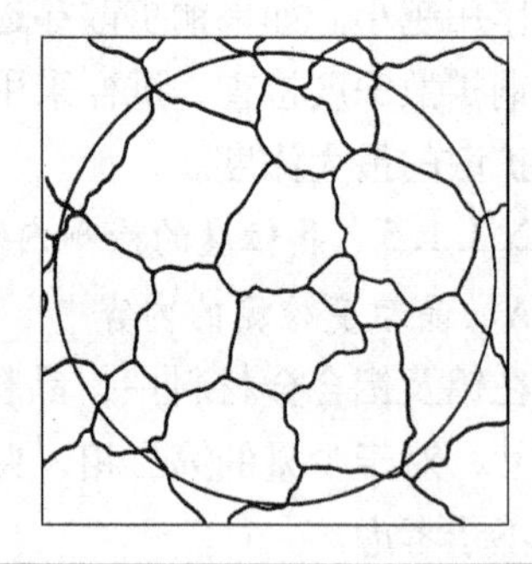

晶粒级别指数	−2	0	2	4	6	8
放大倍数	25	50	100	200	400	800

Ⅱ

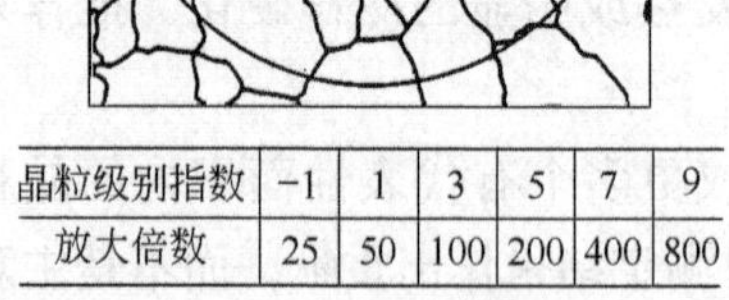

晶粒级别指数	−1	1	3	5	7	9
放大倍数	25	50	100	200	400	800

Ⅲ

晶粒级别指数	0	2	4	6	8	10
放大倍数	25	50	100	200	400	800

Ⅳ

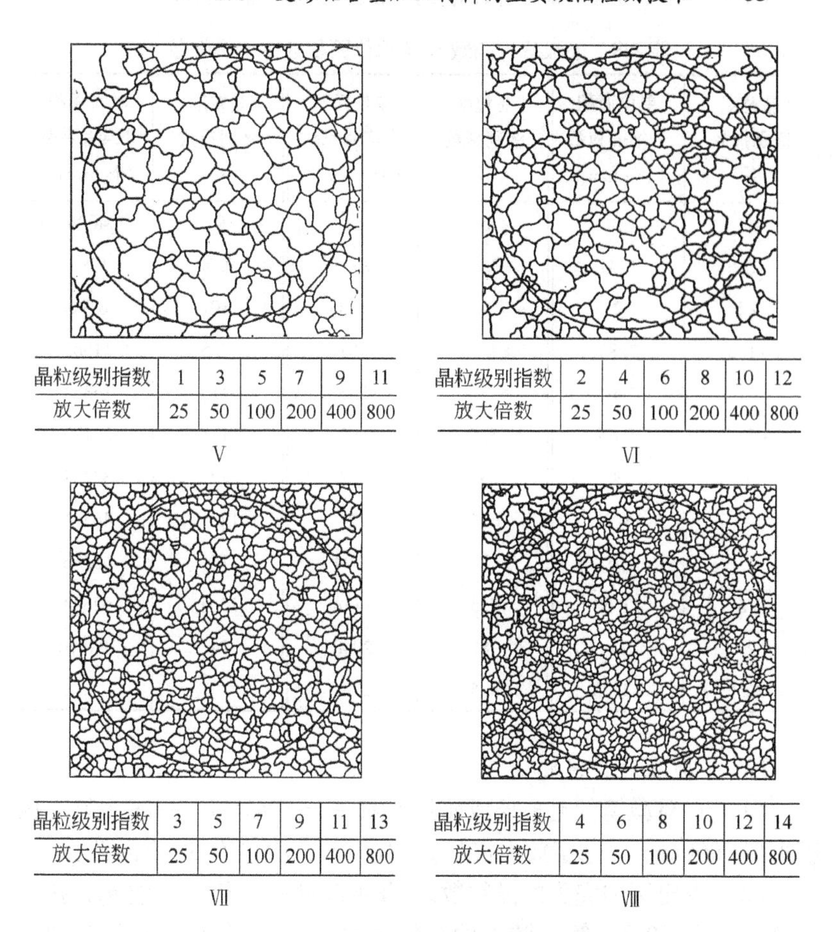

晶粒级别指数	1	3	5	7	9	11
放大倍数	25	50	100	200	400	800

Ⅴ

晶粒级别指数	2	4	6	8	10	12
放大倍数	25	50	100	200	400	800

Ⅵ

晶粒级别指数	3	5	7	9	11	13
放大倍数	25	50	100	200	400	800

Ⅶ

晶粒级别指数	4	6	8	10	12	14
放大倍数	25	50	100	200	400	800

Ⅷ

图 2-3 变形铝合金加工材料显微组织晶粒度评定标准图

试样的晶粒图像，与标准图相比，由等同晶粒标准图下的表内查出 G 值。在表 2-8 上查出与 G 值对应的单位面积平均晶粒数 n_A（个/mm^2），即是测定结果。由此可计算出晶粒平均面积 $\bar{a}=\dfrac{1}{n_A}$（mm^2/个），晶粒的平均直径 $d_n=\sqrt{\bar{a}}$（mm）。

（5）如果被观察图像在两个相邻标准图之间，G 值可取中间值或靠近的标准图的 G 值。

表 2-8 晶粒级别指数 G 与单位面积的平均晶粒数

晶粒度级别指数 G	单位面积平均晶粒数 /个·mm^{-2}	晶粒度级别指数 G	单位面积平均晶粒数 /个·mm^{-2}	晶粒度级别指数 G	单位面积平均晶粒数 /个·mm^{-2}
-3	1	3	64	9	4096
-2.5	1.41	3.5	90.5	9.5	5793
-2	2	4	128	10	8192
-1.5	2.83	4.5	181	10.5	11583
-1	4	5	256	11	16384
-0.5	5.66	5.5	362	11.5	23170
0	8	6	512	12	32768
0.5	11.31	6.5	724	12.5	46341
1	16	7	1024	13	65536
1.5	22.63	7.5	1448	13.5	92682
2	32	8	2048	14	131076
2.5	45.25	8.5	2896		

E 平面晶粒计算法

（1）在显微镜的毛玻璃或照片上划一个直径为79.8mm的圆，面积近似5000mm^2，选定放大倍数 g，使该圆内至少有50个晶粒。

（2）查出圆内完整的晶粒数 n_1 及被圆周所切割晶粒数 n_2，按式（2-7）及式（2-8）算出圆内的晶粒总数 n_g，按式（2-9）计算单位面积的平均晶粒数 n_A。

当 n_2 为偶数时：

$$n_g = n_1 + \frac{n_2}{2} \tag{2-7}$$

当 n_2 为奇数时：

$$n_g = n_1 + \frac{n_2 + 1}{2} \tag{2-8}$$

$$n_A = \frac{n_g}{5000/g^2} \tag{2-9}$$

式中 n_g——圆内的晶粒总数；

n_1——圆内完整的晶粒数；

n_2——圆周边切割的晶粒数；

n_A——单位面积的平均晶粒数；

g——放大倍数。

（3）非等轴晶，应在纵向、横向和高向三个互相垂直的平面内进行晶粒计算，这三个平面内的晶粒数分别为 n_x、n_y 和 n_z。每立方毫米内的晶粒数 $n_v=\sqrt{0.8n_xn_yn_z}$。

（4）可参考表2-9给出测量结果对应的晶粒级别指数 G 和相关数据。

表2-9 用于均匀任意取向等轴晶粒计算的显微晶粒度关系

显微晶粒度级别指数 G	平均晶粒截面的“直径”①		平均截距 l/μm	每毫米检测线上的截点数 $1/l$	平均晶粒截面面积 $\bar{a}$/mm²	每立方毫米晶粒计算数 n_v②	单位面积的平均晶粒数 n_A	
	名义直径 d_0/μm	Feret 直径 d_f/μm					1倍下每平方毫米晶粒数	100倍下每平方英寸晶粒数
00A	510	570	0.453	2.210	258×10^{-3}	6.11	3.88	0.250
0	360	303	0.320	3.125	129×10^{-3}	17.3	7.75	0.500
0.5	300	339	0.269	3.716	91.2×10^{-3}	29.0	11.0	0.707
1.0	250	285	0.226	4.42	64.5×10^{-3}	48.8	15.50	1.000
1.5	210	240	0.190	5.26	45.6×10^{-3}	82	21.9	1.414
	200	226	0.177	5.64	40.0×10^{-3}	100	25.0	1.613
2.0	180	202	0.160	6.25	32.3×10^{-3}	138	31.0	2.000
2.5	150	170	0.135	7.43	22.8×10^{-3}	232	43.8	2.828
3.0	125	143	0.113	8.34	16.1×10^{-3}	391	62.0	4.000
	120	135	0.106	9.41	14.4×10^{-3}	463	69.4	4.480
3.5	105	120	0.095	10.51	11.4×10^{-3}	657	87.7	5.657
	100	113	0.089	11.29	10.0×10^{-3}	800	100	6.452
4.0	90	101	80.0	12.5	8.07×10^{-3}	1105	124	8.000
4.5	75	85	67.3	14.9	5.70×10^{-3}	1859	175	11.31
	70	79	62.0	16.1	4.90×10^{-3}	2331	204	13.17
5.0	65	71	56.6	17.7	4.03×10^{-3}	3126	284	16.00

续表 2-9

显微晶粒度级别指数 G	平均晶粒截面的“直径”①		平均截距 l/μm	每毫米检测线上的截点数 $1/l$	平均晶粒截面面积 $\bar{a}$/mm²	每立方毫米晶粒计算数 n_v②	单位面积的平均晶粒数 n_A	
	名义直径 d_0/μm	Feret 直径 d_f/μm					1 倍下每平方毫米晶粒数	100 倍下每平方英寸晶粒数
5.0	60	68	53.2	18.8	3.60×10^{-3}	3708	278	17.92
5.5	55	60	47.6	21.0	2.85×10^{-3}	5258	351	22.63
	50	56	44.3	22.6	2.50×10^{-3}	6400	400	25.81
6.0	45	50	40.0	25.0	2.02×10^{-3}	8842	496	32.00
	40	45	35.4	28.2	1.60×10^{-3}	12500	625	40.32
6.5	38	42	33.6	29.7	1.43×10^{-3}	14871	701	45.25
	35	39	31.0	32.2	1.23×10^{-3}	18659	816	52.67
7.0	32	36	28.3	35.4	1.008×10^{-3}	25010	992	64.00
	30	34	26.6	37.6	0.900×10^{-3}	29630	1111	71.68
7.5	27	30	23.8	42.0	0.713×10^{-3}	42061	1403	90.51
	25	28	22.2	45.1	0.625×10^{-3}	51200	1600	103.23
8.0	22	25	20.0	50.0	0.504×10^{-3}	70700	1980	128.0
	20	23	17.7	56.4	0.400×10^{-3}	100000	2500	161.3
8.5	19	21	16.8	59.5	0.356×10^{-3}	119000	2810	181.0
9.0	16	18	14.1	70.7	0.252×10^{-3}	200000	3970	256.0
	15	17	13.3	75.2	0.225×10^{-3}	237000	4440	286.8
9.5	13	15	11.9	84.1	0.178×10^{-3}	336000	5610	362.0
10.0	11	13	10.0	100	0.126×10^{-3}	566000	7940	512.0
	10	11.3	8.86	113	0.100×10^{-3}	800000	10000	645.2
10.5	9.4	10.6	8.41	119	0.0891×10^{-3}	952000	11220	724.1
	9.0	10.2	7.98	125	0.0810×10^{-3}	1097000	12350	796.5
11.0	8	8.9	7.07	141	0.0630×10^{-3}	1600000	15870	1024
	7.0	7.9	6.20	161	0.0490×10^{-3}	2332000	20410	1317
11.5	6.7	7.5	5.95	168	0.0446×10^{-3}	2692000	22450	1448

续表 2-9

显微晶粒度级别指数 G	平均晶粒截面的"直径"①		平均截距 $l/\mu m$	每毫米检测线上的截点数 $1/l$	平均晶粒截面面积 $\bar{a}/mm^2$	每立方毫米晶粒计算数 n_v②	单位面积的平均晶粒数 n_A	
	名义直径 $d_0/\mu m$	Feret 直径 $d_f/\mu m$					1 倍下每平方毫米晶粒数	100 倍下每平方英寸晶粒数
11.5	6.0	6.8	5.32	188	0.0360×10^{-3}	3704000	27780	1792
12.0	5.6	6.3	5.00	200	0.0315×10^{-3}	4527000	31710	2048
	5.0	5.6	4.43	226	0.0250×10^{-3}	6400000	40000	2581
12.5	4.7	5.3	4.20	238	0.0223×10^{-3}	7610000	44900	2896
13.0	4.0	4.2	3.54	283	0.0158×10^{-3}	12800000	63500	4096
13.5	3.3	3.7	2.97	336	0.0111×10^{-3}	21540000	89800	5793
	3.0	3.4	2.66	376	0.0090×10^{-3}	29600000	111100	7168
14.0	2.8	3.2	2.50	400	0.00788×10^{-3}	36200000	127000	8192
	2.5	2.8	2.22	451	0.00625×10^{-3}	51200000	160000	10323

①$d_f=\bar{a}\sqrt{l}$，d_0 和 d_f 值为修约后的数值；

②n_v 根据球形的平均晶粒计算，$n_v=0.566\times l^{-3}$。

F 截距法

（1）截距法推荐用于不均匀的等轴晶粒组织，对于各向异性组织，可分别测定三个主要方向上的晶粒度，在适当的情况下可较合理地测定平均晶粒度。本方法可借助各种类型的试验仪器来完成测量与计算。例如，定量显微镜和图像分析仪等。

（2）用截距法测量晶粒度，是在毛玻璃上或在试样的代表性视场内，通过计算被一根或数根直线（通常称为检测线）相截的晶粒数（在直线的总长度上应不少于 50 个相截晶粒），用计算平均截距的方法测定晶粒度。

（3）应对随机选定的、分离较远的 3～5 个视场进行晶粒测量，以得出该试样合理的晶粒度平均值。

（4）平均截距 l 按式（2-10）计算：

$$l=\frac{\text{一条或多条检测线的总长度}}{\text{检测线与晶界的交点总数}\times\text{所用放大倍数}} \tag{2-10}$$

（5）平均截距 l 的长度，略低于晶粒的平均直径尺寸，通常在测量时可以认为是晶粒的平均直径。可参考表 2-9 给出的相关晶粒度数据。

（6）对于非等轴晶，每一立方毫米内的晶粒数按式（2-11）计算：

$$n_v = 0.566 \times n_e \cdot n_z \cdot n_n \tag{2-11}$$

式中　n_v——每一立方毫米内的晶粒数；

n_e——在纵向上被直线交截的每一毫米上的平均晶粒数；

n_z——在横向上被直线交截的每一毫米上的平均晶粒数；

n_n——在高向上被直线交截的每一毫米上的平均晶粒数。

G 可参考表 2-9 评定计算结果对应的晶粒级别指数 G 和相关数据。

2.3.2　变形铝及铝合金加工材料的低倍和断口组织检测方法

2.3.2.1　适用范围

本方法适用于变形铝及铝合金铸锭、加工制品低倍和断口检查试样的制备、蚀洗、组织检查与评定。

2.3.2.2　试样制备

A　试样切取

（1）圆铸锭一般在头、尾各截取一个试样片，厚度为(25 ±5）mm，有特殊要求时，可在每截取一个挤压或锻造毛料的同时，在相应位置截取一个试片，逐个进行坯料检查。

（2）通常方铸锭不进行低倍和断口检查，如果需要检查时，可根据要求部位截取试样。

（3）检查铸锭氧化膜应从铸锭底部截取厚 50^{+5}_{0}mm 试片，将其中心部分加工成 ϕ50mm ×150mm 的圆柱体，将圆柱体由 150mm 高镦粗成 30^{+5}_{0}mm 高的圆饼。

（4）检查板材晶粒度试样为 30mm ×100mm。

（5）挤压制品的试样在尾端截取，检查焊缝的试样在头部截取。试片厚度 15 ~30mm。

（6）模锻件及特殊制品按技术标准规定的部位截取。

（7）断口试样一般采用低倍检查试片。模锻件断口试样按技术标准规定的部位单独截取。

（8）直径小于70mm的棒材一般不做断口检查。

（9）要求检查粗晶环的试片必须在固溶处理状态下进行。

B 试样加工

（1）所有低倍试片的被检查面需经铣削加工，试样加工粗糙度 Ra 不低于3.2μm。在不降低检查效果的前提下，也可以采用其他加工方法。

（2）氧化膜试样：在镦饼上沿直径方向锯开成两块，在侧面刨口，刨口深度应保证被检面不少于 $2000mm^2$。

（3）断口试样：应在折断部位进行开槽，对尺寸过小，外形奇特的试样应加工成楔形槽，槽深不大于厚度的1/3。

（4）断口试样、氧化膜试样开槽后应在压力机上一次折断或劈开，如图2-4所示。

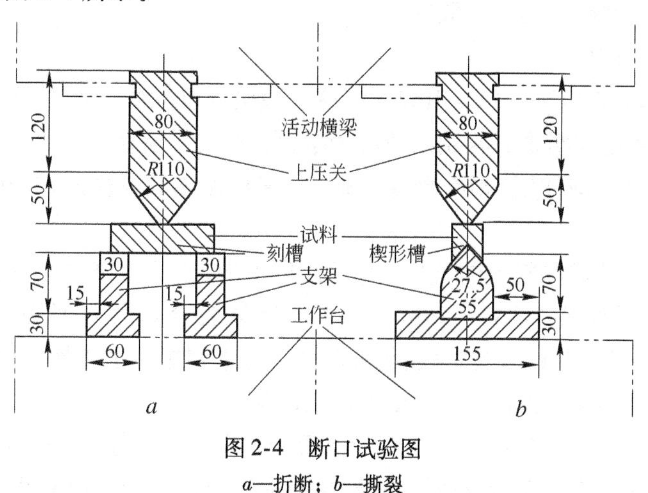

图2-4 断口试验图

a—折断；*b*—撕裂

（5）铣削加工及折断后的试片应保持清洁，不得污染。

（6）挤压状态切取的检查低倍粗晶环的试片，固溶处理后铣削加工时，其厚度铣削量应大于5mm。

（7）板带材检查晶粒度的试样，应采用加工制品的自然表面。

2.3.2.3 试样侵蚀

A 碱洗

（1）铝及铝合金铸锭低倍试样的碱洗工艺：

侵蚀剂：8% ~12% 氢氧化钠水溶液；

侵蚀时间：20 ~30min（纯铝）；

8 ~15min（5A02 ~5A12、3A21、6A02 等）；

3 ~8min（其他硬合金）。

侵蚀后在流水槽内进行清洗，除去残留碱液。

（2）铝及铝合金加工制品低倍试样的碱洗工艺：

侵蚀剂：15% ~25% 氢氧化钠水溶液；

侵蚀时间：25 ~30min（纯铝、3A21、5A02、6A02 等）；

15 ~25min（5A03 ~5A12 等）；

10 ~20min（2A12、7A04 等）。

试样的侵蚀质量要求组织清楚，无过蚀现象。侵蚀后用清水冲洗，除去残碱，再进行酸洗。

B 酸洗

（1）在 20% ~30% 硝酸水溶液中酸洗，以除净表面黑色腐蚀产物，达到组织清晰，再用水清洗干净，直接进行检查。

（2）对锻件用 5A06 合金铸锭，应采用侵蚀晶粒度的方法检查羽毛晶。

（3）检察晶粒度的试片，应采用以下指定的侵蚀剂进行侵蚀：

1）对纯铝、3A21、5A02、5A66 等软合金应使用特强混合酸（见表 2-7）侵蚀，严格掌握侵蚀时间，可采用短时多次侵蚀的方法，侵蚀后立即用水清洗，以达到晶粒清晰为准。

2）2A12、7A04、2A70、2A50 等硬合金可用 2 号、3 号和 4 号侵蚀剂（表 2-7）。通常先用 2 号侵蚀剂进行侵蚀，如不能获得十分清晰的晶粒组织，可用 3 号或 4 号侵蚀剂进一步侵蚀，可获得良好的效果。每次侵蚀后的试样均应用清水冲洗。

2.3.2.4 组织检查方法与评定

（1）根据技术标准或技术协议规定的质量要求对试样进行检查，并随时变换光线照射方向，详细观察各部位。当遇到可疑之处，用目视识别有困难时，可用 10 倍以下放大镜检查，或酌情进行断口和显微组织及其他手段分析。

（2）挤压制品粗晶环深度的测量，一般取其最大深度，对于制品断面形状复杂的粗晶环，则在环区一侧取长、宽方向的正方形，其边长即为粗晶环的深度，如图2-5所示。

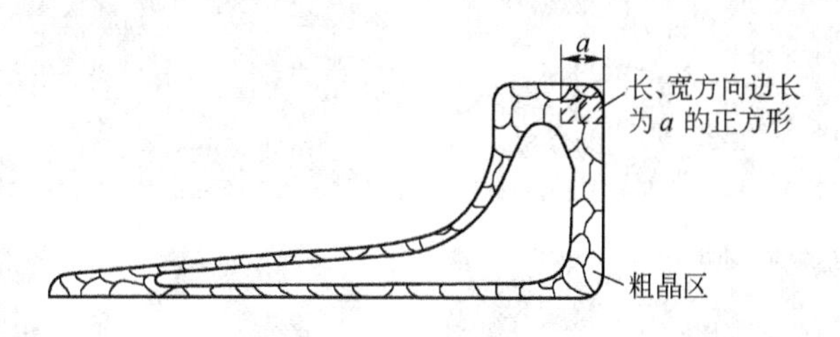

图2-5 形状复杂粗晶环测量方法示意图

2.3.2.5 晶粒度的测量方法与评定

（1）一般应按照规定的晶粒度照片或实物对比评定，具有等轴晶粒的制品，可按照图2-6所示的晶粒度分级标准进行评定。

（2）连铸连轧板（带）的晶粒度可按照图2-7所示的晶粒度分级标准进行评定。

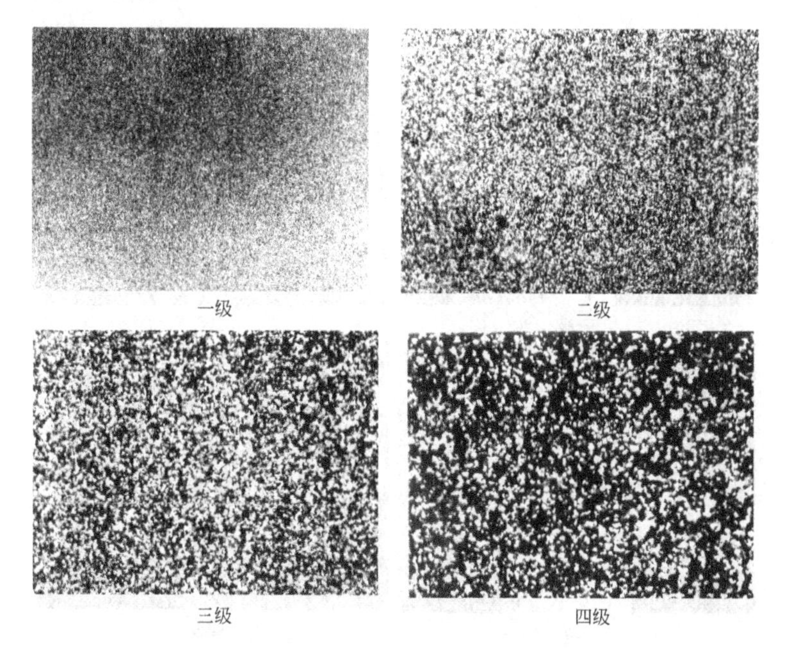

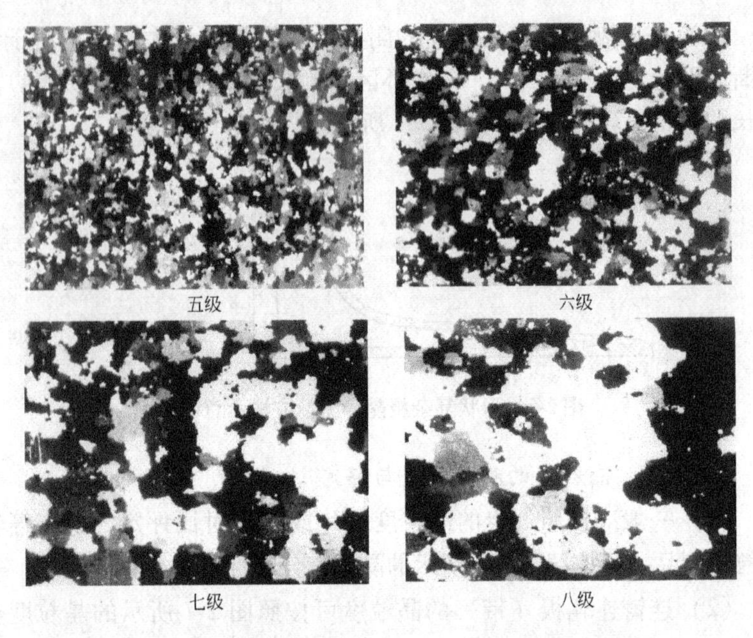

图 2-6　变形铝合金加工制品八级晶粒度标准图

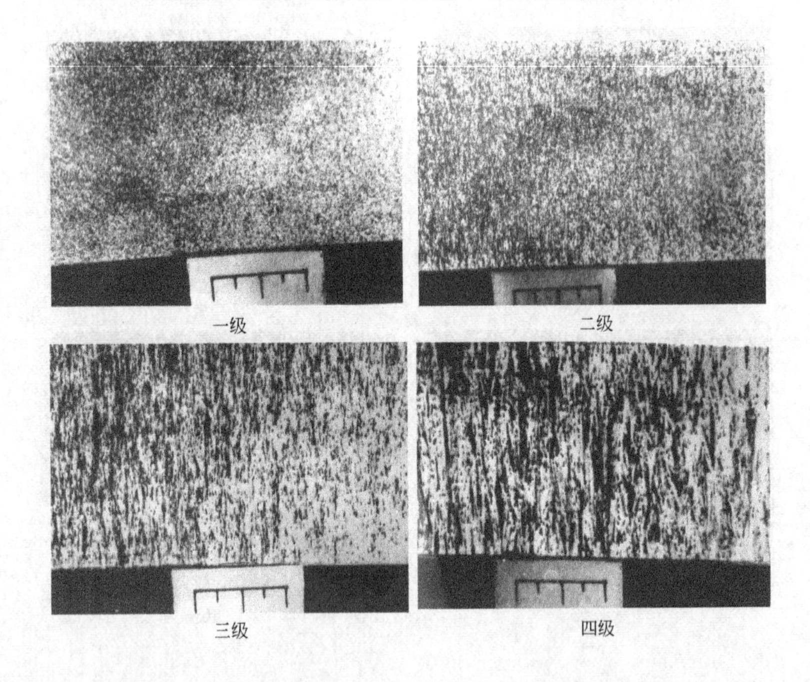

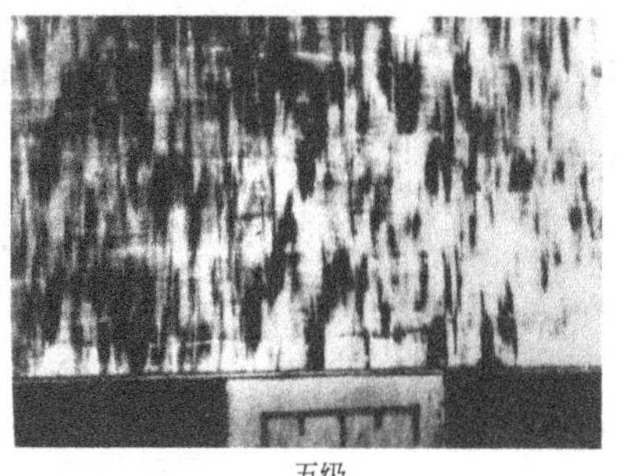

五级

图 2-7 铝合金铸轧板五级晶粒度标准图

（3）实测晶粒尺寸时，应采用晶粒平均面积（或直径）或单位面积晶粒数表示，测量按如下步骤进行：

1）根据晶粒的大小，在试样上画出 10mm × 10mm 或 50mm × 50mm 的方格，也可画出直径为 10mm 或 50mm 的圆。

2）查出方格或圆内完整的晶粒数 p 及被方格或圆周所切割晶粒数 g，按式（2-12）及式（2-13）算出晶粒总数，依据式（2-14）计算出晶粒平均面积。

当 g 为偶数时：

$$n = p + 0.5g \tag{2-12}$$

当 g 为奇数时：

$$n = p + 0.5(g + 1) \tag{2-13}$$

$$F = S/n \tag{2-14}$$

式中 n——方格或圆内的晶粒总数；

p——方格或圆内完整的晶粒数；

g——方格线或圆周边切割的晶粒数；

F——晶粒平均面积，mm^2；

S——方格或圆的面积，mm^2。

3）每个试样至少选择三处进行测量，然后取平均值。

4）当晶粒大小相差特别悬殊，分布极不均匀时，应选择最大晶粒区域。

2.3.3　变形铝及铝合金加工材料的超声波探伤检测方法

2.3.3.1　适用范围

本方法适用于如下变形铝合金加工产品的超声波检验：

（1）厚度大于或等于 10mm 的经过锯边或剪边的板材；

（2）截面面积大于或等于 $70cm^2$，且宽度不小于 30mm，壁厚大于或等于 10mm 的型材；

（3）厚度为 10～300mm，其几何形状较规则的锻件；

（4）经过挤压加工，内切圆直径为 25～200mm 的各种棒材。

2.3.3.2　检验前的准备与要求

A　检验前的准备

（1）检验前应准备好探伤用的有关技术标准、探伤图纸等资料，并熟悉其具体内容和要求。

（2）检验前应将探伤用仪器、探头、标准试块或对比试块准备齐全，并保证其满足标准要求。

（3）检验前应通知有关分厂准备好探伤用耦合剂：

1）棒材、锻件探伤应选用钙基润滑脂作耦合剂；

2）板材探伤应选用 50 号以上机油作耦合剂；

3）水浸法探伤应提前在水槽内蓄水并加热，使水中气泡消除。经过 48h（或施加净化剂）使杂质沉淀，且在水温为 38℃ 左右时方可探伤。

B　检验要求与一般原则

（1）按照 GB/T6519《变形铝合金产品超声波检验方法》中“4.4”条规定，超声波检验应在产品的最终热处理后进行；若要在其他工序进行检验时，由供需双方商定并在合同中注明。

（2）探伤用的仪器、探头、试块等，应按期校验，发现问题及时处理，确保探伤参数符合标准要求。

（3）探伤制品检验面应清洁、平整、光滑、无凸凹及影响探伤的划伤、斑痕。其表面粗糙度应满足以下规定：

1）接触法：AA、A 级探伤表面粗糙度 $Ra \leqslant 3.2\mu m$；B 级探伤表面粗糙度 $Ra \leqslant 6.3\mu m$。

2）液浸法：表面粗糙度 $Ra \leqslant 25\mu m$。

（4）工作现场及被检产品的温度应能使检验正常工作，并能保证检验结果稳定可靠。

（5）检验场地不应有强磁、振动、高频、电火花、高温、灰尘、机械噪声和腐蚀性气体。

（6）检验工作地点应安全、光线适度，其场地面积以不影响正常操作、缺陷评定为原则，工件与工件之间及工件与其他物品、设施之间的距离不得小于800mm。

（7）从事超声波检验的人员应经过专业培训，取得部级以上（含部级）专业考核委员会颁发的Ⅰ级以上（含Ⅰ级）检验证书者方能上岗操作；取得Ⅱ级以上（含Ⅱ级）证书者才有资格签发检验报告。

2.3.3.3 检验方法与操作步骤

A “三对照”

对提交探伤的制品必须进行“三对照”，即生产卡片、标牌、实料相对照，规格、合金、批号应一致。

B 检测频率

铝合金产品超声波探伤检测频率应在2～10MHz范围内，并保证噪声电平及杂乱反射波高不影响正常探伤（通常应小于等于满幅的10%）。

C 探头的选择

（1）对于厚度在4～10mm范围内的板材，应根据板材厚度选择入射角为36°～55°范围内的横波探头，对其边部分层缺陷进行检验。

（2）对于厚度在10～120mm范围内的板材、锻件、型材等工件，应根据工件厚度选择入射角为0°～11°的双晶组合探头对其内部冶金缺陷进行检验，工件的厚度值越大，对应的入射角越小。对于厚度在30mm以上的被检产品，也可用直探头进行检验；盲区要求小于10mm的被检产品，应从检验面的对面进行二次检验。

（3）对于直径在20～120mm范围内的棒材，应根据直径大小选择0°～5°的弧面双晶组合探头对其内部冶金缺陷进行检验，直径越大，对应的入射角越小。对于直径在80mm以上的棒材，也可选用不同频率、不同直径的直探头进行检验。

(4) 对于厚度大于120mm的工件(或直径大于120mm的成品棒材)应选择直探头对其内部缺陷进行检验。

(5) 对于厚度大于120mm的工件,除选择纵波直探头外,还应对其进行翻面探伤。

(6) 常规制件选用探头的方法见表2-10。

(7) 对表面粗糙度较差或有特殊要求的工件,应采用水浸法进行探伤。

表2-10 探头的选择

<table>
<tr><th>制件名称</th><th>厚度或直径/mm</th><th>探头种类</th><th>探伤频率/MHz</th><th>探头参数</th><th>备 注</th></tr>
<tr><td>薄板</td><td>4~10</td><td>横波探头</td><td>2.5</td><td>K2.5或K2</td><td>检测薄板边部分层</td></tr>
<tr><td rowspan="6">板材、锻件、型材、棒材等</td><td>10~30</td><td rowspan="5">纵波双晶组合探头</td><td rowspan="6">2.5或5.0</td><td>焦距15mm或入射角为9°</td><td rowspan="6">如工件表面粗糙度好,选5MHz;如工件表面粗糙度差,选2.5MHz。对于棒材,探头曲率半径应与棒材弧面相吻合</td></tr>
<tr><td>20~40</td><td>焦距20mm或入射角为7°</td></tr>
<tr><td>35~50</td><td>焦距25mm或入射角为5°</td></tr>
<tr><td>45~70</td><td>焦距40mm或入射角为3°</td></tr>
<tr><td>60~100</td><td>焦距55mm或入射角为2°</td></tr>
<tr><td>>100</td><td>纵波直探头</td><td>晶片直径ϕ14mm或ϕ20mm</td></tr>
</table>

D 起始灵敏度的调整

探伤起始灵敏度应根据探伤级别、工件厚度及工件上、下表面机械加工余量选择相应的对比试块来调整。采用水浸法探伤时,还应按公式$H>1/4\delta$调整水层厚度(式中,H为水层厚度;δ为工件厚度)。

以保证二次界面波置于一次底面回波之后。

（1）不同的探伤标准，要选择不同当量平底孔的对比试块来调整起始灵敏度：

1）AA级标准，当量平底孔直径为0.8mm；

2）A级标准，当量平底孔直径为1.2mm；

3）B级标准，当量平底孔直径为2.0mm。

（2）对于厚度小于等于120mm的工件，通常应选择两块对比试块，第一块平底孔的埋藏深度等于被检工件上下表面机械加工余量，第二块平底孔的埋藏深度等于工件厚度，并以平底孔回波最小的一块为基础，将其回波高度调至满幅的80%作为起始灵敏度。

（3）对于厚度大于240mm的工件，应选择平底孔埋藏深度为120mm的对比试块调整起始灵敏度，将其平底孔回波高度调至满幅的80%，然后再根据工件厚度按照1dB/10mm提高相应的增益量。另外对其工件近场区域，还应选择适当入射角的双晶组合探头进行检验。

（4）对于厚度大于120mm的工件，除调整起始灵敏度外，还应对其工件进行翻面检验。

E 探头扫查方式

一般为“W”或“Z”字形扫查，间距不应大于有效波束宽度的一半。扫查时探头的移动方向应与缺陷可能延伸的方向垂直。

F 扫查速度

扫查速度不应大于200mm/s。

G 校验探伤灵敏度

在探伤过程中，应随时用对比试块校验探伤灵敏度，发现异常应进行校正，并对之前被检的工件重新检验。

2.3.3.4 检验结果的判定

（1）不同验收等级所允许的缺陷当量见表2-11。

（2）经过探伤检验，未发现超标缺陷的制品应判为合格品。

（3）经过探伤检验，发现有超标缺陷的制品应判为不合格品。

（4）经过探伤检验，发现异常信号或底波消失的制品，须同有关人员研究判定是否合格。

（5）经过探伤出厂的制品，应打上探伤人员的检印，不合格品要有标记。

表 2-11 不同验收等级所允许的缺陷当量值

<table>
<tr><th rowspan="2">类别
级别</th><th>单个缺陷</th><th colspan="2">多个缺陷</th><th colspan="2">长条缺陷</th></tr>
<tr><th>当量平底孔直径/mm（不大于）</th><th>每个缺陷当量平底孔直径/mm（大于）</th><th>指示中心间距/mm（大于）</th><th>缺陷任何部位反射当量平底孔直径/mm（不小于）</th><th>指示长度/mm（不大于）</th></tr>
<tr><td>AA</td><td>1.2</td><td>0.8</td><td rowspan="3">25</td><td>0.8</td><td>12.7</td></tr>
<tr><td>A</td><td>2.0</td><td>1.2</td><td>1.2</td><td rowspan="2">25</td></tr>
<tr><td>B</td><td>3.2</td><td>2.0</td><td>2.0</td></tr>
</table>

2.3.3.5 探伤检验记录和报告

（1）探伤记录应包括：制品名称及规格、合金牌号、状态、批号、制品件号、探伤仪器型号、探头型号及规格、检验频率、检验方法、耦合剂、验收标准、对比试块编号、检验结果、验收人、审定人和检验日期等。

（2）探伤报告应包括：制品名称、合金状态、熔次号、批号、规格、制品序号、探伤级别及结果、探伤员印章和探伤日期。

（3）探伤报告一式两份（预拉伸板一式三份），一份交给制品生产分厂，另一份探伤站自存备查。

（4）探伤记录和探伤报告应装订成册，并妥善保存备查，保存期一般不少于 3 年。

2.3.4 变形铝及铝合金管材涡流探伤检测方法

2.3.4.1 适用范围

本方法适用于直径为 $\phi 6 \sim 38$mm、壁厚为 $0.5 \sim 1.5$mm 的铝及铝合金管材涡流探伤检测。

2.3.4.2 检验前的准备与要求

A 检验前的准备

（1）管材检验前必须依据生产卡片等资料，确定其探伤标准，选择相应的探伤机列、探头和对比样管。

（2）检查探伤机列、仪器和探头必须达到涡流检验指标。

B 检验前的要求

（1）检验前必须对被检管材的规格、合金状态和标牌进行检查对照。

（2）检验前必须对被检管材的头、尾端及内、外表面进行检查，端头应无毛刺，内、外表面应清洁，无铝屑。

（3）检验前必须对场地进行检查，探伤现场必须安全，其附近不应有影响仪器设备正常工作的磁场、振动、腐蚀性气体及其他干扰。

（4）检验前要按探伤标准的要求，选用相应的对比试样，合理调整仪器，选择适当的探伤速度、探伤灵敏度、报警灵敏度、相位、滤波频率、激励频率和重复性等有关参数，确认适度后方可探伤。

（5）从事涡流检验的人员应经过专业培训，取得部级以上（含部级）专业考核委员会颁发的Ⅰ级以上（含Ⅰ级）检验证书者方能上岗操作；取得Ⅱ级以上（含Ⅱ级）证书者才有资格签发检验报告。

2.3.4.3 检验方法与操作步骤

（1）对比试样的制作：

1）选取制作对比试样用的管材，必须与被检管材的合金牌号、状态和规格相同。

2）其长度不小于2m，内、外表面不应有超过有关产品标准规定的凸凹、弯曲、椭圆度，并且应无干扰标准孔检验的自然缺陷和本底噪声。

3）从距端头500mm处开始，分别垂直钻制两组标准孔：每组钻三个孔，相邻两孔的轴向间距为150mm，三个孔沿圆周分布，各孔相差120°±5°。两组孔分别是d_a和d_b标准孔。d_a和d_b孔轴向距离为400mm。所有的标准孔均为通孔，孔径允许偏差为±0.05mm，孔向垂直度允许偏差不大于5°。

4）制作的对比试样在涡流探伤试验中，不应有大于d_a标准孔的80%的任何噪声指示。

5）对比试样因机械磨损等原因产生干扰探伤结果的信号时，应及时更换。

6）制作不同规格、不同等级的对比试样，其 d_a、d_b 孔尺寸按表2-12 的要求进行选定。

表 2-12　对比试样管径与人工通孔规格尺寸对照表

对比试样管（壁厚 0.50～1.50mm）	人工通孔（孔径偏差：±0.05）			
	A 级		B 级	
外径 D/mm	d_a	d_b	d_a	d_b
6～8	0.20	0.40	0.4	0.60
9～10	0.30	0.50	0.50	0.70
11～12	0.40	0.60	0.60	0.80
13～14	0.40	0.60	0.70	0.90
15～16	0.50	0.70	0.70	1.00
17～18	0.60	0.80	0.80	1.10
19～20	0.60	0.90	0.90	1.20
21～22	0.70	1.00	1.00	1.20
23～25	0.70	1.00	1.10	1.30
26～32	0.80	1.10	1.10	1.30
33～38	0.90	1.40	—	—

（2）检测线圈：

1）一般应采用差动式、外穿过式线圈。

2）检测线圈内径与被检管材外径匹配，其填充系数应不小于0.6。

3）检测线圈的空载与有载的零电势应相近。空载零电势与有载零电势的差值与空载零电势之比应不大于30%。

4）检测线圈座的调节范围应与被检管材的规格相适应。

（3）探伤参数的调整：

1）仪器通电预热时间：15min。

2）探伤速度：一般采用40m/min。

3）激励频率：依据被检管材选择激励频率。

4）调平衡：将对比试样无伤部分放入探头内，交替调节补偿器

（R、L）使零电势显示最小。逐步提高衰减器增益，反复调节补偿器，使零电势显示最小，直至衰减器调到10dB或更小。然后，将衰减器放回到40dB左右。

5）相位：以对比试样的 d_b 标准孔为依据，调节相位，使信号为最佳。

6）滤波频率：调节滤波器，使之与速度相匹配。

7）报警灵敏度：对比试样人工缺陷信号应均匀显示，每组标准孔信号幅度差值应小于平均幅度的±10%，选取 d_b 标准孔中的信号幅度最低值为标准报警幅度。信噪比必须大于3。

8）探伤灵敏度：调节衰减器，使 d_b 标准孔全部报警，而 d_a 标准孔均不报警。

9）重复性：调整设备，保证其同心度。用对比试样反复进行正、反两个方向的调试，直至达到连续三 d_b 标准孔每次均报警，d_a 标准孔均不报警的程度。

（4）探伤人员必须随时抽查探伤后的管材，进行复探。每探完一捆料，必须用对比试样对相应的参数进行校对，确认无误方可继续探伤；否则，必须按2.2.4节的要求重新调整，并对该批料进行复探。

（5）如发现设备、仪器等故障，应及时停车处理或找专业人员处理。

（6）每台探伤机列不得少于2人操作，并负责填写探伤报告单、废品报告通知单和探伤记录。

（7）探伤完的成品管材要长短分开。

（8）探伤完的成品管材要跟踪到成品称重，并准确记录成品量。

2.3.4.4 检验结果的判定

（1）依据GB/T5126中规定的验收等级进行评定。

（2）当缺陷信号超过 d_b 孔的报警电平时，该缺陷所在管段视为不合格品，应切除后重新探伤。

（3）无缺陷信号或缺陷信号未超过 d_b 孔的报警电平时，均视为合格品。

2.3.4.5　探伤报告内容及签发要求

（1）探伤报告内容：

1）委托单位、探伤日期；

2）合金牌号、状态、规格及批号；

3）探伤机列序号、仪器型号、仪器编号、探头线圈内径；

4）对比样管规格、对比样管编号；

5）探伤量、成品量；

6）探伤标准及方法；

7）检验人员及审核人员。

（2）探伤报告必须由获部级并在有效期内的Ⅱ级及以上专业证书的人员填写签发。

（3）探伤报告均以生产卡片为准，并加盖探伤印章。

3 变形铝合金铸锭缺陷分析与质量控制

熔炼与铸造是变形铝合金材料制备与加工的第一道工序，也是控制铝合金材料冶金质量的关键工序，而且铸锭缺陷在后续加工中具有遗传性，对产品的终身质量都有影响。因此，加强对铸锭缺陷的检查，提高铸锭的质量，对提高产品的质量具有极其重要的意义。本章着重介绍在变形铝合金熔炼与铸造工序中常见缺陷的特征、形成机理和预防措施。

3.1 偏析

铸锭中化学元素成分分布不均的现象称为偏析。在变形铝合金中，偏析主要有晶内偏析和逆偏析。

3.1.1 晶内偏析

显微组织中同一个晶粒内化学成分不均的现象，称晶内偏析。

3.1.1.1 晶内偏析组织特征

晶内偏析只能从显微组织中看到，在铸锭试样侵蚀后其特征是，晶内呈年轮状波纹（图 3-1），如果用干涉显微镜观察，水波纹色彩

图 3-1 铸锭晶内偏析显微组织特征

更加清晰好看。合金成分由晶界或枝晶边界向晶粒中心下降，晶界或枝晶边界附近显微硬度比晶粒中心显微硬度高。水波纹的产生原因是晶粒内不同部位合金元素含量不同，受侵蚀剂侵蚀程度的不同所致。

3.1.1.2 晶内偏析形成机理

在连续或半连续铸造时，由于存在过冷，熔体进行不平衡结晶。当合金结晶范围较宽，溶质原子在熔体中的扩散速度小于晶体生长速度时，先结晶晶体（即一次晶轴）含高熔点的成分多，后结晶晶体含低熔点的成分较多，结晶后形成从晶粒或枝晶边缘到晶内化学成分的不均匀。晶内偏析因合金不同而异，虽然不可避免，但可以控制使其变轻。在变形铝合金 3A21 合金铸锭晶内偏析最严重。

3.1.1.3 晶内偏析预防措施

（1）细化晶粒；

（2）提高结晶过程中溶质原子在熔体中的扩散速度；

（3）降低和控制结晶速度。

3.1.1.4 晶内偏析对合金性能的影响

晶内偏析使铸锭组织不均匀，不但对铸锭性能有不良影响，也增加了铸锭产生热裂纹的倾向，同时对后续热处理工艺和制品最终性能也有不同程度的影响。

3.1.2 逆偏析

铸锭边部的溶质浓度高于铸锭中心溶质浓度的现象，称为逆偏析。

3.1.2.1 逆偏析组织特征

其组织特征不能用金相显微镜观察，只能用化学分析方法确定。图 3-2 为 2A12 铝合金圆铸锭中铜含量与位置的关系。

3.1.2.2 逆偏析形成机理

传统解释认为，随着熔体凝固的进行，残余液体中溶质富集，凝固壳的收缩或残余液体中析出的气体压力使溶质富集相穿过形成凝壳的树枝晶的枝干和分支间隙，向铸锭表面移动，使铸锭边部溶质高于铸锭中心。

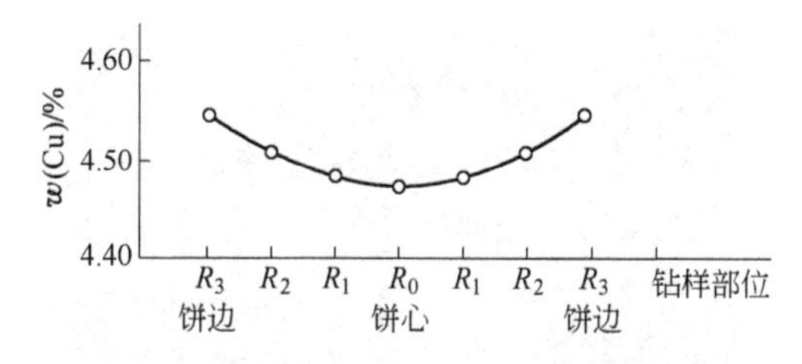

图 3-2 2A12 铝合金圆铸锭中铜含量与位置的关系

除高铜铝合金外，高锌铝合金也有逆偏析现象，其偏析数值比高铜铝合金高得多，偏析值为 0.07% ~0.837%，平均锌偏高 0.40%。

3.1.2.3 逆偏析防止措施

（1）增大冷却强度，采用矮结晶槽，适当的铸造速度；

（2）适当提高铸造温度；

（3）采用合适的铸造漏斗，均匀导流；

（4）细化晶粒。

3.2 偏析瘤

半连续铸造过程中，在铸锭表面上产生的瘤状偏析漂出物，称为偏析瘤（图 3-3*a*）。

3.2.1 偏析瘤的宏观组织特征

在铸锭表面呈不均匀的凸起，像大树干表面的凸起一样，只是比树皮上的凸起多，尺寸也小得多（图 3-3*b*）。对合金元素高的合金，特别是大截面的圆铸锭，例如 2A12 和 7A04 等合金的大规格圆铸锭，偏析瘤的尺寸较大，尺寸约为 10mm，凸起高度在 5mm 以下，对其他合金铸锭的偏析瘤尺寸小得多，分布也不如硬合金的密集。

3.2.2 偏析瘤显微组织特征

第二相尺寸比基体的大几倍，分布也致密，第二相体积分数也大几倍。有时在偏析瘤处可发现一次晶，如羽毛状或块状的 Mg_2Si，或相中间有孔的 Al_6Mn 等。图 3-3*c* 为 2A12 合金铸锭边部显微组织，基体组织细小而均匀，偏析瘤处第二相粗大而致密。

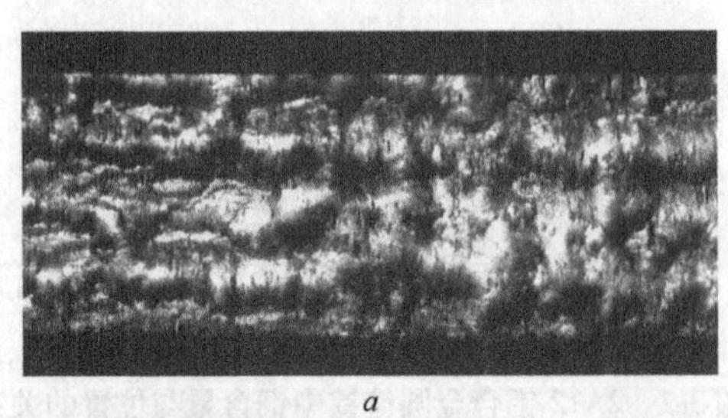

a

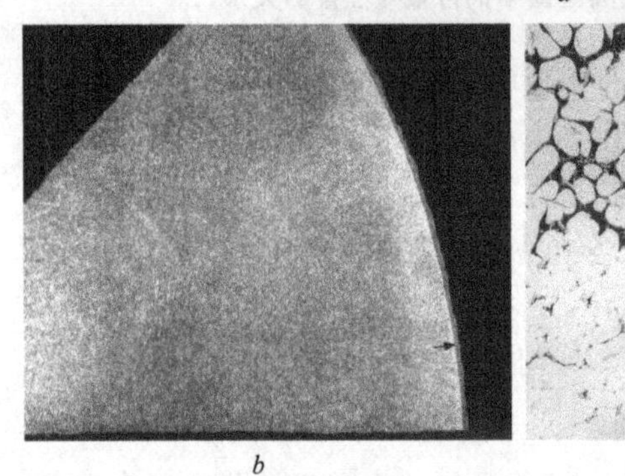

b

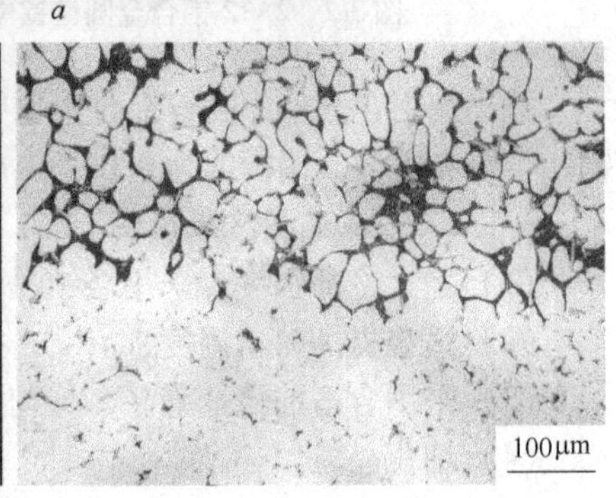

c

图 3-3 2A12 铸锭偏析瘤组织

a—铸锭表面偏析浮出物；*b*—偏析浮出物低倍组织；*c*—偏析浮出物显微组织

3.2.3 形成机理

铸造开始时，熔体在结晶槽内急骤受冷凝固使体积收缩，在铸锭表面与结晶槽工作表面之间产生了间隙，使铸锭表面发生二次重热。这时在金属静压力和低熔点组成物受热重熔熔体所产生的附加应力联合作用下，含有大量低熔点共晶的熔体，沿着晶间及晶枝间的缝隙，冲破原结晶时形成的氧化膜挤入空隙，凝结成偏析瘤。表 3-1 所示为 2A12 合金铸锭偏析瘤成分。

表 3-1 2A12 合金铸锭偏析瘤成分（质量分数） （%）

元 素	Cu	Mg	Mn	Fe	Si
基体	4.37	1.33	0.52	0.25	0.24
偏析瘤	11.07	3.0	0.41	0.59	0.60

3.2.4 偏析瘤防止措施

（1）降低铸造温度和铸造速度；
（2）结晶器和芯子锥度不能过大；
（3）提高冷却强度或结晶器内局部不能缺水；
（4）铸造漏斗要放正，保证液流分布均匀。

3.2.5 偏析瘤对制品性能的影响

偏析瘤是不正常组织，在铸锭坯料加工变形前，必须将其去掉。如果生产过程中没有或没全部把偏析瘤去掉，残余的偏析瘤则被带入变形制品的表面或内部，对制品的性能会带来严重的危害。另外，当偏析瘤未被全部去掉时，因其含有大量低熔点共晶，合金在热处理时很容易引起过烧和表面起泡，这对任何制品都是不允许的。

3.3 缩孔

液体金属凝固时，体积收缩而液体金属补缩不足，凝固后铸锭尾部中心形成的空腔，称为缩孔。

缩孔破坏了金属的连续性，严重影响工艺性能，在截取铸锭坯料时必须去掉。在连续铸造时，由于浇口部收缩条件好，一般不会形成明显的缩孔。但在半连续铸造或采用锭模铸造时就常会发生。其防止措施是降低熔体中的氢含量，并在浇注时把握好供流速度和倾转速度等供流条件。控制好铸锭散热条件，可降低缩孔的深度，从而可显著提高铸锭的成品率。

3.4 疏松

铸锭宏观组织中的黑色针孔，称为疏松。

3.4.1 疏松的宏观组织特征

将铸锭试片车面或铣面，再经碱水溶液浸蚀后，用肉眼即可观察到试样表面上所存在的黑色针孔状疏松。

疏松断口的宏观特征是，断口组织粗糙、不致密，疏松超过二级时，呈白色絮状断口。如图3-4所示为7A04合金ϕ405mm圆铸锭断口，上边断口无疏松，组织细密；下边为4级疏松，断口粗糙有白亮点。

生产中按4级标准对铸锭疏松定级，根据用户对制品的要求，判断所用铸锭的档次。疏松级别愈大，疏松愈严重，黑色针孔不但数量多，尺寸也大，低倍试片上尺寸为几十至几百微米。

图3-4 7A04合金ϕ405mm圆铸锭断口

3.4.2 疏松的显微组织特征

在显微组织中，疏松呈有棱角形的黑洞（图3-5*a*），铸锭变形后，有的变成裂纹，有的仍然保持原貌。不管试样侵蚀与否，疏松都能看见，不过还是浸蚀后更容易观察。断口用扫描电镜或电子显微镜观察，疏松内壁表面有梯田花样（图3-5*b*），梯田花样为枝晶露头的结晶台阶。

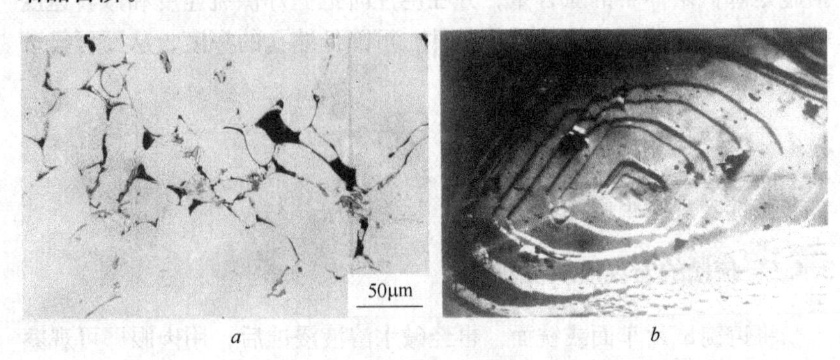

a *b*

图3-5 疏松的形貌

a—疏松的显微组织；*b*—疏松断口SEM图像

3.4.3 疏松的形成机理

疏松一般分为收缩疏松和气体疏松两种。收缩疏松产生的机理是，金属铸造结晶时，从液态凝固成固态，体积收缩，在树枝晶枝杈间因液体金属补缩不足而形成空腔，这种空腔即为收缩疏松。收缩疏松一般尺寸很小，从铸造技术上讲收缩疏松难以避免。

气体疏松产生的机理是，熔体中未除去的气体氢气含量较高，气体被隐蔽在树枝晶枝杈间隙内，随着结晶的进行，树枝晶枝杈互相搭接形成骨架，枝杈间的气体和凝固时析出的气体无法逸出而集聚，结晶后这些气体占据的位置成为空腔，这个空腔就是由气体形成的气体疏松。

铸锭疏松的分布规律是在圆铸锭中心和尾部较多，扁铸锭多分布在距宽面0.5~30mm的表皮层内。

3.4.4 疏松的防止措施

（1）缩小合金开始凝固温度与凝固终了温度的差值；

（2）降低熔体、工具、熔剂、氯气或氮气的水分含量，精炼熔体时除气要彻底；

（3）熔体不能过热，停留时间不能过长，高镁铝合金要把熔体表面覆盖好，防止熔体吸收大量气体；

（4）提高铸造温度，降低铸造速度；

（5）高温高湿季节，控制空气中湿度。

3.4.5 疏松对制品性能的影响

金属加工变形后，疏松有的能被焊合，有的不能被焊合，不能被焊合的疏松往往成为裂纹源。变形量较大时，几个邻近的疏松可能形成小裂纹，进而相连形成大裂纹，导致加工制品报废。即使疏松没有形成大裂纹，也会不同程度降低制品的使用寿命。

疏松对铸锭性能有不良影响，疏松愈严重，影响愈大。例如7A04合金圆铸锭，随着疏松级别加大，其强度、伸长率和密度都下降（表3-2）。4级疏松铸锭比没有疏松铸锭的强度下降25.7%，伸长率下降55.4%，密度下降2%，其中伸长率下降最多。

表 3-2 7A04 合金不同级别疏松铸锭的性能

疏松级别	密度/g·cm^{-3}	σ_b/ MPa	δ/%
0	2.806	231.1	0.56
1	2.788	224.3	0.50
2	2.770	208.9	0.41
3	2.767	189.6	0.25
4	2.754	176.6	0.25

对2A12 合金 ϕ405mm 圆铸锭，铸锭的强度和伸长率随疏松在铸锭中的体积分数增大而下降，疏松体积分数从 2.8% 增至 10.8%，强度下降 21%，伸长率下降 50%，显然疏松对塑性的影响更大。

疏松对加工制品的力学性能，特别是对横向性能有明显影响，例如飞机用2A12 合金的大梁型材，疏松会严重降低型材横向的强度和伸长率。4 级疏松的型材与没有疏松的型材相比，其强度下降 12%，伸长率下降 44.9%（表 3-3）。

表 3-3 不同级别疏松的 2A12 合金大梁型材的性能

疏松级别	纵向			横向				高向			
	σ_b /MPa	$\sigma_{0.2}$ /MPa	δ /%	σ_b /MPa	$\sigma_{0.2}$ /MPa	δ /%	a_K/J·cm^{-2}	σ_b /MPa	$\sigma_{0.2}$ /MPa	δ /%	a_K/J·cm^{-2}
0	537.1	354.2	16.9	481.2	317.2	16.7	1.23	421.4	245.2	6.3	0.79
1	546.3	364.3	14.6	480.3	327.5	15.7	1.14	444.2	304.8	8.8	0.72
2	544.6	347.3	16.1	466.5	316.9	12.6	0.98	428.0	299.1	7.0	0.69
3	545.2	361.2	16.3	460.1	320.2	10.2	1.10	404.2	300.5	5.8	0.79
4	542.0	347.2	15.5	423.5	308.6	9.2	1.16	414.2	29.5	6.8	0.68

3.5 气孔

铸锭试片中存在的圆形孔洞，称为气孔。

3.5.1 气孔的组织特征

在铸锭试片上，气孔的宏观和微观特征都为圆孔状（图 3-6*a*），在变形制品的纵向上有的气孔被拉长变形（图 3-6*b*）。圆孔内表面光滑、明亮，光滑的原因是结晶凝固时气泡内的压力很大，明亮的原因是气泡封闭在金属内，气泡内壁没被氧化。与其他缺陷不同，铸锭或制品试片不侵蚀，也可清晰观察气孔。

气孔尺寸一般都很大（约几毫米），个别合金的气孔尺寸则较小，在低倍试片检查时很难发现，只在断口检查时才能发现。例如火车活塞用的4A11合金，由于熔体黏度过大，气体排出困难，在高温高湿的雨季，有时在打断口时可发现小而多的气泡（图3-6*c*），气泡呈半球形闪亮发光，尺寸约1mm，分布比较均匀。

气孔在铸锭中分布没有规律，常常与疏松伴生。

3.5.2 气孔形成机理及防止措施

气孔的形成机理与疏松相同，只是熔体中氢含量较大。其防止措施也与疏松相同。

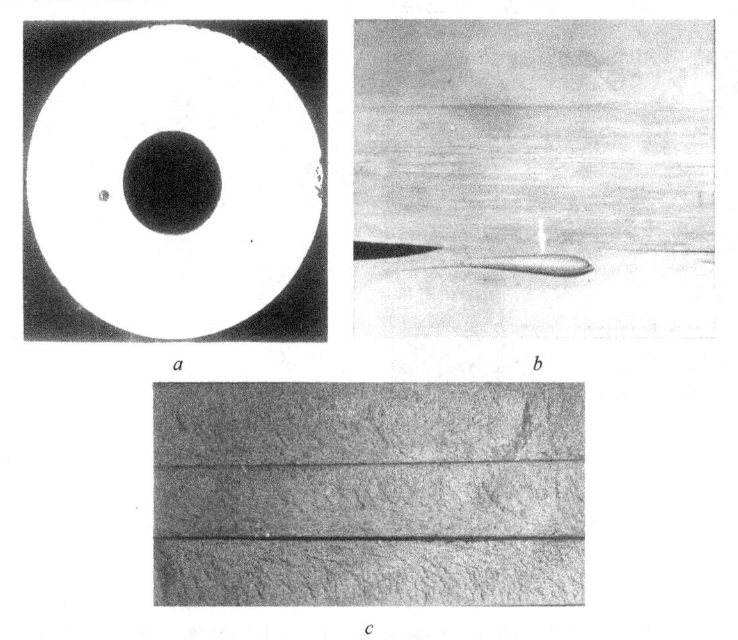

a *b*

c

图3-6 气孔的组织形貌

a—空心铸锭气孔；*b*—挤压棒材中的气孔；*c*—圆铸锭断口，断口上闪亮的圆孔为气泡

3.6 夹杂

3.6.1 非金属夹杂

在宏观组织中，与基体界限不清的黑色凹坑，称为非金属夹杂。

3.6.1.1 非金属夹杂组织特征

宏观组织特征为没有固定形状，黑色凹坑，与基体没有清晰界限（图3-7*a*）。非金属夹杂的特征，只有在铸锭低倍试片经碱水溶液浸蚀后，才能清晰显现。

断口组织特征为黑色条状、块状或片状，基体色彩反差很大，很容易辨认。

显微组织特征多为絮状的黑色紊乱组织（图3-7*b*），紊乱组织由黑色线条组成，与白色基体色差明显。

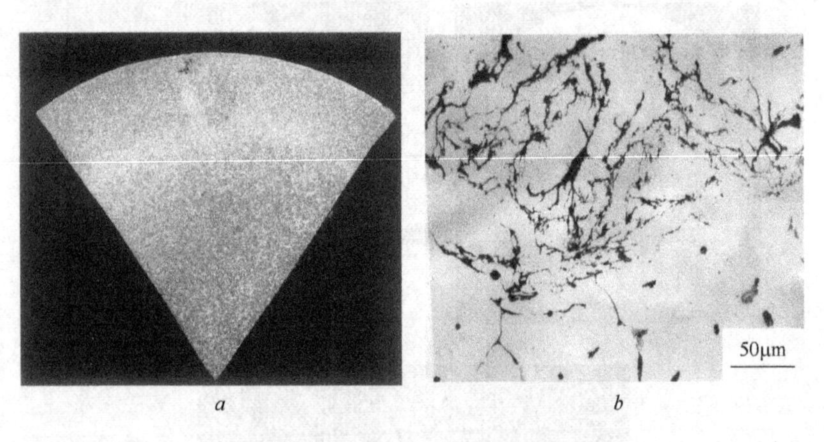

a *b*

图3-7 非金属夹杂的组织形貌

a—非金属夹杂的宏观组织；*b*—非金属夹杂显微组织

3.6.1.2 形成机理

在熔炼和铸造过程中，如果将来自熔剂、炉渣、炉衬、油污、泥土和灰尘中的氧化物、氮化物、碳化物、硫化物带入熔体并除渣不彻底，铸造后在铸锭中就会产生夹杂。

3.6.1.3 防止措施

（1）将原、辅材料中的油污、泥土、灰尘和水分等清除干净；

（2）炉子、流槽、虹吸箱要处理干净；

（3）精炼要好，精炼温度不能太低，防止渣子分离不好，炉渣要除净；

（4）提高铸造温度，以增加金属流动性，使渣子上浮。

3.6.1.4 非金属夹杂对制品性能的影响

非金属夹杂严重破坏金属的连续性，对金属的性能特别是高向性能有严重影响；对薄壁零件的影响更加有害，还破坏零件的气密度。夹杂存在于轧制板材中则形成分层。夹杂不管存在于何种制品中，都是裂纹源，是绝对不允许的。

以5A03合金圆铸锭和3A21空心锭为例，将有夹杂铸锭和无夹杂铸锭的性能相比较（表3-4），在5A03合金拉伸试样断口上，夹杂面积占4.5%时，强度下降12.4%，伸长率下降50%。在3A21合金拉伸试样断口上，夹杂面积占1.5%时，强度下降7%，伸长率下降18%。

表3-4 5A03合金圆铸锭及3A21合金空心锭中非金属夹杂对其力学性能的影响

合金	拉伸试样断口情况	夹杂占断口面积/%	σ_b/MPa	$\sigma_{0.2}$/MPa	δ/%
5A03	无夹杂	0	205.0	115.8	8.8
	有夹杂	0.4	191.3	116.7	5.3
	有夹杂	4.5	179.5	116.7	4.3
3A21	无夹杂	0	131.3		28.7
	有夹杂	1.5	121.5		23.2

3.6.2 金属夹杂

在组织中存在的外来金属，称为金属夹杂。

3.6.2.1 组织特征

金属夹杂的宏观和微观组织特征（图3-8），都为有棱角的金属块，颜色与基体金属有明显的差别，并有清楚的分界线，多数为不规则的多边形界线，硬度与基体金属相差很大。

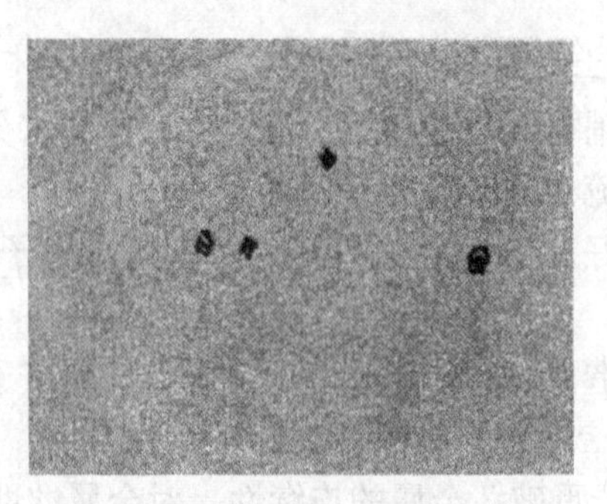

图 3-8　金属夹杂的宏观组织特征

3.6.2.2　形成机理

由于铸造操作不当，或由于外来金属掉入液态金属中，铸造后外来的没有被熔化的金属块保留在铸锭中。

3.6.2.3　金属夹杂对制品性能的影响

由于外来金属与基体有明显分界面，其塑性与基体又有很大的差别，铸锭变形时在金属夹杂与基体金属的界面上很容易产生裂纹，严重破坏制品的性能。铸锭和铝材含有这种缺陷则为绝对废品。虽然生产中这种缺陷很少，但一旦存在这种缺陷，常常会造成严重后果，例如将价值昂贵的轧辊损坏。

3.7　氧化膜

铸锭中存在的主要由氧化铝形成的非金属夹杂，称为氧化膜。

3.7.1　宏观组织特征

由于氧化膜很薄，与基体金属结合非常紧密，在未变形的铸锭宏观组织中不能被发现，只有按特制的方法，将铸锭变形并固溶处理后做断口检查时才能发现，其特征为褐色、灰色或浅灰色的片状平台（图 3-9），断口两侧平台对称。各种颜色氧化膜平台光滑度不同，褐色氧化膜放大倍数观察有起层现象。

3.7.2　显微组织特征

用显微镜观察，氧化膜特征为黑色线状包留物，黑色为氧化膜，

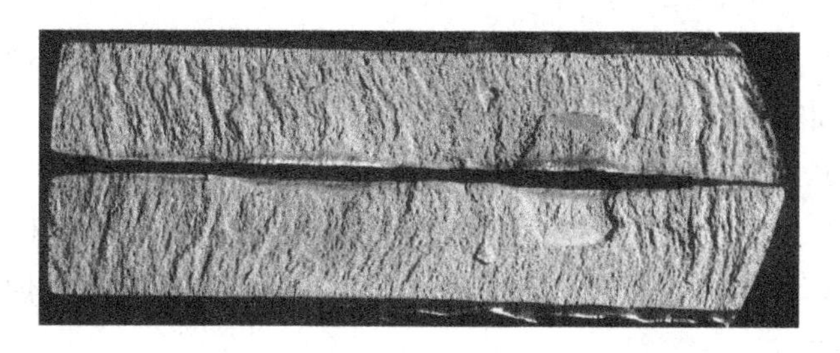

图 3-9 氧化膜断口特征（图中对称的小平台为氧化膜）

白色为基体，包留物往往为窝纹状。

3.7.3 形成机理

氧化膜形成机理主要有两点：一是在熔炼和铸造过程中，熔体表面始终与空气接触，不断进行高温氧化反应，形成氧化膜并浮盖在熔体表面。当搅拌和熔铸操作不当时，浮在熔体表面的氧化皮被破碎并卷入熔体内，最后留在铸锭中；二是铝合金熔炼时，除了使用原铝锭、中间合金和纯铝作为炉料外，还加入一定数量的废料，包括本厂的几何废料、工艺废料、碎屑以及外厂的废料。碎屑和外厂废料成分复杂，尺寸小、质量差，存在着大量的氧化膜夹杂物，在复化和熔炼过程中由于除渣不净，氧化夹杂物进入熔体，形成氧化膜。

由于氧化膜形成的时间和合金的不同，氧化膜也有不同的颜色。通常，在熔炼时形成的氧化膜具有亮灰色；镁含量高的合金，氧化膜多呈黑褐色。

氧化膜在熔体和铸锭中的分布极不均匀，几乎没有规律可循。通常，在静置炉中熔体的下层，铸锭的底部以及第一铸次的铸锭中氧化膜分布较多。模锻件和锻件中氧化膜的显现程度与单一方向变形程度的大小有关，单向变形程度愈大，显现得愈明显。

3.7.4 氧化膜防止措施

（1）将原、辅材料的油污、腐蚀产物、灰尘、泥沙和水分等清除干净；

（2）熔炼过程中尽量减少反复补料和冲淡，搅拌方法要正确，防止表面氧化皮成为碎块掉入熔体内；

（3）空气湿度不能过大；

（4）熔体转注过程中，熔体要满管流动，落差点要封闭；

（5）提高精炼温度，除渣除气时间不能太短，在静置炉静置时间要足够；

（6）使用的各种工具要预热好；

（7）铸造温度不能偏低，要保证熔体有良好流动性。

3.7.5 氧化膜对制品性能的影响

氧化膜会破坏金属的连续性，使产品的性能降低，特别是严重降低制品高向和横向的性能，氧化膜愈严重，影响愈大。根据制品的用途，对所用铸锭和制品中的氧化膜要进行严格控制，特别是航空用的模锻件必须分别用低倍和探伤的相关检查标准进行控制。

3.8 白亮点

在断口上存在的反光能力很强的白点，称为白亮点。

3.8.1 宏观组织特征

白亮点在铸锭低倍试片上很难显现，而在低倍试片断口上很容易显现。白亮点在试片断口上的特征为白色亮点（图 3-10），对光线没有选择性，用 10 倍放大镜观察，白亮点呈絮状。

图 3-10 白亮点的断口特征

3.8.2 显微组织特征

白亮点用普通光学显微镜观察为疏松，用扫描电镜观察为梯田花样。

3.8.3 形成机理

现代分析手段证实，白亮点并非氧化膜，它的产生原因与疏松相同，都是由氢气含量过高造成的。

3.8.4 白亮点防止措施

（1）彻底精炼熔体，熔剂和熔铸使用的工具要充分干燥；
（2）电炉、静置炉彻底干燥烘烤；
（3）熔体要覆盖好，停留时间不能过长；
（4）结晶器不能过高，冷却水温也不能过高；
（5）铸造速度不能太慢。

3.8.5 白亮点对制品性能的影响

白亮点会破坏金属的连续性，对铸锭和加工制品的性能都有不良影响。根据对几种硬铝合金的研究，白亮点会明显降低强度、塑性和疲劳寿命。

3.9 白斑

在低倍试片上存在的白色块状物，称为白斑。

3.9.1 白斑的组织特征

在宏观试片上为形状不定的块状，与基体边界清晰，颜色发白，与灰色基体色差明显，这种组织特征在低倍试片侵蚀后很容易辨认（图 3-11*a*）。

显微组织特征是纯铝组织（图 3-11*b*），第二相非常稀少而不连续，第二相尺寸小，没有合金那种枝晶网络，与合金组织没有明显分界线，没有破坏组织的连续性，显微硬度很低。

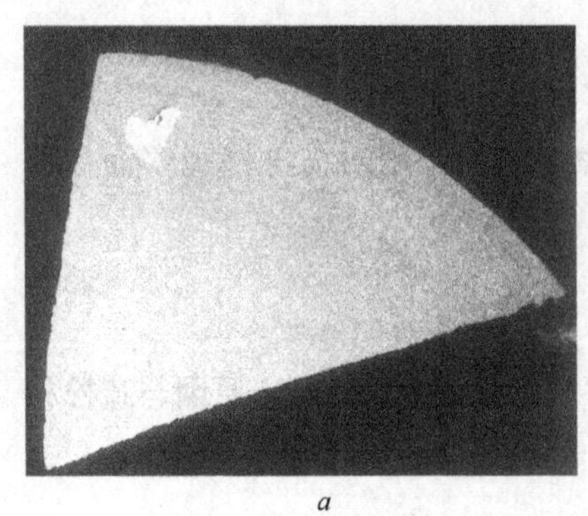

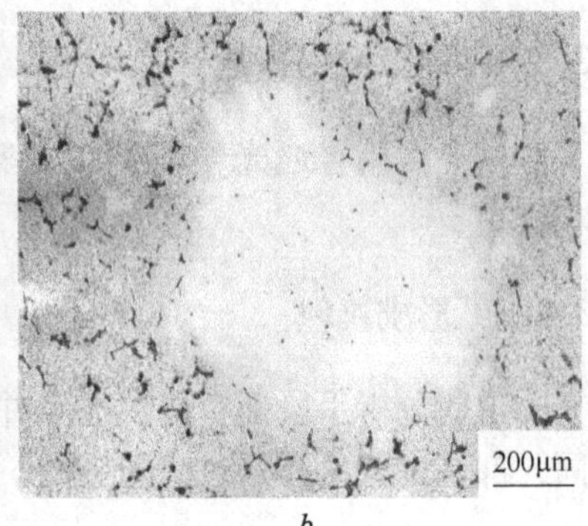

a b

图 3-11 白斑的组织特征

a—白斑的宏观组织；*b*—白斑的显微组织

3.9.2 形成机理

铸造合金时，当熔体流入结晶槽与底部接触时，冷却速度特别大，经常在铸锭底部形成裂纹，严重时可使整个铸锭开裂。为了防止铸锭产生裂纹，铸造合金前在结晶槽内先用纯铝熔体铺底，将铸锭底部完全包住，然后再将合金熔体流入结晶槽，从而有效防止产生铸锭裂纹。生产过程中如果操作不当，引入的合金熔体流速过快，将铺底铝溅起进入合金熔体中，结晶后在合金中就会形成白斑。

根据白斑产生的机理，白斑绝大多数出现在铸锭的底部。

3.9.3 防止措施

（1）铸造时，应正确操作，不能将铺底铝溅起；

（2）提高漏斗温度；

（3）适当提高铺底铝的温度。

3.9.4 白斑对制品性能的影响

白斑虽然没有破坏金属的连续性，但它是一种冶金缺陷。如果将其遗传到制品中，对合金的性能有不利影响，不但使制品的强度大大降低，而且会因白斑附近软硬不均，引起应力集中，很容易引起裂纹，使制品的使用寿命明显降低。

3.10 光亮晶粒

在宏观组织中存在的色泽明亮的树枝状组织，称为光亮晶粒（图3-12*a*）。

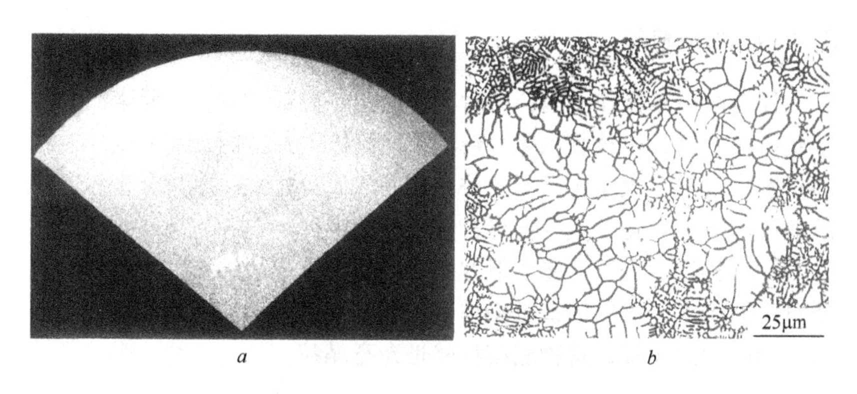

图3-12 光亮晶粒的组织特征
a—光亮晶粒的宏观组织；*b*—光亮晶粒的显微组织

3.10.1 宏观组织特征

铸锭试片经碱水溶液侵蚀后，光亮晶粒色泽光亮，对光线无选择性，在哪个方向观察色泽不变，仔细观察或用10倍放大镜观察，光亮晶粒呈树枝状。在断口上该组织呈亮色絮状物，絮状物的面积比疏松断口絮状物大。

3.10.2 显微组织特征

与正常组织相比，枝晶网络大，如图3-12*b*所示。图中大网络区域为光亮晶粒，细小网络区域为正常组织。光亮晶粒的枝晶间距比基体枝晶间距大几倍，第二相体积分数小一倍以上（表3-5），第二相尺寸小，该组织发亮发白，是合金组元贫乏的固溶体，显微硬度低。

表 3-5 2A12 合金 ϕ360mm 铸锭光亮晶粒晶内尺寸

组织种类	枝晶间距/μm	第二相体积分数/%
基体	49.7	11.2
光亮晶粒	117.0	6.0

3.10.3 形成机理

铸造时由于操作不当，有时在铸造漏斗底部生成合金元素低的树枝状晶体，这种树枝状晶体被新流入的熔体不断冲刷，液相成分在结晶过程中没有多大变化，不断按先结晶的成分长大，成为合金元素贫乏的固溶体，其化学成分偏离合金成分较大。

随着铸造的进行，漏斗下方的结晶体长大成底结物，底结物由于质量不断增大，或因铸造机振动，使底结物落入液穴结晶前沿，与熔体一起凝固成铸锭，这种底结物就是光亮晶粒。

3.10.4 防止措施

（1）铸造漏斗要充分预热，漏斗表面要光滑，漏斗孔距底部不能过高；

（2）漏斗沉入液穴不能过深，防止铸锭液体部分的过冷带扩展到液穴的整个体积，造成体积顺序结晶；

（3）提高铸造温度和铸造速度，防止漏斗底产生底结物；

（4）防止结晶器内金属水平波动，确保液流供应均匀。

3.10.5 光亮晶粒对制品性能的影响

光亮晶粒虽然没有破坏金属的连续性，但它的化学成分低于合金的成分，硬度低，塑性高，使合金组织不均匀。如果将光亮晶粒遗传到加工制品中，对软合金的性能影响较小，对硬合金的影响是使强度明显下降。例如2A12 合金，光亮晶粒使其强度下降 19.6 ~ 49.1MPa。

3.11 羽毛状晶

在铸锭宏观组织中存在的类似羽毛状的金属组织，称为羽毛状晶。

3.11.1 羽毛状晶宏观组织特征

在铸锭试片上多呈扇形分布的羽毛状组织（图3-13*a*），像美丽的大花瓣，又称花边组织。与正常晶粒相比，晶粒非常大，是正常晶粒尺寸的几十倍，非常容易辨认。

铸锭经挤压变形后，羽毛晶不能被消除，多数呈开放式菊花状。棒材经二次挤压后，羽毛晶仍不能被消除，只是变成类似木纹状的碎块，其尺寸仍然比正常组织的大得多。在锻件上因其变形特点，羽毛晶的形状变化不大。

在铸锭断口上，羽毛晶呈木片状，组织不如氧化膜平台那样平滑。

a

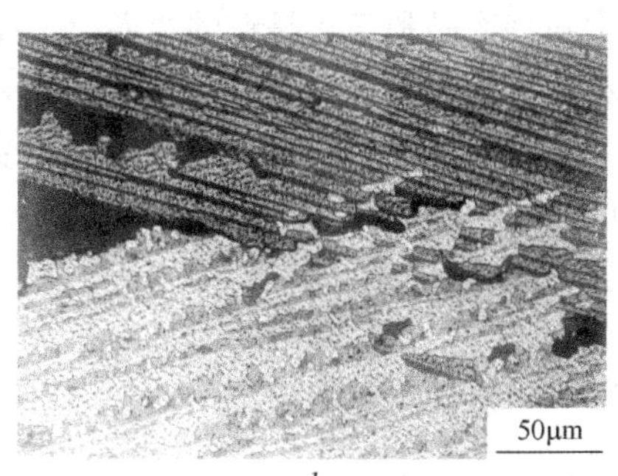

b

图3-13 铸锭上的羽毛晶组织特征

a—羽毛晶的宏观组织；*b*—羽毛晶显微组织特征

3.11.2 羽毛晶显微组织特征

树枝晶晶轴平直，枝晶近似平行（图3-13*b*），一边呈直线，另一边多呈锯齿状。在偏振光下观察，直线为孪晶晶轴。铸锭加工变形后，仍保持羽毛晶形态，只是由亚晶粒组成。

3.11.3 羽毛晶形成机理

当向结晶面附近导入高温熔体时，在半连续铸造中会生成孪晶，孪晶为片状的双晶，是柱状晶的变种，孪晶即为羽毛晶。

3.11.4　羽毛晶防止措施

（1）降低熔炼温度，缩短熔炼时间，防止熔体在炉内停留时间过长，引起非自发晶核减少；

（2）铸造温度不能过高；

（3）增加变质剂加入量。

3.11.5　羽毛晶对制品性能的影响

羽毛晶具有粗大平直的晶轴，力学性能有很强的各向异性，铸锭在轧制和锻造时，常常沿双晶面产生裂纹。不但严重损害工艺性能，也极大降低力学性能。即使没有产生裂纹的制品，在阳极氧化后，常常在羽毛晶和正常晶粒的边界上、在羽毛晶自身的双晶界上呈现条状花纹，使制品表面质量受到损害。

羽毛晶虽然没有破坏金属的连续性，但其对性能影响较大，生产中必须严加控制。

3.12　粗大晶粒

在宏观组织中出现的均匀或不均匀的大晶粒，称为粗大晶粒。

3.12.1　宏观组织特征

粗大晶粒在铸锭试片侵蚀后很容易发现，为了保证产品质量，对均匀大晶粒按 5 级标准进行控制，每级晶粒相应的线性尺寸见表 3-6。正常情况下铸锭的晶粒都在等于或小于 2 级以下。由于铸造工艺不当，偶尔出现超过 2 级的等轴晶粒，或在细小的等轴晶粒中出现局部大晶粒，大晶粒尺寸比正常晶粒大几倍或十几倍（图 3-14）。

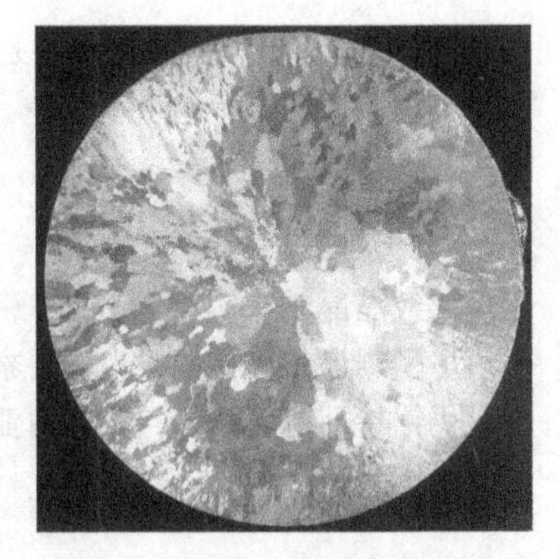

图 3-14　粗大晶粒组织特征

表3-6 铸锭晶粒级别相应的线性尺寸

晶粒级别	1	2	3	4	5
晶粒线性尺寸/μm	117	1590	2160	2780	3760

3.12.2 显微组织特征

在偏振光下，晶粒仍然像宏观看到的那样，晶粒仍然粗大，只是晶粒位向差更加明显，晶粒的色泽更加美丽好看。大晶粒断口组织比小晶粒断口粗糙、不致密。

3.12.3 形成机理

铸锭的晶粒尺寸受熔体中结晶核心多少或铸造工艺的影响，当结晶核心少、铸造冷却速度慢、过冷度小、成核数量少，晶粒长大速度快时，会产生均匀大晶粒。当熔体过热或铸锭规格大时也会产生大晶粒。当导入熔体方式不当或导入过热熔体时，由于液穴内温度不均匀，在温度高的地方晶粒长大快，在铸锭中出现局部大晶粒或粗大晶粒区。

当细化晶粒的化学元素含量低时，能产生均匀大晶粒，也能产生局部大晶粒。局部大晶粒在铸锭中有时不能显现，而在加工制品的热处理后才显现。

3.12.4 粗大晶粒防止措施

（1）合金熔体全部或局部不能过热，防止非自发晶核溶解和结晶核心减少；

（2）降低铸造温度；

（3）增大冷却强度，提高结晶速度；

（4）合金成分与杂质含量配置适当，增加晶粒细化剂含量。

3.12.5 粗大晶粒对制品性能的影响

当组织中晶粒大小不同时，其在空间的晶界面大小也不同。因为晶界面上杂质较多，原子排列又不规则，在外力作用下单位体积内晶界面大和晶界面小所承受外力的能力必然不同，最终导致制品性能的差异。晶粒大小对性能的影响因合金的不同而异。

对软合金，例如5A03合金，铸锭晶粒尺寸大，略使强度下降，伸长率显著提高（表3-7）。将具有不同晶粒的铸锭加工成棒材，棒材退火后的晶粒比铸锭的晶粒显著变小，铸锭晶粒愈大，棒材的晶粒变小愈甚，棒材的晶粒比铸锭的晶粒等级相应变小0.5~2级。总之，铸锭的晶粒尺寸对变形制品的晶粒尺寸有重要影响。铸锭的晶粒大，则变形制品的晶粒也大，但其晶粒等级相应下降。

表3-7　5A03合金ϕ270mm圆铸锭的性能

晶粒级别	$\alpha_{0.2}$/MPa	σ_b/MPa	δ/%
1	111.7	178.4	7.3
2	115.6	181.3	8.3
3	108.8	174.4	8.8
4	103.9	166.6	8.9

3.13 晶层分裂

在铸锭边部断口上沿柱状晶轴产生的层状开裂，称为晶层分裂。

3.13.1 宏观组织特征

晶层分裂只在铸锭试片打断口时发生，位置在断口边部，即铸锭边部（图3-15）。晶层分裂的裂纹方向与铸锭纵向呈45°角，裂纹较长，一般为10~20mm，裂纹较多并彼此平行。

图3-15　晶层分裂断口特征

铸锭试片在打断口前，沿纵向剖开并用碱水溶液侵蚀，在边部可清楚看见粗大的柱状晶，柱状晶晶轴的方向与铸锭纵向呈45°角，柱状晶的深度与断口上裂纹的长度相近。

3.13.2 显微组织特征

晶层分裂的裂纹沿着由第二相组成的枝晶发展，裂纹边部有大量第二相。

3.13.3 晶层分裂形成机理

铸造时如果熔体过热或促进形核的活性杂质太少，在特定的结晶条件下，则细晶区的晶体以枝晶单向成长，其成长方向与导热方向一致，距离冷却表面愈远，向宽度方向成长程度愈大。在柱状晶区的结晶前沿，残余熔体由于浓度过高，温度梯度下降，形成大量新的晶体，新晶体的生长阻碍了柱状晶的继续生长，在柱状晶区前面形成了等轴晶区。这样结晶后在铸锭的边部形成了狭长的沿热流方向成长的柱状晶区。打断口时可发现晶层分裂。

3.13.4 防止措施

（1）严格防止熔体过热或局部过热，以免减少非自发晶核；

（2）合金成分与杂质含量调整适当；

（3）金属在炉内停留时间不能过长；

（4）集中供流或供流要均匀。

3.13.5 晶层分裂对制品性能的影响

晶层分裂的本质是柱状晶区，因柱状晶是单向细长的晶粒，方向性很强，柱状晶区内的由第二相组成的枝晶也有方向性，这种有方向且晶内结构不均匀的组织，严重降低铸锭的加工性能和力学性能，见表3-8。

表 3-8　铸锭晶层分裂区与等轴晶区的性能

合 金	取样部位	σ_b/ MPa	$\sigma_{0.2}$/MPa	δ/%
2A70	晶层分裂区	320.8	264.9	8.0
	等轴晶区	342.4	281.5	9.6
6A02	晶层分裂区	204.0	158.9	8.4
	等轴晶区	234.5	197.2	10.0
2A10	晶层分裂区	154.0	123.6	12.0
	等轴晶区	163.8	129.5	18.0

3.14　粗大金属化合物

在低倍试片上呈针状、块状的凸起物，称为粗大金属化合物。

3.14.1　宏观组织特征

在铸锭低倍试片上为分散或聚集的针状或块状凸起物，边界清晰，有金属光泽，对光有选择性（如图 3-16*a*）。凸起的原因是化合物较基体抗碱溶液侵蚀，基体被侵蚀快，化合物被侵蚀慢，最后化合物在试片上比基体高而凸起。

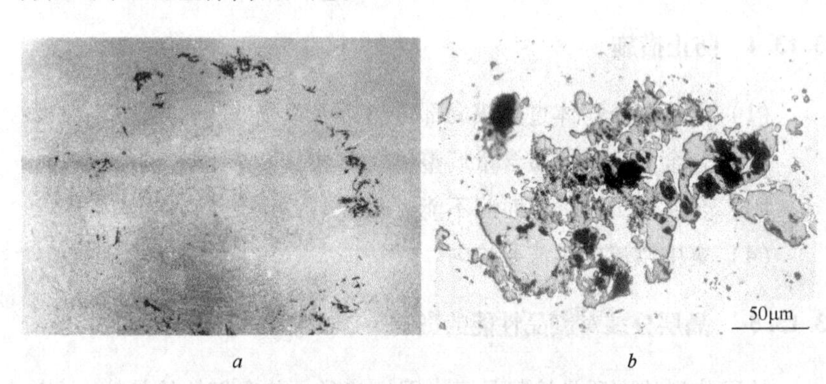

a　　　　　*b*

图 3-16　粗大金属化合物的组织特征

a—粗大化合物的宏观组织；*b*—粗大化合物的显微组织

断口组织特征为针状或块状晶体，有闪亮的金属光泽。

3.14.2 显微组织特征

尺寸粗大有棱角，每种化合物均有特定的形状和颜色，其尺寸比二次晶大几倍（图3-16*b*）。比如 $MnAl_6$ 的二次晶尺寸约10μm，而一次晶的粗大化合物尺寸为50～100μm。粗大化合物又硬又脆，对化学试剂有其独特的着色反应。铸锭加工变形后，粗大化合物多被破碎成小块，但小块尺寸仍比二次晶大得多。

3.14.3 形成机理

（1）在2×××、3×××、5×××、6×××和7×××系合金中，为达到抑制再结晶和使晶粒细化、提高金属强度和防止应力腐蚀裂纹等目的，添加了铁、锰、铬和锆等元素，如果成分选择不当或铸造工艺不当，添加元素达到生成初晶化合物的成分范围，铸锭的凝固温度处于化合物的生成范围，并有充足的生长时间，这些都为形成粗大金属化合物提供了生成条件。

（2）在凝固过程中，溶质再分配使局部元素富集，导致熔体成分不均，也给形成初晶化合物创造了条件。

（3）由于铁、锰等第三元素的加入，如果操作不当，在铸造漏斗的底部容易形成化合物晶核并长大，在漏斗底部悬挂着较大的初晶化合物。

（4）使用的中间合金中的粗大化合物初晶，在熔炼时没有熔化或没有全部熔化，铸造后也被保留下来。例如4A11合金是高硅铝合金，硅含量（质量分数）高达11%～13%，当中间合金中的初晶硅在熔炼时没有充分熔化时，粗大的初晶硅往往被保留在铸锭中。

通常，对于3A21合金，当锰含量（质量分数）为1.6%、铁含量（质量分数）为0.6%时，则出现 Al_6（MnFe）一次晶。对于2A70合金，当铁含量（质量分数）为1.6%，镍含量（质量分数）为1.5%时，则出现条形的 Al_9FeNi 一次晶。对于7A04合金，当锰铁及铬含量（质量分数）的总和高于1.2%时，则形成带圆孔的 Al_7Cr 一次晶。对于5A06合金，当铁含量（质量分数）高于0.15%时，则

形成长针状的 Al_3Ti 一次晶。

根据生成条件，粗大金属化合物的分布大多位于铸锭中心。

3.14.4 防止措施

（1）生成初晶化合物的元素含量不能超过生成初晶的界限；

（2）中间合金中的粗大化合物在熔炼时要充分熔解；

（3）提高铸造温度和铸造速度，适当延长熔炼时间；

（4）漏斗表面要光滑，导热要好，漏斗要充分预热，漏斗不能沉入熔体太深。

3.14.5 粗大金属化合物对制品性能的影响

粗大金属化合物又硬又脆，虽然没有破坏金属的连续性，但会严重破坏组织的均匀性。因其多数是难溶相，铸锭均火后尺寸仍然很大。虽然加工变形后多数被破碎，但尺寸仍然较大，变形过程中在粗大化合物与基体的界面产生很大的应力集中，制品受力时很容易产生裂纹，严重降低制品性能。当制品表面有粗大金属化合物时，又使腐蚀寿命大大降低。

根据对 3A21、2A70 和 7A04 合金有无粗大化合物的铸锭的性能测量（表 3-9），粗大化合物使铸锭力学性能下降，其中使塑性下降最多，特别是 3A21 合金下降得更加严重。

表 3-9 有无粗大化合物的铸锭的性能

合金	化合物正常			化合物粗大		
	$\sigma_{0.2}$/MPa	σ_b/MPa	δ/%	$\sigma_{0.2}$/MPa	σ_b/MPa	δ/%
3A21	127.4	91.1		143.1	113.7	5.4
2A70	269.5	213.6	4.0	229.3	203.8	2.2
7A04	243.0		1.2	245.9		0.3

3.15 裂纹

铸锭裂纹分为冷裂纹和热裂纹两种。铸锭冷凝后产生的裂纹称冷裂纹，冷凝时产生的裂纹称热裂纹。

3.15.1 冷裂纹

3.15.1.1 宏观组织特征

在铸锭低倍试片上呈平直的裂线，断口比较整齐，颜色鲜亮，呈亮灰色或浅灰色（图3-17），断口没有氧化。

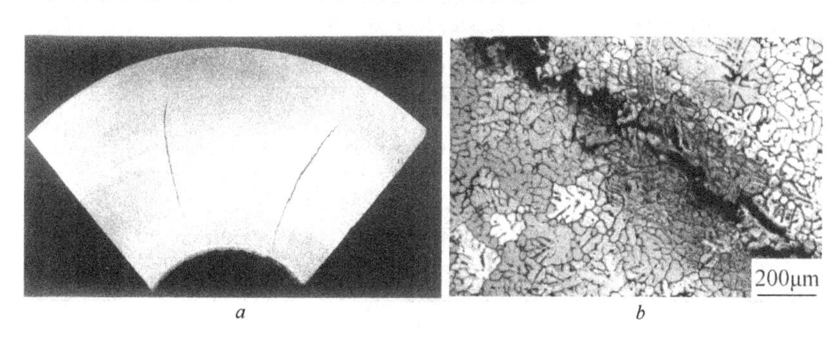

a　　　　*b*

图3-17　空心锭中的冷裂纹

a—冷裂纹的宏观组织；*b*—冷裂纹的显微组织

3.15.1.2 显微组织特征

裂纹不沿枝晶发展，横穿基体和枝晶网络，裂纹平直清晰。

3.15.1.3 冷裂纹形成机理及防止措施

铸造时凝固冷却过程中，铸锭内部由于冷却不均，产生极大不平衡应力。不平衡应力集中到铸锭的一些薄弱处会产生应力集中，当应力超过了金属的强度或塑性极限时，在薄弱处则产生裂纹。

冷裂纹多发生在高成分的大尺寸扁锭中，产生底裂、顶裂和侧裂，有时也发生在大直径圆锭中，开裂时常伴有巨大的响声，甚至造成事故。在铸锭均匀化退火后，由于内部的应力已经消除，不会再产生裂纹。

由于热裂纹对冷裂纹有很大影响，生产中有时发现由热裂纹引起冷裂纹的情况，因此两种裂纹产生的原因常常难以分辨，其中产生裂纹的敏感合金元素及杂质控制范围见表3-10。

表 3-10 易引起铸锭裂纹敏感的合金元素及杂质控制范围

合金牌号	合金元素及杂质控制范围（质量分数）/%	细化剂添加量（质量分数）/%
1070A、1060、1050A	Fe > Si, Si < 0.3, Fe > 0.3 + （0.2 ~ 0.5）	0.01 ~ 0.02Ti
3A21	Fe > Si, Si = 0.2 ~ 0.3, Fe + Mn ≤ 1.8, Fe = 0.3 ~ 0.4	0.03 ~ 0.06Ti
5A02, 5A05, 5A06	Fe > Si, Na < 10×10^{-4}	
2A11	Si > 0.6, Cu > 4.5, Zn < 0.2	0.01 ~ 0.04Ti
2A12	Fe > Si, Si < 0.35 Fe > 0.35 + （0.03 ~ 0.05）, Zn < 0.2	0.01 ~ 0.04Ti
2A50, 2B50, 2A70, 2A80, 2A90	Fe = Ni, 取成分下限。2A70, 2A80 的 Mn < 0.15, Fe > Si, Si < 0.25, Fe = 0.3 ~ 0.45	0.02 ~ 0.1Ti
7A04	扁锭：Mg = 2.6 ~ 2.75, Cu、Mn 取下限	

3.15.2 热裂纹

铸锭在冷凝时产生的裂纹，称为热裂纹。

3.15.2.1 宏观组织特征

在铸锭低倍试片上裂纹曲折而不平直，有时裂纹有分叉（图 3-18*a*, *b*）。断口处裂纹呈黄褐色和氧化色，颜色没有冷裂纹断口新鲜。一般在铸锭中心区出现。

3.15.2.2 显微组织特征

沿枝晶裂开并沿晶发展，在裂纹处经常有低熔点共晶填充物。热裂纹比冷裂纹细，没有冷裂纹好观察，特别是裂纹处有低熔点共晶填充物时，更要与正常低熔点共晶仔细区分，一般前者比后者尺寸小而分布致密（图 3-18*c*）。

3.15.2.3 热裂纹形成机理

热裂纹是一种普通又很难完全消除的铸造缺陷，除 Al - Si 合金外，几乎在所有的工业变形铝合金中都能发现。因为在固 - 液区内的金属塑性低，熔体结晶时体积收缩产生拉应力，当拉应力超过当时金属的强度，或收缩率大于伸长率时，则产生裂纹。当固液状态下其伸

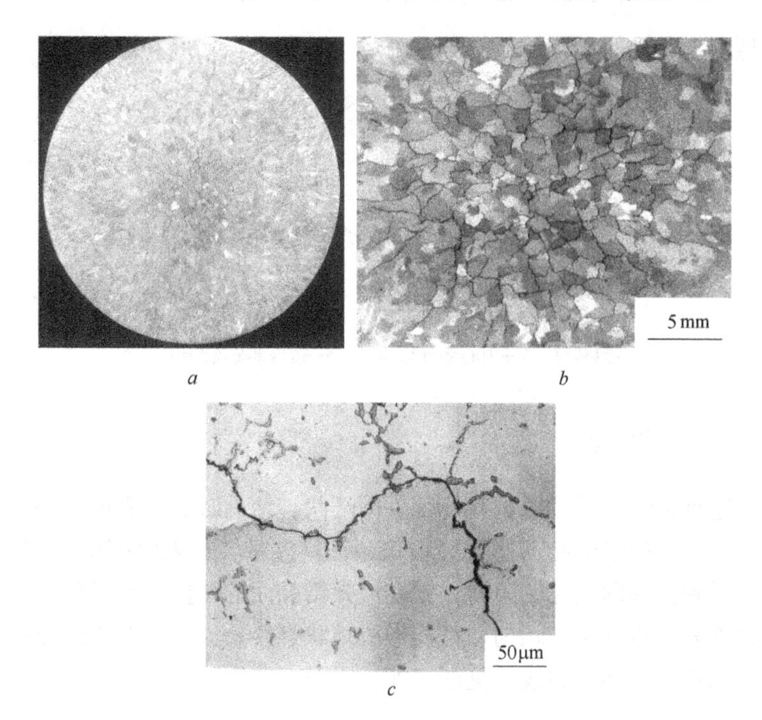

图 3-18 热裂纹的组织特征

a—热裂纹低倍组织；*b*—热裂纹处低倍组织的局部放大图；*c*—热裂纹显微组织

长率低于 0.3% 时，则产生热裂纹。热裂纹种类主要有表面裂纹、中心裂纹、放射状裂纹和浇口裂纹等。

3.15.2.4 防止措施

因热裂纹与冷裂纹产生的原因和机理常常难以分清，因此，其防止措施只能根据具体情况来作具体分析。

3.15.3 中心裂纹

中心裂纹可能是热裂纹，也可能是冷裂纹。它的产生原因是在铸锭凝固过程中，由于中心熔体结晶收缩受到外层完全凝固金属的阻碍，在铸锭中心产生抗应力，当拉应力超过当时金属的允许形变值时，便产生中心裂纹。在高成分合金铸锭中，这种裂纹大多是一种混合型裂纹，见图 3-19。

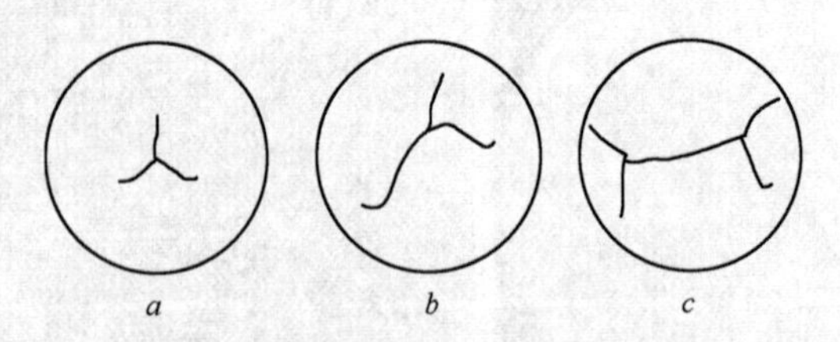

图 3-19 圆铸锭的中心裂纹及扩展

a—热裂纹；*b*—中心部分热裂纹；*c*—边缘部分冷裂纹

3.15.4 环状裂纹

这种裂纹是热裂纹，其特征为圆环状。结晶时已形成铸锭外壳层硬壳，而中间层的冷却速度又很快，在过渡带转折处收缩应力很大，收缩受到已凝固硬壳的阻碍，则在液穴结晶面的转折处形成裂纹。如果铸锭表面冷却比较均匀，可能形成环状裂纹，如果铸锭表面冷却不均，则形成半环状裂纹，见图 3-20。

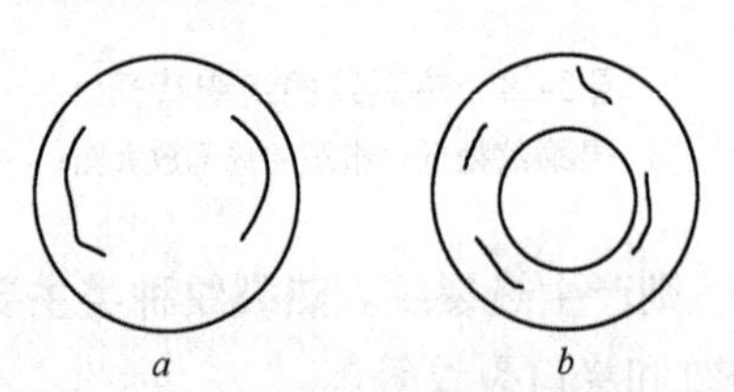

图 3-20 圆铸锭的环状裂纹

a—实心锭；*b*—空心锭

3.15.5 放射状裂纹

放射状裂纹又称径向裂纹，是由铸锭中心向外散射，像阳光向外散射一样，散射裂纹线相距较远，由铸锭中心附近向外散射，彼此相距愈来愈远，见图 3-21。

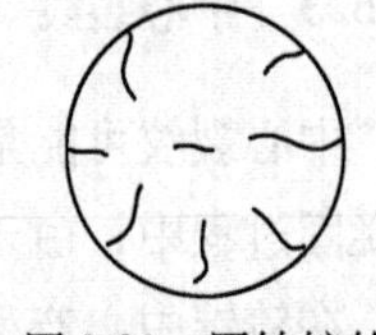

图 3-21 圆铸锭的径向（放射状）裂纹

放射状裂纹形成机理是由于中心结晶产生

收缩拉应力，拉应力受外层阻碍，当拉应力很大时，使已结晶的金属呈放射状裂开，使过大的拉应力得以释放。由于铸锭表面早已结晶，金属的强度超过应力数值，铸锭表面很难裂开。在形成放射状裂纹时，中心熔体还没有结晶，熔体立即将形成的裂纹间隙填充，在间隙处快冷结晶形成细小的枝晶。一般放射状裂纹不明显，往往没有破坏金属的连续性。

放射状裂纹多发生在空心铸锭中，在圆铸锭中也时有发生。空心锭产生该种裂纹的原因是铸锭内表面急剧冷却，芯子妨碍铸锭热收缩所致。

放射状裂纹为热裂纹。

3.15.6 表面裂纹

表面裂纹通常是热裂纹，裂纹产生在铸锭表面。在液穴底部高于铸锭直接水冷带时形成，其原因是铸造速度过小和结晶槽过高所致。当铸锭从结晶槽拉出来的瞬间，铸锭外层急剧冷却，收缩受到已经凝固的铸锭中心层阻碍，使外层产生拉应力而开裂。表面裂纹特征是裂纹沿铸锭表面纵向发展。适当提高铸造速度和减小结晶槽高度，可防止表面裂纹的产生。

3.15.7 横向裂纹

横向裂纹属于冷裂纹，多发生在2A12、7A04等硬铝合金大直径铸锭中，见图3-22。产生原因是铸锭直径大，铸造速度过小，轴向温度梯度大，沿铸锭的横截面开裂。合理控制合金成分，严格控制铸锭温度速度及冷却强度，可以消除或防止横向裂纹的产生。

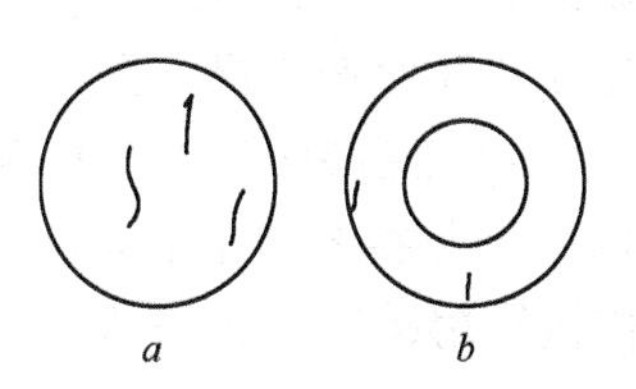

图3-22 圆铸锭的横向裂纹
a—实心锭；b—空心锭

3.15.8 底部裂纹

裂纹位于铸锭底部，产生的原因是与底部接触的铸锭下部冷却速度很快，而上层冷却速度较慢，使下层受拉应力。如果铸锭两端发生翘曲，当由热应力引起的铸锭变形大于铸锭所能承受的形变时，将在铸锭的底部引起裂纹。生产中底部裂纹大多由底部铺底铝处理不当而引起，底部裂纹多产生在扁锭中。

3.15.9 浇口裂纹

裂纹位于铸锭浇口中心，沿铸锭纵向向下延伸。产生的原因是在铸造末期，铸锭顶部金属凝固收缩时，在顶部产生拉应力，将刚结晶塑性很低的中心组织拉裂而产生裂纹。如果浇口区的金属在较高的温度已经形成了细小的热裂纹，在铸锭继续冷却过程中，应力以很大的冲击力使铸锭开裂。这种裂纹开裂有很大的危险性，不但容易使铸造工具破坏，还可能发生人身事故。生产中，浇口有夹渣、掉入漏斗底结物、水冷不均和回火处理不当等原因，都可能产生浇口裂纹。

浇口裂纹多产生在扁锭中。可根据其产生的原因，对症下药，加以消除。

3.15.10 晶间裂纹

在铸造塑性高的软合金时，如果化学成分和熔铸工艺控制不当，熔体结晶时产生粗大等轴晶、柱状晶或羽毛晶，收缩应力使塑性差的晶界裂开而产生晶间裂纹，这种裂纹的特征是都沿晶界开裂，见图3-23。严格控制合金的化学成分，严格执行熔铸工艺操作规程，可以消除晶间裂纹。

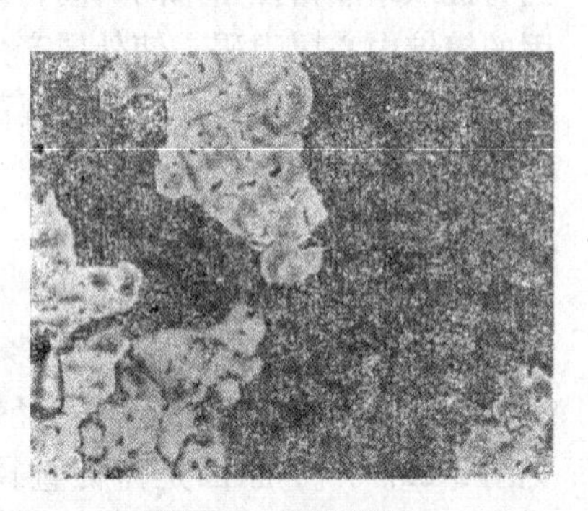

图 3-23 晶间裂纹

3.15.11 侧面裂纹

裂纹产生在扁铸锭的侧面，产生的原因是铸锭侧面冷却速度过大，外表层急剧收缩，已凝固的内层对收缩有阻碍，产生很大拉应力，使侧面金属产生裂纹。

为防止产生侧面裂纹，应适当提高铸造速度，提高小面水压，采用液面自动控制漏斗，严防产生冷隔，保证液流分布均匀，保证结晶槽工作面光洁。

3.16 冷隔

铸锭外表皮上存在的较有规律的金属重叠或靠近表皮内部形成的隔层，称为冷隔。

3.16.1 宏观组织特征

在铸锭表皮上呈近似圆形、半圆形或圆弧形不合层，不合层处金属呈沟状凹下。在低倍试片上组织有明显分层，分层处凹下形成沿铸锭外表面的圆弧状黑色裂纹（图3-24）。

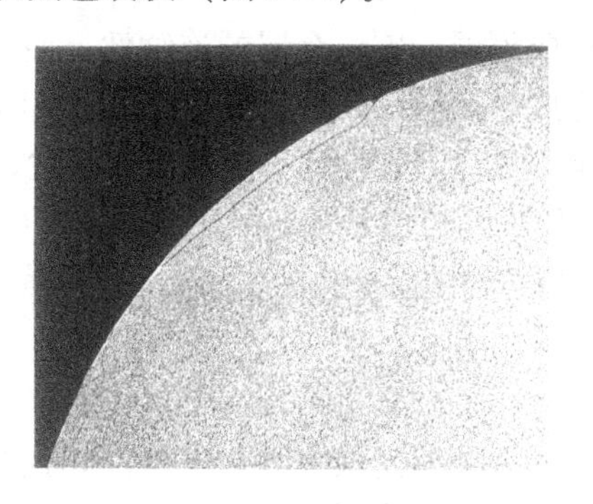

图3-24 圆铸锭冷隔宏观组织

3.16.2 显微组织特征

冷隔处为黑色裂纹，裂纹处有非金属夹杂，裂纹两边组织相近。

3.16.3 形成机理

由于铸造工艺不当，在熔体与结晶器接触的弯月面上，液穴内的金属不能均匀到达铸锭边部，在金属流量小的地方，熔体不能充分补充，该处的熔体温度很快下降，结晶成硬壳，硬壳与结晶器间产生空隙。当结晶槽中金属液面提高到足以克服表面张力并冲破表面氧化膜时，熔体流向已产生的空隙中，后来的熔体结晶与先结晶的已形成表面氧化膜的硬壳不能焊合。

扁铸锭因窄面冷却强度大，距离供应点远，冷隔首先在窄面形成。

3.16.4 防止措施

（1）提高铸造速度，增加熔体供流量；

（2）提高铸造温度，增加熔体的流动性；

（3）合理安放漏斗，防止液流不均；

（4）防止漏斗堵塞；

（5）采用液面自动控制装置，防止金属水平波动。

3.16.5 冷隔对制品性能的影响

冷隔使铸锭形成隔层，破坏金属的连续性，当该处应力很大时，常常引起扁铸锭形成侧面裂纹，引起圆铸锭形成横向裂纹。如果冷隔没有导致铸锭产生裂纹，因其破坏了金属的连续性，加工铸锭时也导致产生裂纹。为了保证加工质量和制品质量，生产中必须将冷隔全部去掉，冷隔愈深，铸锭的铣面量和车皮量愈大，使铸锭的成品率下降。

3.17 断流冷隔

在铸造过程中，因金属流供应不上造成组织不连续、铸锭表面横截面分层的现象，称为断流冷隔。

产生的原因：

（1）铸造时金属液面水平控制过低；

（2）铸造时漏金属；

（3）铸造时流口堵塞或冷凝、流口太小等，致使金属液流供应不上。

可针对上述产生的原因，采取相应措施，防止断流冷隔缺陷的产生。

3.18 竹节

由于铸造设备运转有问题，铸锭表面上形成“竹节”状现象。竹节经铸锭车皮可去掉。

产生的原因：

（1）铸造机运行不稳，有停顿现象；

（2）无导轨铸造机，导向滑轮上粘铝或其他杂物。

预防措施：保持铸造机运行平稳；改进铸造设备并按时调整与清理。

3.19 拉痕和拉裂

在铸锭表面纵向存在的条痕，称为拉痕。在铸锭表面横向存在的小裂口，称为拉裂。

3.19.1 组织特征

拉痕的组织特征为沿铸锭表面纵向分布的条痕，条痕凹下，深度很浅。显微组织与正常组织没有差别。

拉裂的组织特征为沿铸锭表面横向分布的小裂口，裂口断续，深度较拉痕深但有底，小裂口边界不整齐（图3-25）。

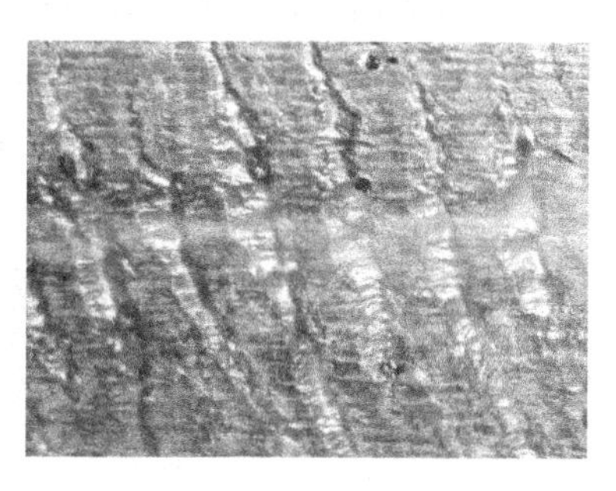

图3-25 扁铸锭拉裂

3.19.2 形成机理

拉痕与拉裂形成的机理相同，差别只是二者的程度不同。在熔体结晶后将铸锭从结晶槽向铸造井下拉时，由于在结晶槽内熔体刚结晶形成的金属凝壳强度较低，不足以抵抗铸锭和结晶槽工作面之间的摩擦力，铸锭表面则被拉出条痕，严重时将铸锭表面横向拉出裂口，再严重时可能将局部硬壳拉破，在裂口处产生流挂。

3.19.3 防止措施

（1）保证结晶器光滑和进行润滑，不允许有毛刺、水垢和划痕；

（2）结晶器要放正，防止铸锭下降时一边产生很大的摩擦力；

（3）适当降低铸造速度和铸造温度；

（4）铸锭均匀冷却，适当提高水压。

3.19.4　拉痕和拉裂对制品性能的影响

拉痕和拉裂破坏了铸锭表层组织的连续性，当深度不超过铸锭表面加工余量时，用铣面或车皮的办法可将其去掉；当深度很深时，应将铸锭报废。

3.20　竖道皱褶

铸锭宽面沿铸造方向出现的凹下的竖条状缺陷，称为竖道皱褶。宏观上主要存在于扁锭漏斗对应的两侧表面上。皱褶沿纵向发展，可能是连续的，也可能是断续的，长度和深度不等（见图3-26），皱褶严重时可导致裂纹。

图3-26　扁铸锭竖道皱褶

产生的原因：

（1）熔体中B元素含量高；

（2）铸造温度低；

（3）润滑不好。

防止措施：

（1）控制熔体中的B含量；

（2）合理控制铸造温度与速度；

（3）保持结晶器的光洁、平滑，并加强润滑。

3.21 弯曲

铸锭纵向轴线不成一条直线的现象，称为弯曲。

3.21.1 形成原因及防止措施

（1）结晶器安装不正或固定不牢，铸造时错动；

（2）铸造机导轨不正或固定不牢，铸造时底座移动，盖板不平使结晶器歪斜；

（3）结晶器变形，锥度不适当或表面粗糙度高；

（4）开始铸造时，底部跑溜子，使底部局部悬挂。

防止措施：根据形成原因采取相应的防止措施。

3.21.2 对制品性能的影响

弯曲主要是对工艺性能有不良影响，解决办法是：

（1）当弯曲不大时，可用车皮、铣面或矫直办法消除；

（2）当弯曲过大时，因无法进行加工变形，应将铸锭报废。

3.22 偏心

空心铸锭内外不同心的现象，称为偏心。

3.22.1 形成原因及防止措施

（1）芯子安装不正，铸造机下降时不平稳；

（2）铸造工具不符合要求。

防止措施：根据形成原因，采取相应的防止措施。

3.22.2 对制品性能的影响

偏心使空心锭壁厚不均，对铸锭工艺性能有严重影响。如果偏心不大，可用镗孔来矫正；如果偏心过大，应将铸锭报废。

3.23 尺寸不符

铸锭的实际尺寸不符合所要求的尺寸，称为尺寸不符。

形成原因：

(1) 铸造时流口堵尺不当；

(2) 结晶器设计不符合要求，或结晶器变形及长期使用磨损过大；

(3) 铸造行程指示器不准、损坏或失灵，不能正确指示铸造长度；

(4) 对各种流盘、流槽容量和各种规格铸锭的流量控制不当；

(5) 电器、机械设备发生故障，无法继续铸造；

(6) 铸造温度太低，铸造中喇叭嘴、流眼凝死，不能继续铸造；

(7) 铸空心锭时芯子偏斜或结晶器固定不牢，造成偏心。

防止措施：根据形成原因，采取相应的防止措施。

3.24 周期性波纹

铸锭横向表面存在的有规律的条带纹，称为周期性波纹。这种缺陷多产生在纯铝或3A21软合金铸锭表面。

形成原因：

(1) 铸造温度低，金属水平波动；

(2) 铸造速度慢，表面张力阻碍熔体流动；

(3) 铸造速度过快或结晶槽内金属液面过高，铸锭呈周期性摆动，使铸锭大面产生周期渗出物。

防止措施：将铸锭车皮或铣面，去掉周期性波纹。

3.25 枞树组织

在铸锭纵向剖面上，经阳极氧化后出现的花纹状组织，称为枞树组织。这种缺陷只产生在Al－Fe－Si系和Al－Mg－Fe－Si系合金中。

3.25.1 枞树组织的宏观组织特征

板材和挤压制品经阳极氧化后，在制品表面上呈条痕花样。

3.25.2 枞树组织的显微组织特征

对 Al－Fe－Si 系合金，铸锭边部外层为 $FeAl_3$ 相，相邻内层为 Al_6Fe 相。混合酸侵蚀后 $FeAl_3$ 相呈细条状或草叶状，色泽发黑；$FeAl_6$ 相较粗大，呈灰色，不易受侵蚀。

对 Al－Mg－Fe－Si 系合金，外部是 Al_nFe 相，而内部是 Al_6Fe + Al_3Fe 相，两层组织相形状和尺寸有差别。

3.25.3 枞树组织的形成机理

由于 Al－Fe 化合物的形成受冷却速度的影响很大，冷却速度不同，形成的相也不同。从铸锭表面向铸锭中心冷却速度递降，在铸锭边部冷却速度变化最大，相应在边部形成的相组成也不同。因为铝铁化合物的电化学性质不同，在阳极氧化时各相的电化学反应也不同，其色调也不同，最后在两层组织处形成枞树花样。

3.25.4 枞树组织的防止措施

（1）控制好铸造速度；

（2）适当调节化学成分。

3.26 表面气泡

铸锭均匀化热处理后，有时在表面形成的鼓包，称为表面气泡。

3.26.1 宏观组织特征

在铸锭表面上为分散的鼓包，鼓包内为空腔，放大倍数观察空腔内壁有闪亮的金属光泽。

3.26.2 显微组织特征

气泡空腔附近有疏松和均火后残存的枝晶组织，气泡内壁对应位置的枝晶组织有对应性。用电子显微镜观察，气泡内壁有梯田花样，表明气泡以疏松为核心形成。

3.26.3　形成机理

铸锭表面气泡不是铸造后就存在，而是在铸锭均匀化退火后才出现，好像这不属于冶金缺陷，其实正是由于铸锭中氢含量过高所致。

熔炼过程中，由于除气不彻底，将熔体中残存的过多气体（主要是氢气）保留在铸锭内。氢含量过高时在铸锭内形成气泡，氢含量较高时形成疏松。

铸锭的表面气泡除与铸锭内的氢含量有关外，还与铸造时的冷却速度和均匀化温度有关，根据对 Al－Mg－Si 合金的研究，当铸锭中氢含量相同时，铸造冷却速度愈快，均火温度愈高，在铸锭表面愈容易生成气泡。不管铸造冷却速度如何，铸锭中氢含量愈高，生成表面气泡的均火温度愈低（表 3-11）。

表 3-11　6063 合金铸锭氢含量、冷却速度、均火温度与表面气泡的关系

均火温度/℃	铸锭冷却速度	熔体氢含量/mL·(100gAl)$^{-1}$			
		0.142	0.174	0.192	0.280
530	慢冷 快冷				
540	慢冷 快冷				气泡
550	慢冷 快冷			气泡	气泡
560	慢冷 快冷		气泡	气泡	气泡
570	慢冷 快冷	气泡	气泡	气泡	气泡
580	慢冷 快冷	气泡	气泡	气泡	气泡

除铸锭外，加工制品如板材和挤压制品等，在热处理时也能在其表面上生成气泡。除与铸锭生成气泡有关外，还与热处理炉内湿度过

大有关。因为水蒸气与铝表面反应生成原子氢，氢原子半径很小，沿着晶界和晶格间隙扩散进入金属表层内。当炉内温度降低时，由于炉内氢浓度很低，氢又从固溶体内析出，压力达到几个大气压，将表面金属鼓起形成气泡。这种气泡是由环境氢引起的，气泡尺寸比铸锭内部氢引起的气泡尺寸小，一般为0.1~1mm，且气泡尺寸较均匀。

3.26.4 表面气泡防止措施

（1）熔体加强除气精炼，尽量降低铸锭的氢含量；
（2）制品热处理时温度不能太高，时间也不能过长；
（3）热处理炉内湿度不能过高；
（4）铸造、制品和器具等要干燥。

3.26.5 表面气泡对制品性能的影响

表面气泡会破坏表皮组织的连续性，铸锭要车皮和铣面，板材和锻件表面气泡的深度应不超过公差余量之半。

4 铝合金管、棒、型、线材缺陷分析与质量控制

管材、棒材、型材和线材的加工方法较多，生产中根据不同的品种、规格采用不同的加工方法。常用的加工方法有挤压法、轧制法和拉伸法。由于品种多，规格范围广，形状复杂，工序多，技术要求高，因此，在生产过程中，不可避免地会出现缺陷，甚至废品。而不同加工方法之间产生的缺陷在种类、特征和形成机理上，既有相同或相似的，也有完全不同的。这些加工缺陷对产品的质量会产生较大的影响，因此加强对缺陷的检查和控制，对提高产品的质量具有极其重要的意义。本章着重介绍在变形铝合金挤压、冷轧和冷拔工序中常见缺陷的组织特征、形成机理和消除方法。

4.1 挤压工序的主要缺陷分析及质量控制方法

4.1.1 缩尾

在某些挤压制品的尾端，经低倍检查，在截面的中间部位有不合层形似喇叭状现象，称为缩尾。经常可以见到一类缩尾或二类缩尾两种情况。一类缩尾位于制品的中心部位，呈皱褶状裂缝或漏斗状孔洞（图 4-1）。二类缩尾位于制品半径 1/2 区域，呈环状或月牙状裂缝（见图 4-2*a*、*b*）。有时在离制品表面层 0.5 ~ 2mm 处出现连续的或不连续的不合层裂纹或裂纹痕迹，有人把它称为第三类缩尾。

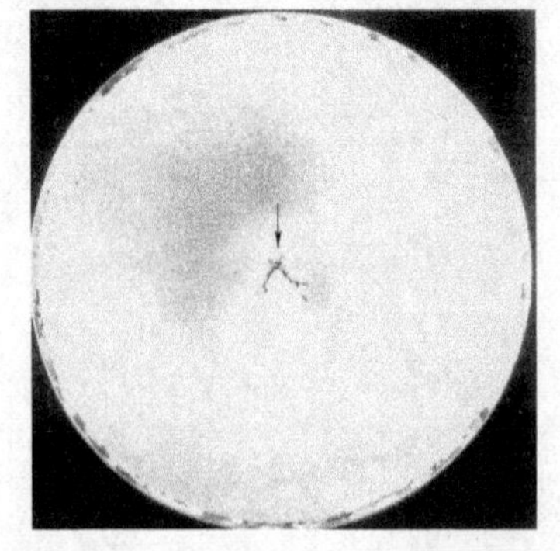

图 4-1 铝合金挤压棒材中的一次缩尾

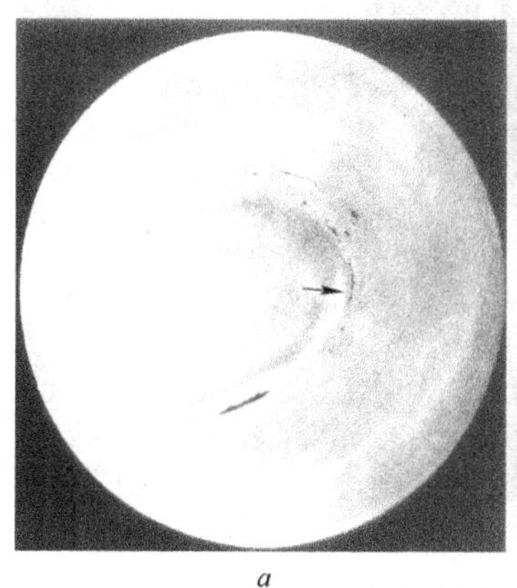

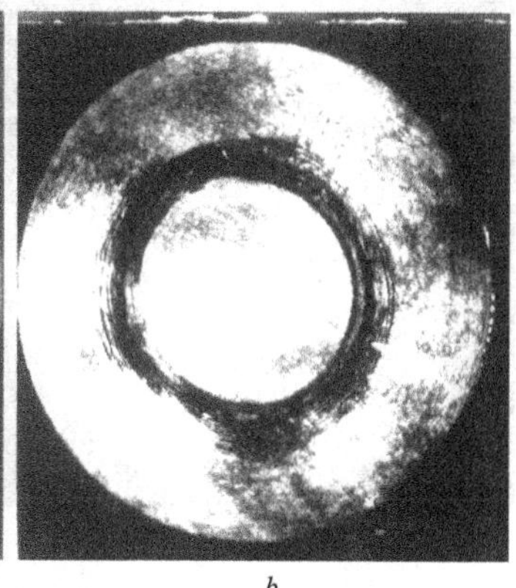

a *b*

图4-2 铝合金挤压棒材中的二次缩尾

a—多孔挤压棒材；*b*—单孔挤压棒材

一般正向挤压制品的缩尾比反向挤压的长，软合金比硬合金的长。正向挤压制品的缩尾多表现为环形不合层，反向挤压制品的缩尾多表现为中心漏斗（空穴）状。

金属挤压到后端，堆积在挤压筒死角或垫片上的铸锭表皮和外来夹杂物流入制品中形成二次缩尾；当残料留得过短，制品中心补缩不足时，则形成一类缩尾。从尾端向前，缩尾逐渐变轻以至完全消失。

在试片上常出现发亮的环状条纹，并未开裂，称为缩尾痕迹（图4-3*a*、*b*），不认为是缺陷。

4.1.1.1 缩尾的主要产生原因

（1）残料留得过短或制品切尾长度不符合规定；

（2）挤压垫不清洁，有油污；

（3）挤压后期，挤压速度过快或突然增大；

（4）使用已变形的挤压垫（中间凸起的垫）；

（5）挤压筒温度过高；

（6）挤压筒和挤压轴不对中；

（7）铸锭表面不清洁，有油污，未车去偏析瘤和折叠等缺陷；

（8）挤压筒内套不光洁或变形，未及时用清理垫清理内衬。

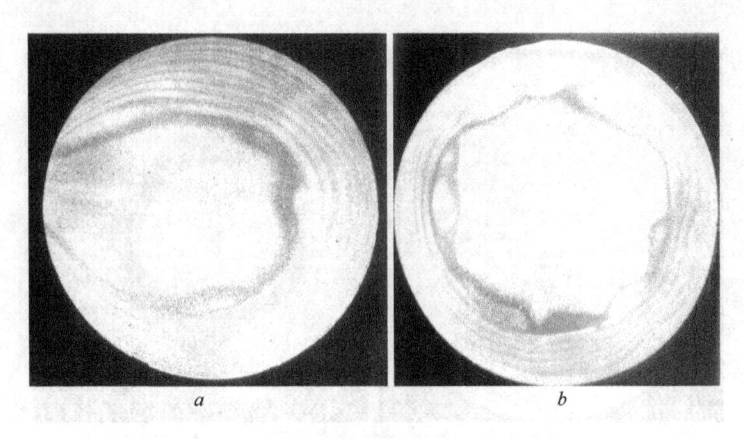

图 4-3　铝合金挤压棒材中的缩尾痕迹
a—多孔挤压棒材；*b*—单孔挤压棒材

4.1.1.2　防止方法

（1）按规定留残料和切尾；

（2）保持工模具清洁干净；

（3）提高铸锭的表面质量；

（4）合理控制挤压温度和速度，要平稳挤压；

（5）除特殊情况外，严禁在工、模具表面抹油；

（6）垫片适当冷却。

4.1.2　粗晶环

有些铝合金的挤压制品在固溶处理后的低倍试片上，沿制品周边形成粗大再结晶晶粒组织区，称为粗晶环。由于制品外形和加工方式不同，可形成环状、弧状及其他形状的粗晶环（见图 4-4）。粗晶环的深度由尾端向前端逐渐减小以至完全消失。其形成机理是由热挤压后在制品表层形成的亚晶粒区，加热固溶处理后形成粗大的再结晶晶粒区。

4.1.2.1　主要的产生原因

（1）挤压变形不均匀；

（2）热处理温度过高，保温时间过长，使晶粒长大；

（3）合金化学成分不合理；

（4）一般的可热处理强化合金经热处理后都有粗晶环产生，尤其是6A02、2A50等合金的型、棒材最为严重，不能消除，只能控制在一定范围内；

（5）挤压变形小或变形不充分，或处于临界变形范围，易产生粗晶环。

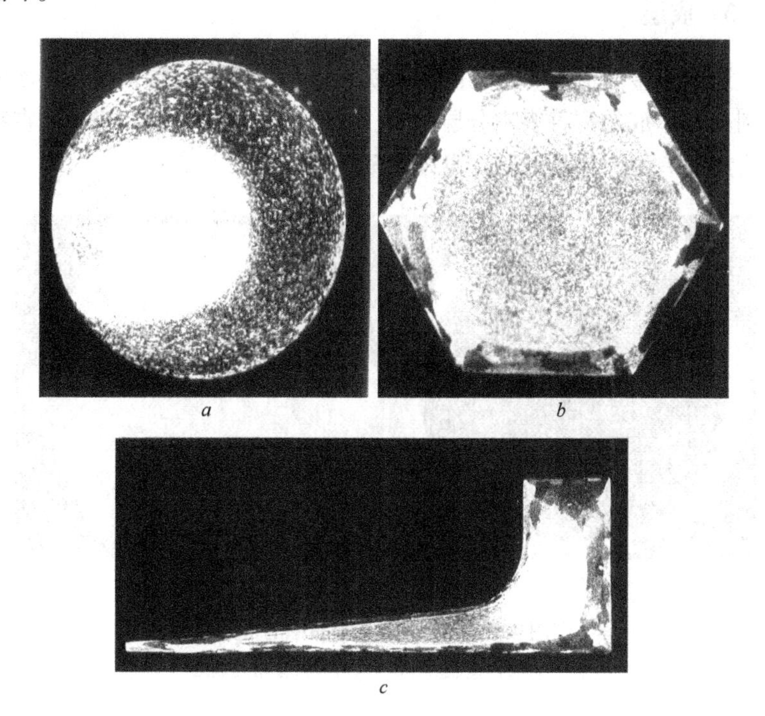

图4-4　铝合金挤压制品中的粗晶环

a—多孔挤压棒材；*b*—单孔挤压六角棒材；*c*—型材

4.1.2.2　防止方法

（1）挤压筒内壁光洁，形成完整的铝套，减小挤压时的摩擦力；

（2）变形尽可能充分和均匀，合理控制温度、速度等工艺参数；

（3）避免固溶处理温度过高或保温时间过长；

（4）用多孔模挤压；

（5）用反挤压法和静挤压法挤压；

(6) 用固溶处理－拉拔－时效法生产；

(7) 调整合金成分，增加再结晶抑制元素；

(8) 采用较高的温度挤压；

(9) 某些合金铸锭不均匀化处理，在挤压时粗晶环较浅。

4.1.3 成层

这是在金属流动较均匀时，铸锭表面沿模具和前端弹性区界面流入制品而形成的一种表皮分层缺陷。在横向低倍试片上，表现为在截面边缘部有不合层的缺陷，见图 4-5。

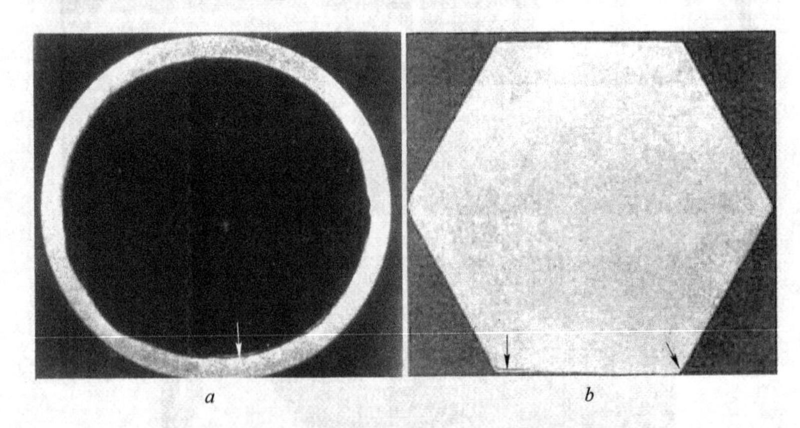

a *b*

图 4-5 铝合金挤压制品中的成层

a—管材内壁成层；*b*—六角棒材棱角处成层

4.1.3.1 主要的产生原因

(1) 铸锭表面有尘垢或铸锭有较大的偏析聚集物而不车皮，金属瘤等易产生成层；

(2) 毛坯表面有毛刺或粘有油污、锯屑等脏物，挤压前没有清理干净；

(3) 挤压工具磨损严重或挤压筒衬套内有脏物，清理不干净，且不及时更换；

(4) 模孔位置不合理，靠近挤压筒边缘；

(5) 挤压垫直径差过大；

（6）挤压筒温度比铸锭温度高得太多。

4.1.3.2 防止方法

（1）合理设计模具，及时检查和更换不合格工具；

（2）不合格的铸锭不装炉；

（3）剪切残料后，应清理干净，不得粘润滑油；

（4）保持挤压筒内衬完好，或用垫片及时清理内衬。

4.1.4 焊合不良

用分流模挤压的空心制品在焊缝处表现的焊缝分层或没有完全焊合的现象，称为焊合不良，见图4-6。

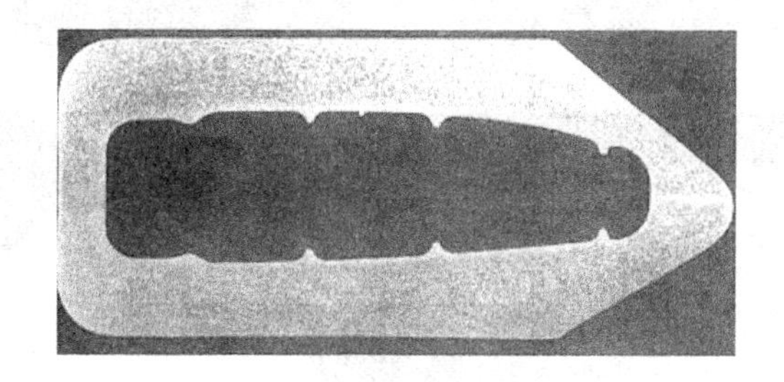

图4-6 焊合不良

4.1.4.1 主要的产生原因

（1）挤压系数小，挤压温度低，挤压速度快；

（2）挤压毛料或工具不清洁；

（3）型模涂油；

（4）模具设计不当，静水压力不够或不均衡，分流孔设计不合理；

（5）铸锭表面有油污。

4.1.4.2 防止方法

（1）适当增加挤压系数、挤压温度、挤压速度；

（2）合理设计、制造模具；

（3）挤压筒、挤压垫片不涂油，保持干净；

（4）采用表面清洁的铸锭。

4.1.5 挤压裂纹

这是在挤压制品横向试片边缘呈小弧状开裂，沿其纵向具有一定角度周期性开裂，轻时隐于表皮下，严重时外表层形成锯齿状开裂，会严重地破坏金属连续性（图 4-7）。挤压裂纹由挤压过程中金属表层受到模壁过大周期性拉应力被撕裂而形成。

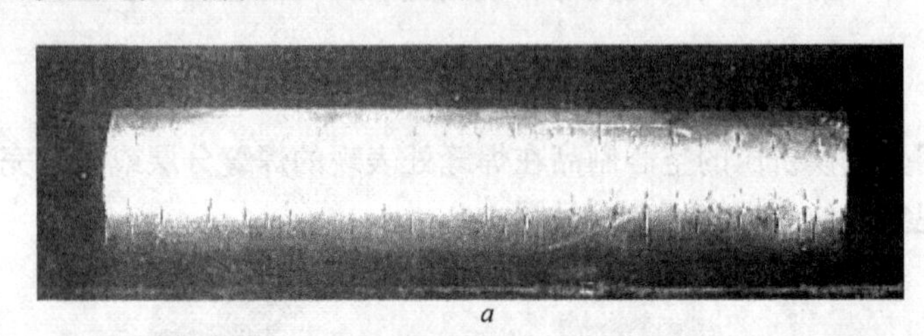

a

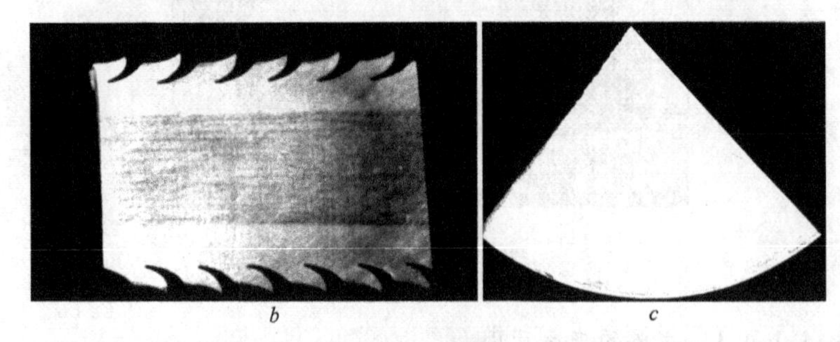

b *c*

图 4-7 挤压裂纹

a—棒材挤压裂纹表面形貌；*b*—棒材纵向低倍上的挤压裂纹；
c—棒材横向低倍上的挤压裂纹（未扩展到表面）

4.1.5.1 主要的产生原因

（1）挤压速度过快；

（2）挤压温度过高；

（3）挤压速度波动太大；

（4）挤压毛料温度过高；

（5）多孔模挤压时，模具排列太靠近中心，使中心金属供给量不足，以致中心与边部流速差太大；

（6）铸锭均匀化退火不好。

4.1.5.2 防止方法

（1）严格执行各项加热和挤压规范；

（2）经常巡回检测仪表和设备，以保证正常运行；

（3）修改模具设计、精心加工，特别是模桥、焊合室和棱角半径等处的设计要合理；

（4）在高镁铝合金中尽量减少钠含量；

（5）铸锭进行均匀化退火，提高其塑性和均匀性。

4.1.6 气泡

局部表皮金属与基体金属呈连续或非连续分离，表现为圆形单个或条状空腔凸起的缺陷，称为气泡，见图4-8。

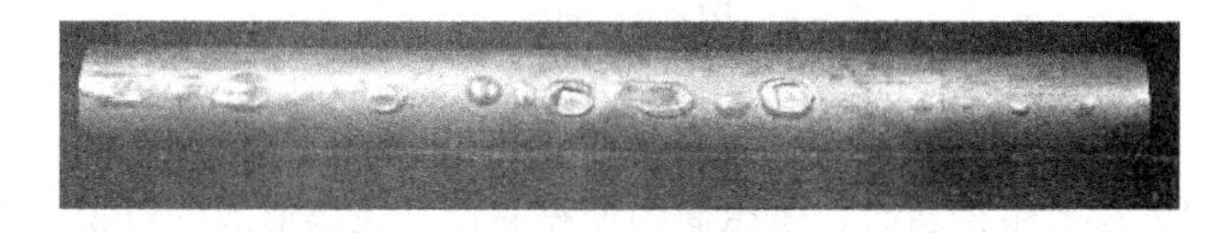

图4-8 气泡

4.1.6.1 主要的产生原因

（1）挤压时挤压筒和挤压垫带有水分、油等脏物；

（2）由于挤压筒磨损，磨损部位与铸锭之间的空气在挤压时进入金属表面；

（3）润滑剂中有水分；

（4）铸锭组织本身有疏松、气孔缺陷；

（5）热处理温度过高，保温时间过长，炉内气氛湿度大；

（6）制品中氢含量过高；

（7）挤压筒温度和铸锭温度过高。

4.1.6.2 防止方法

（1）工具、铸锭表面保持清洁、光滑和干燥；

（2）合理设计挤压筒和挤压垫片的配合尺寸，经常检查工具尺寸，挤压筒出现大肚时要及时修理，挤压垫不能超差；

（3）保证润滑剂清洁干燥；

（4）严格遵守挤压工艺操作规程，及时排气，正确剪切，不抹油，彻底清除残料，保持坯料和工模具干净，不被污染。

4.1.7　起皮

这是铝合金挤压制品表皮金属与基体金属间产生局部离落的现象，见图4-9。

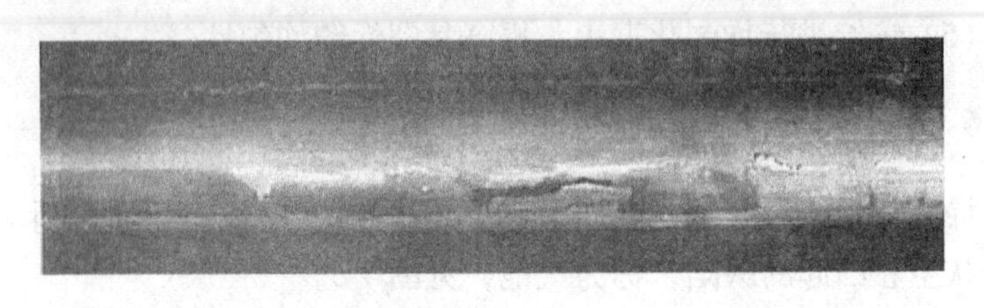

图4-9　起皮

4.1.7.1　主要的产生原因

（1）换合金挤压时，挤压筒内壁粘有原来金属形成的衬套，清理不干净；

（2）挤压筒与挤压垫配合不适当，在挤压筒内壁衬有局部残留金属；

（3）采用润滑挤压筒挤压；

（4）模孔上粘有金属或模子工作带过长。

4.1.7.2　防止方法

（1）更换合金挤压时要彻底清理挤压筒；

（2）合理设计挤压筒和挤压垫片的配合尺寸，经常检查工具尺寸，挤压垫不能超差；

（3）及时清理模具上的残留金属。

4.1.8　划伤

因尖锐的物品（如设备或工模具上的尖锐物、金属屑等）与制品表面接触，在相对滑动时所造成的呈单条状分布的机械伤痕，称为划伤，见图4-10。

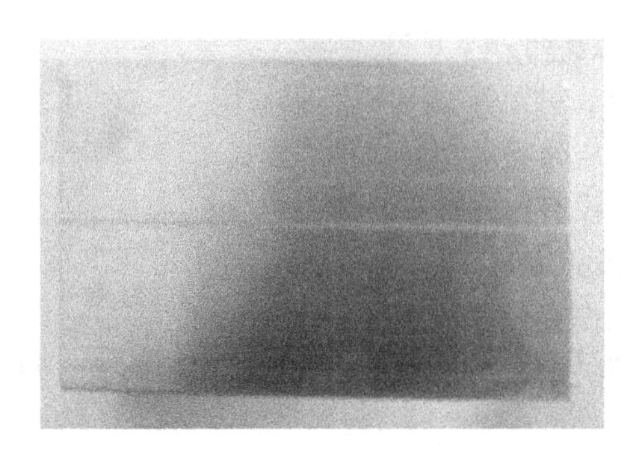

图4-10 划伤

4.1.8.1 主要的产生原因

（1）工具装配不正，导路、工作台不平滑，有尖角或有异物等；

（2）模子工作带上粘有金属屑或模具工作带损坏；

（3）润滑油内有砂粒或碎金属屑；

（4）运输过程中操作不当，吊具不合适。

4.1.8.2 防止方法

（1）及时检查和抛光模具工作带；

（2）检查制品流出通道，应光滑，可适当润滑导路；

（3）防止搬运中的机械擦碰和划伤。

4.1.9 磕碰伤

制品间或制品与其他物体发生碰撞而在其表面形成的伤痕，称为磕碰伤，见图4-11。

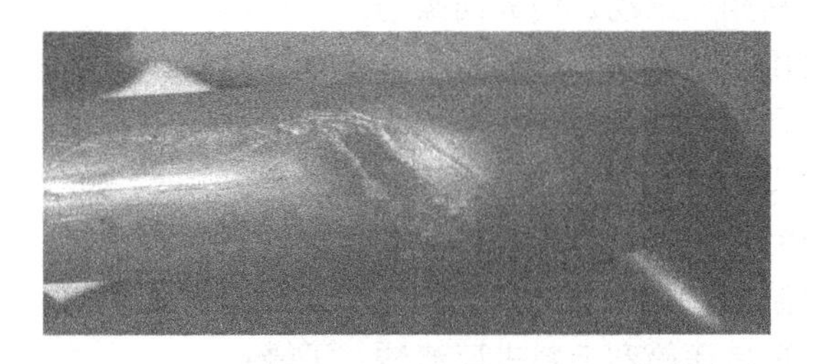

图4-11 磕碰伤

4.1.9.1 主要的产生原因

(1) 工作台、料架等结构不合理;

(2) 料筐、料架等对金属保护不当;

(3) 操作时没有注意轻拿轻放。

4.1.9.2 防止方法

(1) 精心操作，轻拿轻放;

(2) 打磨掉尖角，用垫木和软质材料包覆料筐、料架。

4.1.10 擦伤

挤压制品表面与其他物体的棱或面接触后发生相对滑动或错动而在制品表面造成的成束(或组)分布的伤痕，称为擦伤，见图4-12。

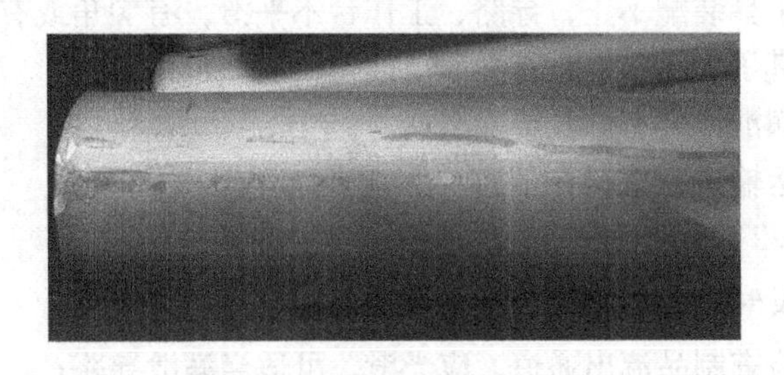

图4-12 擦伤

4.1.10.1 主要的产生原因

(1) 模具磨损严重;

(2) 因铸锭温度过高，模孔粘铝或模孔工作带损坏;

(3) 挤压筒内落入石墨及油等脏物;

(4) 制品相互窜动，使表面擦伤;

(5) 挤压流速不均，造成制品不按直线流动，致使料与料或料与导路、工作台擦伤。

4.1.10.2 防止方法

(1) 及时检查、更换不合格的模具;

(2) 控制毛料加热温度;

(3) 保证挤压筒和毛料表面清洁、干燥;

(4) 控制好挤压速度，保证速度均匀。

4.1.11 模痕

这是挤压制品表面纵向凸凹不平的痕迹，所有挤压制品都存在程度不同的模痕，见图4-13。

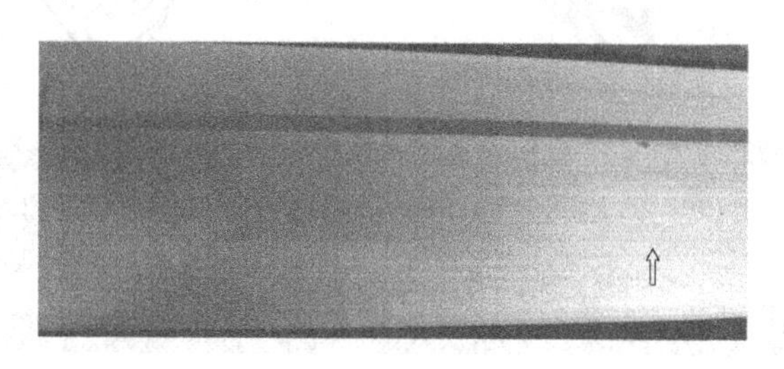

图4-13 模痕

4.1.11.1 主要的产生原因

主要原因：模具工作带无法达到绝对的光滑。

4.1.11.2 防止方法

（1）保证模具工作带表面光洁、平滑，无尖棱；

（2）合理氮化处理，保证高的表面硬度；

（3）正确地修模；

（4）合理地设计工作带，工作带不能过长。

4.1.12 扭拧、弯曲、波浪

挤压制品横截面沿纵向发生角度偏转的现象，称为扭拧，见图4-14*a*。制品沿纵向呈现弧形或刀形不平直的现象，称为弯曲，见图4-14*b*。制品沿纵向发生的连续起伏不平的现象，称为波浪，见图4-14*c*。

4.1.12.1 主要的产生原因

（1）模孔设计排列不好，或工作带尺寸分配不合理；

（2）模孔加工精度差；

（3）未安装合适的导路；

（4）修模不当；

（5）挤压温度和速度控制不当；

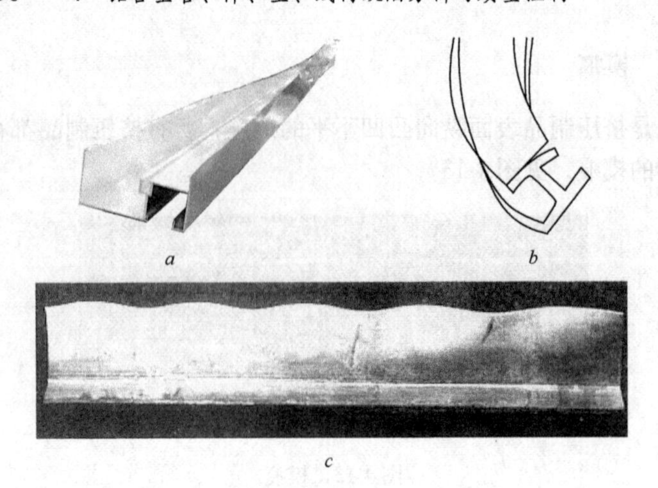

图 4-14　扭拧、弯曲、波浪

a—扭拧；*b*—弯曲；*c*—波浪

（6）制品固溶处理前未进行预先矫直；

（7）在线热处理时冷却不均匀。

4.1.12.2　防止方法

（1）提高模具设计、制造水平；

（2）安装合适的导路，牵引挤压；

（3）用局部润滑、修模加导流或改变分流孔设计等来调节金属流速；

（4）合理调整挤压温度和速度，使变形更均匀；

（5）适当降低固溶处理温度或提高固溶处理用的水温；

（6）在线淬火时保证冷却均匀。

4.1.13　硬弯

挤压制品的长度方向上某处的突然弯曲（曲率半径很小），称为硬弯，见图 4-15。

4.1.13.1　主要的产生原因

（1）挤压速度不均，由低速突然变高速，或由高速突然变低速，以及突然停车等；

（2）在挤压过程中硬性搬动制品；

图 4-15 硬弯

(3) 挤压机工作台面不平。

4.1.13.2 防止方法

(1) 不要随便停车或突然改变挤压速度;

(2) 不要用手突然搬动型材;

(3) 保证出料台平整和出料辊道平滑、无异物，使制品畅通无阻。

4.1.14 麻面（表面粗糙）

这是挤压产品的表面缺陷，是指制品表面呈细小的凸凹不平的连续的片状、点状的擦伤、麻点、金属豆等。

因呈大片的金属豆（毛刺）、小划道而使制品表面不光滑，每个金属豆（挤压方向）的前面有一个小划道，划道的末端积累成金属豆，见图 4-16。

图 4-16 麻面

4.1.14.1　主要的产生原因

（1）模具硬度不够或软硬不均（氮化处理不良）；

（2）挤压温度过高；

（3）挤压速度过快；

（4）模子工作带过长、粗糙或粘有金属；

（5）挤压毛料太长。

4.1.14.2　防止方法

（1）提高模具工作带硬度和硬度均匀性；

（2）按规程加热挤压筒和铸锭，采用适当的挤压速度；

（3）合理设计模具，降低工作带表面粗糙度，加强表面检查、修理和抛光；

（4）采用合理的铸锭长度。

4.1.15　金属压入

挤压生产过程中会将金属碎屑压入制品的表面，称为金属压入，见图 4-17。

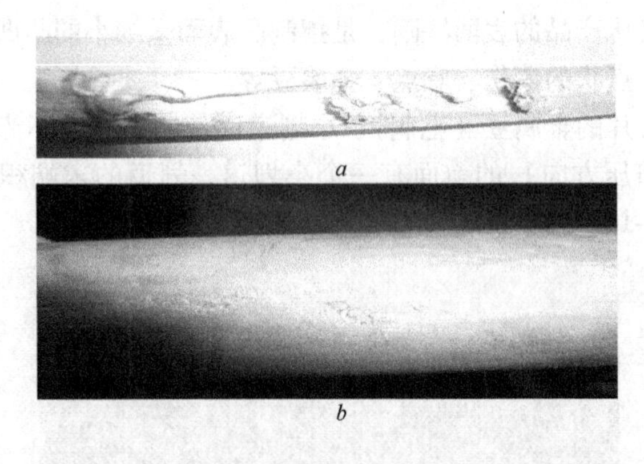

图 4-17　金属压入
a—外来金属压入；*b*—自身金属压入

4.1.15.1　主要的产生原因

（1）毛料端头有毛刺；

（2）毛料内表面粘有金属或润滑油内含有金属碎屑等脏物；

（3）挤压筒未清理干净，有其他金属杂物；

（4）铸锭硌入其他金属异物；

（5）毛料中有夹渣。

4.1.15.2 防止方法

（1）清除毛料上的毛刺；

（2）保证毛料表面和润滑油内清洁、干燥；

（3）清理掉模具和挤压筒内的金属杂物；

（4）选用优质毛料。

4.1.16 非金属压入

挤压制品内、外表面压入石墨等异物，称为非金属压入。异物刮掉后制品内表面呈现大小不等的凹陷，会破坏制品表面的连续性。

4.1.16.1 主要的产生原因

（1）石墨粒度粗大或结团，含有水分或油搅拌不匀；

（2）汽缸油的闪点低；

（3）汽缸油与石墨配比不当，石墨过多。

4.1.16.2 防止方法

（1）采用合格的石墨，保持干燥；

（2）过滤和使用合格的润滑油；

（3）控制好润滑油和石墨的比例。

4.1.17 表面腐蚀

未经过表面处理的挤压制品，其表面与外界介质发生化学或电化学反应后，引起表面局部破坏而产生的缺陷，称为表面腐蚀。被腐蚀制品表面失去金属光泽，严重时在表面产生灰白色的腐蚀产物，见图4-18。

4.1.17.1 主要的产生原因

（1）制品在生产和储运过程中接触水、酸、碱、盐等腐蚀介质，或在潮湿气氛中长期停放；

（2）合金成分配比不当。

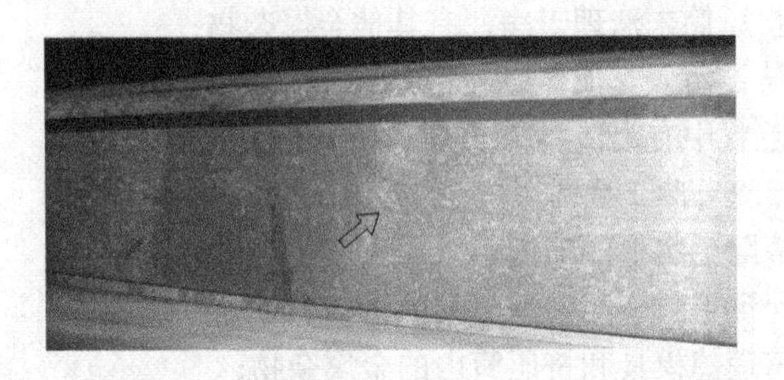

图 4-18　表面腐蚀

4.1.17.2　防止方法

（1）保持制品表面和生产、存放环境的清洁、干燥；

（2）控制合金中元素的含量。

4.1.18　橘皮

挤压制品表面出现像橘皮一样凹凸不平的皱褶，又称表面皱褶，见图 4-19。它是由挤压时晶粒粗大引起的，晶粒越粗大，皱褶越明显。挤压后制品拉伸矫直时可清晰地看到。

图 4-19　橘皮

4.1.18.1　主要的产生原因

（1）铸锭组织不均匀，均匀化处理不充分；

（2）挤压条件不合理，造成制品晶粒粗大；

（3）拉伸矫直量过大。

4.1.18.2 防止方法

(1) 合理控制均匀化处理工艺；

(2) 变形尽可能均匀（控制挤压温度、速度等）；

(3) 控制拉矫量不要过大。

4.1.19 凹凸不平

挤压后制品在平面上厚度发生变化的区域出现凹陷或凸起，一般用肉眼观察不出来，通过表面处理后显现明细暗影或骨影。

4.1.19.1 主要的产生原因

(1) 模具工作带设计不当，修模不到位；

(2) 分流孔或前置室大小不合适，交叉区域型材拉或胀的力导致平面发生微小变化；

(3) 冷却过程不均匀，厚壁部分或交叉部分冷却速度慢，导致平面在冷却过程中收缩变形程度不一；

(4) 由于厚度相差悬殊，厚壁部位或过渡区域组织与其他部位组织差异增大。

4.1.19.2 防止方法

(1) 提高模具设计制造和修模水平；

(2) 保证冷却速度均匀。

4.1.20 振纹

这是挤压制品表面横向的周期性条纹缺陷。其特征为制品表面呈横向连续周期性条纹，条纹曲线与模具工作带形状相吻合，严重时有明显凹凸手感。振纹见图 4-20。

4.1.20.1 主要的产生原因

(1) 因设备原因造成挤压轴前进抖动，导致金属流出模孔时抖动；

(2) 因模具原因造成金属流出模孔时抖动；

(3) 模具支撑垫不合适，模具刚度不佳，在挤压力波动时产生抖动。

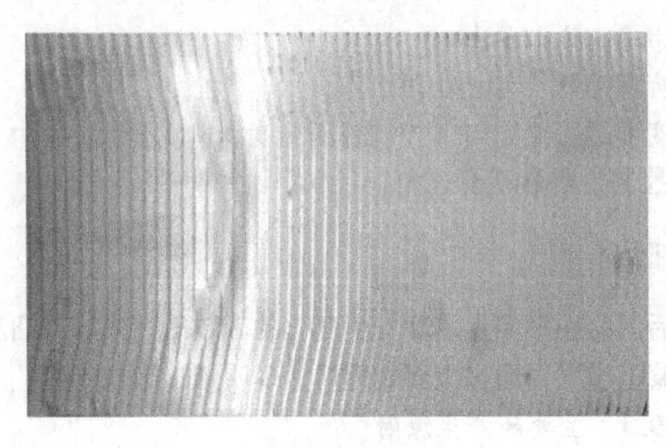

图 4-20　振纹

4.1.20.2　防止方法

(1) 采用合格的模具；

(2) 模具安装时要采用合适的支撑垫；

(3) 调整好设备。

4.1.21　夹杂

4.1.21.1　主要的产生原因

由于挤压坯料带有金属或非金属夹杂，在上道工序未被发现，在挤压后残留在制品表面或内部，见图 4-21。

图 4-21　夹杂

4.1.21.2　防止方法

加强对坯料的检查（包括超声波检查），以杜绝含有金属或非金属夹杂的铸坯进入挤压工序。

4.1.22　水痕

制品表面的浅白色或浅黑色不规则的水线痕迹，称为水痕。

4.1.22.1　主要的产生原因

(1) 清洗后烘干不好，制品表面残留水分；

（2）淋雨等原因造成制品表面残留水分，未及时处理干净；

（3）时效炉的燃料含水，水分在制品时效后的冷却中凝结在制品表面上；

（4）时效炉的燃料不干净，制品表面被燃烧后的二氧化硫腐蚀或被灰尘污染；

（5）淬火介质被污染。

4.1.22.2　防止方法

（1）保持制品表面干燥、清洁；

（2）控制好时效炉燃料的含水量和清洁程度；

（3）加强淬火介质的管理。

4.1.23　间隙（平面间隙）

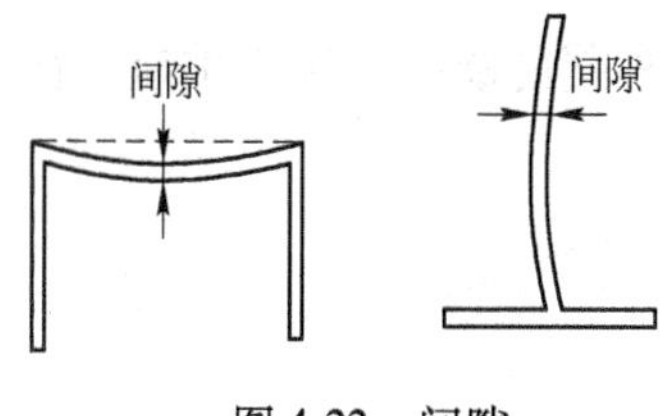

图4-22　间隙

直尺横向叠合在挤压制品某一平面上，直尺和该面之间呈现一定的缝隙，称为间隙，见图4-22。

4.1.23.1　主要的产生原因

挤压时金属流动不均或精整矫直操作不当。

4.1.23.2　防止方法

合理地设计、制造模具，加强修模，严格按规程控制挤压温度和挤压速度。

4.1.24　壁厚不均

挤压制品同一个尺寸在同一截面或纵向上壁厚有薄有厚，不均匀的现象，称为壁厚不均，见图4-23。

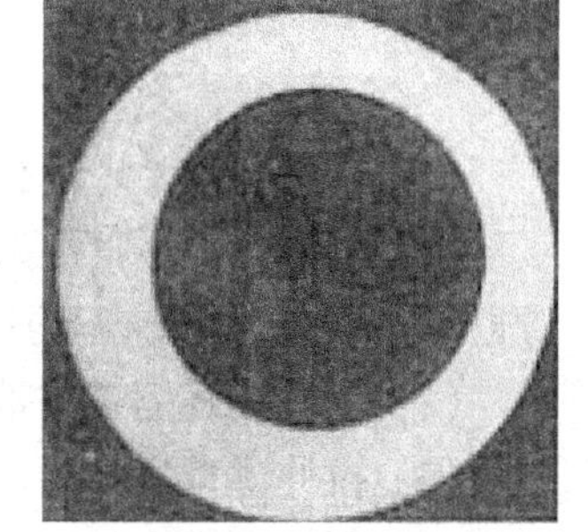

图4-23　壁厚不均
（以挤压厚壁管为例）

4.1.24.1　主要的产生原因

（1）模具设计不合理，或工模具装配不当；

（2）挤压筒与挤压针不在同一中心线

上，形成偏心；

（3）挤压筒的内衬磨损过大，模具不能牢固地固定好，形成偏心；

（4）铸锭或毛坯本身壁厚不均，在一次和二次挤压后，仍不能消除，毛料挤压后壁厚不均，经轧制、拉伸后没有消除；

（5）润滑油涂抹不均，使金属流动不均。

4.1.24.2 防止方法

（1）优化工模具设计与制造，合理装配与调整；

（2）调整挤压机与挤压工模具的中心；

（3）选择合格的坯料；

（4）合理控制挤压温度、挤压速度等工艺参数。

4.1.25 扩（并）口

槽形、工字形等挤压型材产品两侧往外斜的缺陷，称为扩口，往内斜的缺陷，称为并口，见图4-24。

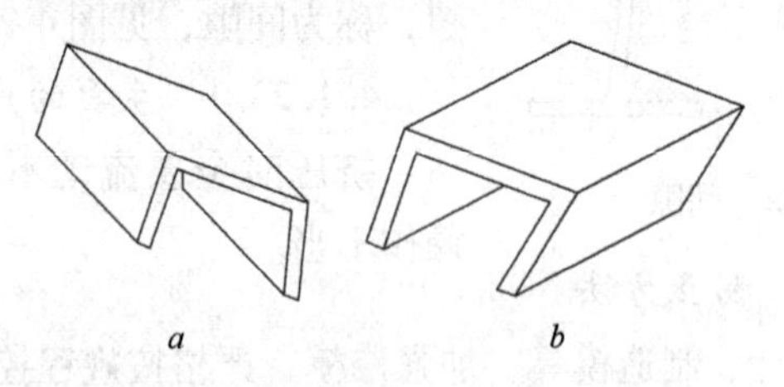

图4-24 扩、并口

a—扩口；*b*—并口

4.1.25.1 主要的产生原因

（1）槽形或类似槽形型材或工字形型材的两个“腿部”（或一个“腿部”）的金属流速不均；

（2）槽底板两侧工作带流速不均；

（3）拉伸矫直机不当；

（4）制品出模孔后，在线固溶处理冷却不均。

4.1.25.2 防止方法

（1）严格控制挤压速度和挤压温度；

(2) 保证冷却的均匀性；

(3) 正确设计与制造模具；

(4) 严控挤压温度与速度，正确安装工模具。

4.1.26 矫直痕

挤压制品上辊矫直时产生的螺旋状条纹，称为矫直痕，见图4-25。凡是上辊矫直的制品都无法避免出现矫直痕。

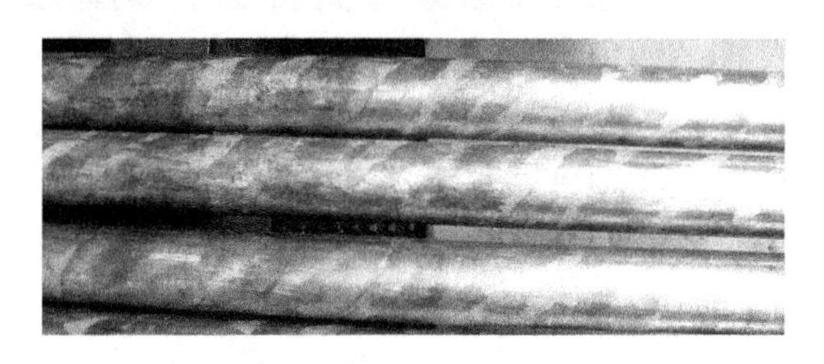

图 4-25 矫直痕

4.1.26.1 主要的产生原因

(1) 矫直辊辊面上有棱；

(2) 制品的弯曲度过大；

(3) 矫直辊辊子角度过大；

(4) 压力太大；

(5) 制品椭圆度大。

4.1.26.2 防止方法

根据产生原因采取相应的处理办法进行调整。

4.1.27 停车痕、瞬间印痕、咬痕

在挤压时停止挤压产生在制品表面并垂直于挤压方向的带状条纹，称为停止痕；在挤压过程中产生在制品表面并垂直于挤压方向的线状或带状条纹，称为咬痕或瞬间印痕（俗称“假停车痕”）。

在挤压时，稳定地黏附于工作带表面的附着物，瞬间脱落黏附在挤压制品表面形成花纹。停止挤压时出现的工作带横纹，称为停车

痕；在挤压过程中出现的横纹，称为瞬间印痕或咬痕，在挤压时会发出声响。见图4-26。

图4-26 停车痕

4.1.27.1 主要的产生原因

（1）铸锭加热温度不均匀或挤压速度和压力有突变；

（2）模具组件设计、制造不良或装配不平、有间隙；

（3）有垂直于挤压方向的外力作用；

（4）挤压机运行不平稳，有爬行现象。

4.1.27.2 防止方法

（1）高温、慢速、均匀挤压，挤压力保持平稳；

（2）防止垂直挤压方向的外力作用于制品上；

（3）合理设计工模具，正确选择模具的材料、尺寸配合、强度与硬度。

4.1.28 内表面擦伤

挤压制品内表面在挤压过程中产生的擦伤，称为内表面擦伤，见图4-27。

图4-27 内表面擦伤

4.1.28.1 主要的产生原因

（1）挤压针粘有金属；

（2）挤压针温度低；

（3）挤压针表面质量差，有磕碰伤；

（4）挤压温度、速度控制不好；

（5）挤压润滑剂配比不当；

（6）抹油不均。

4.1.28.2 防止方法

（1）提高挤压筒和挤压针的温度，控制好挤压温度和挤压速度；

（2）加强润滑油过滤，经常检查或更换废油，抹油应均匀、适量；

（3）保持毛料表面洁净；

（4）及时更换不合格的模具和挤压针，并保持挤压工模具表面干净、光洁。

4.1.29 力学性能不合格

挤压制品的σ_b、$\sigma_{0.2}$、δ、HB、HV、a_K等力学性能指标不符合技术标准的要求或很不均匀，称为力学性能不合格。

4.1.29.1 主要的产生原因

（1）合金的化学成分主元素超标或配比不合理；

（2）挤压工艺或热处理工艺不合理；

（3）铸锭或坯料质量差；

（4）在线淬火未达到淬火温度或冷却速度不够；

（5）人工时效工艺不当。

4.1.29.2 防止与控制措施

（1）严格按标准控制化学成分或制定有效的内标；

（2）采用优质铸锭或坯料；

（3）优化挤压工艺；

（4）严格执行淬火工艺制度；

（5）严格执行人工时效制度并控制好炉温；

（6）严格测温与控温。

4.1.30 铝合金热挤压无缝管材（厚壁管、异形管）常见缺陷分析

穿孔法挤压铝合金无缝管材的常见缺陷分析见表4-1～表4-3。

表4-1 热挤压管材外表面常见缺陷（废品）及产生原因

名称	产生原因
外表面擦伤、划伤	（1）模子工作带有划痕或尖棱； （2）工作带粘有金属； （3）挤压筒落入过多的润滑油； （4）导路不光滑或在搬运中擦伤、划伤
外表面起皮、起泡	（1）挤压筒磨损超过标准规定，出现大肚； （2）挤压筒和挤压垫片太脏，粘有油、石墨、水等； （3）同时使用的两个挤压垫片之间直径差太大； （4）挤压筒温度及挤压温度过高； （5）铸锭本身有砂眼、气泡和表面不干净，有油污； （6）铸锭直径超过负偏差
金属毛刺（麻点或麻面）	（1）挤压温度过高； （2）模子工作带上或出口带上粘有金属； （3）挤压速度过快或不均匀； （4）铸锭过长； （5）模子工作带过长或光洁度不够，硬度不均，易粘铝
磕碰伤和划伤	（1）各工序操作及运输时不注意，产生人为的磕、碰、划伤； （2）料架、料筐、出料台等与管子接触的地方没有软质材料包覆
外表面裂纹	（1）铸锭加热温度过高； （2）挤压速度过快，不均匀

表4-2 热挤压管材内表面常见缺陷（废品）及产生原因

名称	产生原因
擦伤	（1）润滑剂不良或配比不对； （2）挤压针温度低； （3）挤压针粘有金属没有清除掉； （4）挤压针表面质量不好，不光洁或硬度不均，易粘铝； （5）挤压针速度不均或过快； （6）润滑剂中含有水分、金属屑、砂粒等； （7）挤压针涂油不均； （8）挤压针涂油后与挤压时间间隔太久，润滑油被挥发干； （9）硬合金的挤压温度过高

续表 4-2

名 称	产 生 原 因
石墨压入、压坑	(1) 润滑剂中固体润滑剂过多 (2) 挤压针上聚集的石墨块没有及时清理掉; (3) 铸锭内表面加工光洁度差; (4) 石墨质量不好，灰杂质多，粒度大
划伤、气泡	(1) 挤压针被磕、碰伤或有尖棱; (2) 润滑剂中有水分或砂粒
水痕状擦伤	铸锭内表面机械加工的沟痕太深不干净，有水分和油污

表 4-3 热挤压管材其他缺陷

名 称	产 生 原 因
厚度不均	(1) 挤压筒、挤压轴、挤压针、模子等中心不一致; (2) 铸锭壁厚不均及斜度太大; (3) 挤压轴、挤压针弯曲; (4) 挤压筒磨损过大，工作部分与非工作部分直径相差大; (5) 挤压筒、模子、挤压垫之间的间隙过大; (6) 设备失调、螺丝不紧，上下中心扭动
缩尾及分层	(1) 挤压残料留得太短; (2) 挤压筒和挤压垫片不干净，有水分、油污等; (3) 挤压垫片、挤压筒配合不好，挤压垫片之间的尺寸相差过大; (4) 铸锭本身带来的分层、气泡、疏松
焊缝质量不合格	(1) 铸锭表面有油污; (2) 挤压温度太低，挤压系数过小; (3) 挤压残料留得太短或残料清除不干净，模腔和模桥有脏物，焊合室尺寸过小; (4) 模子设计不合理，静水压力不够或不均衡，分流孔设计不合理; (5) 挤压速度过快或不均匀

4.2 铝合金管材冷轧工序主要缺陷分析及质量控制方法

4.2.1 压坑（或金属压入）

铝合金管材冷轧制过程中，金属或石墨等杂物压入制品并脱落后形成的凹陷，称为压坑，见图4-28。

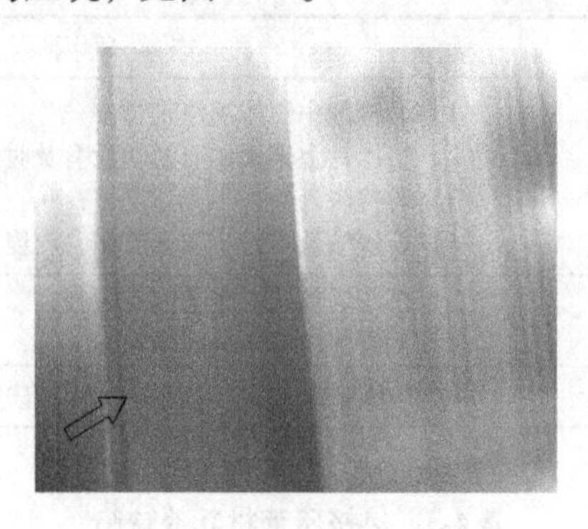

图4-28 压坑

4.2.1.1 主要的产生原因

（1）管坯粘有金属屑或有严重擦伤、划伤等缺陷；

（2）毛料端头有毛刺或端切斜度过大；

（3）毛料内有金属屑或石墨等；

（4）芯杆、芯头、矫直辊等工具表面粘有金属；

（5）润滑油不干净或工作环境不洁净。

4.2.1.2 防止方法

（1）清理毛料表面的毛刺和金属屑；

（2）清理芯杆、芯头、矫直辊等工具表面上的残留金属或异物；

（3）提高管坯的质量，端锯切整齐，无毛刺，切斜度符合标准，表面进行刮皮处理；

（4）润滑油应干净，工作环境应洁净。

4.2.2 裂口、裂纹

这是铝合金管材冷轧制品表面产生的局部细小破裂（见图4-29）。其典型的表现形式是头部纵向裂口和表面横向裂纹，见图4-30。

4.2.2.1 主要的产生原因

（1）毛料有裂纹或粗糙划伤；

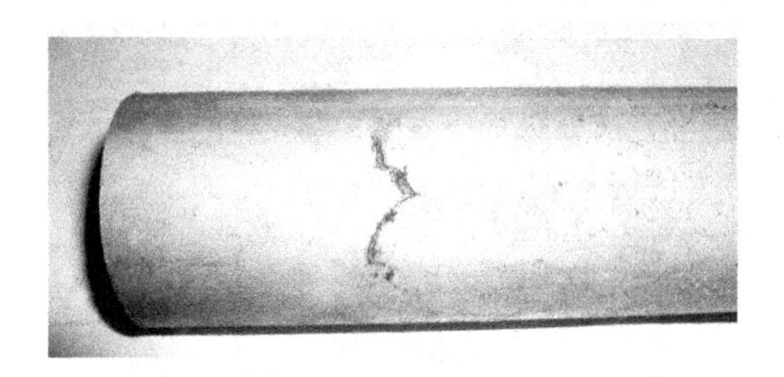

图 4-29 裂口

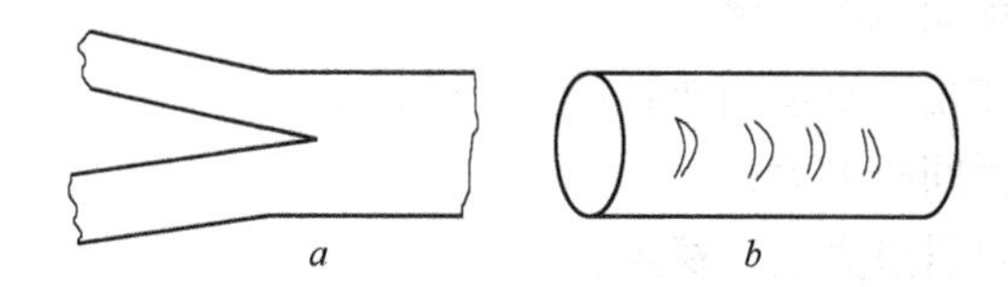

图 4-30 冷轧管材表面裂纹、裂口示意图

a—头部纵向裂口；*b*—表面横向裂纹

（2）刮皮的刮痕上有毛刺或小裂口；

（3）毛料退火不充分；

（4）送料量过大；

（5）孔型间隙过小；

（6）孔型开口度过大或磨损严重。

4.2.2.2 防止方法

（1）提高毛料质量，进行充分退火；

（2）优化孔型设计；

（3）适当增加孔型间隙，合理调整转角；

（4）减少送料量；

（5）合理设计工具和制定冷轧工艺及变形量。

4.2.3 耳子

铝合金管材冷轧制时在制品外表面有时会出现局部高出其正常表面，形成类似耳朵的缺陷，称为耳子，见图 4-31。

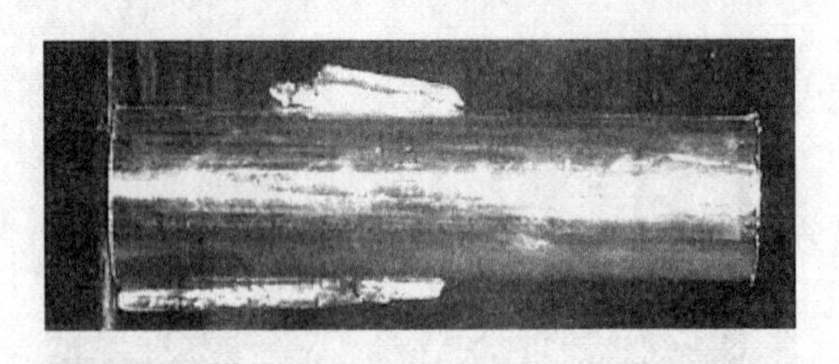

图4-31 耳子

4.2.3.1 主要的产生原因

（1）孔型间隙不一致；

（2）翻转角度不适当或管坯停止转动；

（3）孔型间隙太大；

（4）送料量过大或不稳定；

（5）孔型设计、制造不合理，特别是轧槽出现椭圆，孔型侧翼开口过大，孔型过尖等。

4.2.3.2 防止方法

（1）经常检查孔型开口值，并调整到正常值；

（2）正确选择孔型和芯头；

（3）调整送料量使之均匀合理；

（4）调整孔型间隙、孔型错位和管坯转角等；

（5）认真仔细按工艺规程操作。

4.2.4 飞边

铝合金管材冷轧制时沿制品纵向出现的耳子，经加工后，一般形成折叠压入制品并相对称，称为飞边，见图4-32。

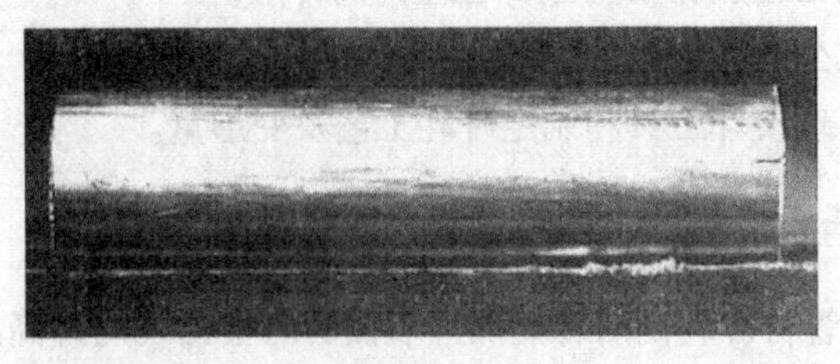

图4-32 飞边

4.2.4.1 主要的产生原因

（1）轧制时制品不翻转；
（2）锥体向前；
（3）孔型开口过小，开口不均匀或圆角过尖；
（4）送料量过大；
（5）孔型磨损严重，间隙大；
（6）管坯外径超正公差。

4.2.4.2 防止方法

（1）经常检查孔型开口值；
（2）正确选择芯头；
（3）调整送料量；
（4）调整孔型间隙、孔型错位和管坯转角等。

4.2.5 内表面波浪

铝合金管材冷轧制时在制品内表面上沿纵向出现的环形波纹，称为内表面波浪，见图 4-33。

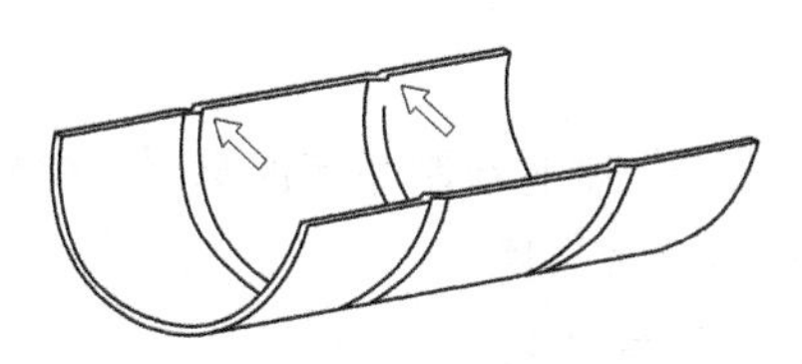

图 4-33 内表面波浪示意图

4.2.5.1 主要的产生原因

（1）芯头不适当；
（2）送料量过大；
（3）孔型间隙大或轧槽太浅；
（4）孔型磨损严重。

4.2.5.2 防止方法

（1）控制送料量；
（2）根据孔型磨损情况，经常修磨孔型或及时更换孔型；
（3）合理设计孔型和芯头等工具，并在生产中不断调整；

（4）严格按工艺规范操作。

4.2.6 孔型啃伤

这是铝合金管材冷轧制品沿纵向呈角度分布在制品表面上的条状缺陷。

4.2.6.1 主要的产生原因

（1）孔型开口过小或轧槽过浅；

（2）送料量过大；

（3）管坯转角不合适和回转间歇；

（4）孔型间隙过大。

4.2.6.2 防止方法

（1）合理设计、加工孔型和芯头，并及时调整；

（2）正确调整孔型位置和开口度；

（3）控制送进量，合理调整管坯转角和回转间歇；

（4）严格按工艺规程精心操作。

4.2.7 棱子

这是铝合金管材冷轧制时在制品表面圆周方向出现的凸起。

4.2.7.1 主要的产生原因

（1）轧制时，送料量过大；

（2）轧制孔型选用不当或开口太大。

4.2.7.2 防止方法

（1）控制轧制送料量和孔型开口度；

（2）选用合适的孔型和芯头等工具；

（3）严格按工艺规程精心操作。

4.2.8 横向壁厚不均

这是轧制后的铝合金管材出现壁厚沿横向不均匀的缺陷。

4.2.8.1 主要的产生原因

（1）孔型间隙调整不一致；

（2）管坯回转角度不适当，过大过小都会造成横向壁厚不均匀；

（3）导向杆弯曲；

（4）孔型预精整段太短或送料量过大；

（5）管坯壁厚不均匀度过大；

（6）孔型椭圆度过大。

4.2.8.2 防止方法

（1）根据轧管机的能力，被轧管材的合金规格、压延系数、孔型精整段的长度等，合理确定送料量，并及时调整；

（2）正确设计孔型和芯棒等工具；

（3）合理调整孔型间隙，调整导向杆的弯曲度；

（4）提高管坯壁厚的均匀度和孔型的椭圆度；

（5）合理控制管坯的回转角度。

4.2.9 纵向壁厚不均

这是轧制后的铝合金管材出现壁厚沿纵向不均匀的缺陷。

4.2.9.1 主要的产生原因

（1）送料量过大；

（2）芯棒的锥度和孔型预精整段的锥度过大；

（3）孔型磨损过大；

（4）连接芯棒的芯杆太细；

（5）芯杆在轧制时纵向窜动量过大。

4.2.9.2 防止方法

（1）合理计算和调整送料量；

（2）合理设计芯棒和孔型预精整段的锥度；

（3）正确设计和制造孔型、芯杆等工具，合理装配和不断调整；

（4）经常检查孔型的磨损情况，及时维修或更换；

（5）控制芯杆在轧制时的纵向窜动量，并及时调整；

（6）提高管坯的壁厚均匀度；

（7）严格按工艺规程精心操作。

4.2.10 壁厚超差

这是指轧制后的铝合金管材的壁厚尺寸不符合技术标准的要求。

4.2.10.1 主要的产生原因

（1）芯头尺寸和规格选用错误；

（2）芯头位置过前或过后；

（3）孔型和芯头设计、制造不当。

4.2.10.2 防止方法

（1）选用正确的芯头规格与尺寸；

（2）合理调整芯头的位置与孔型的间隙；

（3）正确设计、制造孔型和芯头等工具，并合理装配与调整；

（4）选用壁厚均匀的管坯；

（5）精心操作。

4.2.11 管材椭圆

冷轧铝合金管材有时会出现椭圆现象。

4.2.11.1 主要的产生原因

（1）孔型设计、制造不当，轧槽本身存在椭圆；

（2）轧槽磨损过大且磨损不均匀；

（3）孔型间隙调整不正确。

4.2.11.2 防止方法

（1）合理设计与制造孔型等工具，并正确安装与不断调整；

（2）经常检查轧槽的磨损，及时修正或更换；

（3）保持孔型间隙均匀，并及时检查与调整；

（4）按工艺规程精心操作。

4.2.12 表面圆环

轧制后管材表面出现明显的轧制圆环缺陷，造成表面不平整，并影响其纵向壁厚尺寸的均匀性。

4.2.12.1 主要的产生原因

（1）送料量过大；

（2）芯棒的锥度与孔型预精整段的锥度太大；

（3）孔型磨损过大；

（4）连接芯棒的芯杆太细，易产生弹性弯曲，使芯棒不稳定；

（5）芯杆在轧制时纵向窜动量过大；

（6）芯棒过于靠后，相当于缩短了预精整段长度，在送料量不变的情况下，造成管材表面明显的轧制圆环。

4.2.12.2 防止方法

（1）合理设计与调整送料量；

（2）正确设计孔型和芯棒等工具，特别是芯棒与孔型预精整段的锥度，芯杆的直径等；

（3）合理安装与调整工具的位置并及时调整；

（4）控制芯杆在轧制时的纵向窜动量；

（5）经常检查工具的磨损程度，并及时修正或更换；

（6）按工艺规范精心操作。

4.2.13 外表面波浪

轧制管材的外表面波浪缺陷，实质上是由管材直径沿纵向分布不均造成的。

4.2.13.1 主要的产生原因

（1）送料量过大；

（2）孔型间隙太大或轧槽太浅；

（3）孔型块固定不紧；

（4）孔型定径段长度偏短；

（5）芯棒端部磨损过大；

（6）孔型定径段磨损成锥形。

4.2.13.2 防止方法

（1）合理控制送料量并及时调整；

（2）正确设计孔型、芯棒等工具，合理调整孔型间隙和轧槽深度及定径段长度等；

（3）合理装配工具位置并紧固孔型块；

（4）经常检查孔型、轧槽、芯棒，特别是孔型的定径段和芯棒端部的磨损情况，及时修整或更换；

（5）按工艺规程精心操作。

4.2.14 表面划伤、擦伤

铝合金管材冷轧制后有时在表面上会出现表面划伤、擦伤等缺陷，影响管材外表面的光洁和使用。它可分为纵向划道、横向擦伤和纵向划伤等，属于表面缺陷。

4.2.14.1 主要的产生原因

（1）管坯内、外表面上本身就存在较严重的擦、划伤缺陷，在清理和刮皮时未能消除干净；

（2）连接芯棒芯杆、导向杆、导路、成品卡爪等工具不光滑，有毛刺或棱角，粘有金属或异物；

（3）卡盘、托架不光滑，粘有金属，成品擦拭胶皮上粘有金属；

（4）出料台不光滑或粘有金属或异物；

（5）回转机构调整不当或孔型回转腔长度不够；

（6）芯杆弯曲度过大或有棱角等。

4.2.14.2 防止方法

（1）严格检查管坯表面质量，使其保持光滑、干净，或进行刮皮处理；

（2）检查与清理孔型、芯杆、芯棒、导向杆、导路、成品卡爪以及出料台等工具或装置，使其光滑、无棱角，无金属屑或异物；

（3）合理设计、制造孔型和芯棒等工具，合理装配，并调整到合理位置；

（4）定期检查孔型、芯棒、芯杆的磨损情况，尺寸变化和弯曲情况，并及时调整、修整或更换；

（5）严格按工艺规程操作。

4.3 铝合金管、棒、线材冷拔工序主要缺陷分析与质量控制

冷拔是生产铝合金薄壁管材、精密棒材和线材的重要工序之一。由于铝合金冷拔管材、棒材和线材的规格品种繁多，质量要求严格，用途十分广泛，因此在生产过程中难免产生各种缺陷。本节主要对铝合金管材、棒材和线材在冷拔过程中产生的常见缺陷进行分析，找出其产生的主要原因，并对症下药采取必要的预防措施，进行质量控制，以减少缺陷或废品，提高其成品率。

4.3.1 铝合金管材冷拔时的主要缺陷分析和质量控制

铝合金管材冷拔的主要缺陷、产生原因及防止方法见表4-4。

表4-4 铝合金管材冷拔的主要缺陷、产生原因及防止方法

缺陷或废品名称	产生原因	防止方法
外表面磕伤、碰伤、划伤	(1) 工序操作和运输过程中造成管材表面磕伤、碰伤、擦伤、划伤; (2) 拉伸机料台、料架不光滑	(1) 精心操作、轻拿轻放; (2) 打磨掉尖棱、用垫木和软质材料包覆料筐，料架
内、外表面划伤	(1) 夹头制作不圆滑; (2) 毛料内外表面退火油痕严重; (3) 模子、芯头、芯杆粘金属或损伤; (4) 润滑油不干净，有水、汽油或杂质; (5) 管材表面有水、汽油或砂土、金属屑	(1) 夹头制作圆滑; (2) 提高退火温度，或选用易于挥发掉的润滑剂; (3) 选用合适工具，及时更换不合适的工具; (4) 加强润滑油过滤，经常检查或更换废油; (5) 保持毛料表面洁净
端头裂纹	(1) 端头加热不够，或不均匀; (2) 碾头或打头过长	(1) 遵守端头加热、保温制度; (2) 精心制作夹头
断 头	(1) 夹头制作不好; (2) 加工率太大	(1) 精心制作夹头; (2) 合理控制加工率
皱 纹	(1) 道次加工率过大; (2) 毛料晶粒粗大; (3) 刮皮质量不好	(1) 调整道次加工率; (2) 控制毛料晶粒度; (3) 保证刮皮质量
跳 环	(1) 空拉时减径量过大; (2) 道次加工率过大; (3) 芯杆太弯、太细; (4) 拉伸的管子太长; (5) 润滑油太稀; (6) 整径模定径带短	(1) 调整减径量; (2) 合理选择加工率; (3) 芯杆不能太弯、采用倍模; (4) 倍模拉伸、适当减少制品长度; (5) 选择合适润滑油; (6) 加大定径区
壁厚不均	(1) 毛料壁厚不均; (2) 工具不合格; (3) 工具装配不合适、模环不正	(1) 控制毛料壁厚不均; (2) 选择合格工具; (3) 模子装正

续表4-4

缺陷或废品名称	产生原因	防止方法
尺寸不合格、短尺	(1) 拉伸工具选择不当; (2) 量具不准; (3) 测量时看错尺寸; (4) 定尺料的毛料计算错误	(1) 按技术要求,选择合格工具; (2) 使用校对后的量具; (3) 提高责任心; (4) 精心计算毛料长度
金属及非金属压入	(1) 管内外表面有金属屑; (2) 模子、芯头粘金属; (3) 管毛料内外表面擦伤、划伤; (4) 润滑油里有杂质	(1) 吹洗管毛料内外表面; (2) 使用合格的工具; (3) 控制毛料内外表面质量; (4) 过滤和使用合格润滑油
空拉段过长	(1) 芯头位置过后; (2) 芯头固定不好	(1) 调整拉伸工具; (2) 精心操作

4.3.2 铝合金棒、线材冷拔工序常见的缺陷及防止方法

铝合金棒、线材冷拔工序常见的缺陷、产生原因及防止方法见表4-5。

表4-5 铝合金棒、线材冷拔工序常见的缺陷、产生原因及防止方法

缺陷或废品名称	产生原因	防止方法
表面机械损伤	(1) 各工序操作和运输过程中造成线材表面产生磕碰伤,擦伤和划伤; (2) 料筐、料架、线落表面不光滑,磕伤、划伤制品	(1) 精心操作,轻拿轻放; (2) 打磨掉尖棱处;用软质材料包覆或采用垫木
跳环	(1) 卷筒工作锥度太大,产生很大的垂直分力; (2) 卷筒工作区过于光滑,线材发生跳动; (3) 加工率过大,线材硬化程度大,发生跳动	(1) 修磨工作锥角度; (2) 粗砂布打磨或用洗油增加表面摩擦力; (3) 减少加工率
波纹	(1) 加工率在20%~30%时,模孔定径区过短; (2) 卷筒工作锥角度大	(1) 调整道次加工率; (2) 选择合适模具; (3) 调整卷筒工作锥角度
尺寸不符	(1) 模子尺寸测量错误; (2) 道次加工率过大,尺寸偏小; (3) 量具不准或错检	(1) 选择合格模具; (2) 调整加工率; (3) 提高工作责任心
椭圆	(1) 模子没有放正; (2) 模子本身椭圆	(1) 调整好模子; (2) 选择合适的模子

续表 4-5

缺陷或废品名称	产生原因	防止方法
三角口金属压入	(1) 线毛料擦伤； (2) 拉伸机导辊划伤，卷筒啃伤； (3) 模孔表面粘金属	(1) 拉伸前修线或剪除有金属屑的毛料； (2) 更换或修理导辊和卷筒； (3) 更换合格模子
纵向沟纹	(1) 润滑油中有水、煤油或砂土； (2) 模子工作区有金属碎屑； (3) 退火后线材表面有润滑油残痕	(1) 更换润滑油； (2) 更换合格模子； (3) 消除中间毛料上的油痕； (4) 拉制中间毛料时，擦净线头上的拉伸油
挤　线	(1) 卷筒工作锥角度太小； (2) 卷筒工作锥根部磨损出现深沟，不上线； (3) 未使用拨料杆	(1) 工作锥角度不小于3° (2) 更换或打磨工作辊，保持光滑； (3) 使用拨料杆
力学性能不合格	(1) 毛料化学成分不符或组织有缺陷； (2) 最终冷作量不够； (3) 加热炉温差大，温度不正常； (4) 加工工艺不合格	(1) 杜绝混料，毛料不允许有缩尾； (2) 严格执行工艺规程； (3) 检查炉子和仪表； (4) 通过试验寻找最佳工艺
单根重量不够	(1) 线毛料的重量不够； (2) 缺陷太多； (3) 拉伸中断线	(1) 增加毛料重量或挑除短尺料； (2) 修线、减少缺陷； (3) 认真操作，防止断线

4.4 铝合金管、棒、型、线材的质量检测与质量控制

4.4.1 概述

铝合金管、棒、型、线材的质量检测与质量控制可分为原辅材料进厂检验、生产过程检测和成品检测。检验与质量控制的项目主要有：化学成分、内部组织、力学性能、表面质量和形状及尺寸精度等。进厂检验及成品检测一般由专职检查员进行；过程检查可采取操作工人自检、互检和专检人员检验相结合方式进行。对化学成分内部组织、力学性能，目前基本上是随机取样进行理化检测，随着检测技术的发展，特殊情况下也可采用无损检测技术，百分之百检查内部缺

陷。表面质量、形状及尺寸要按工艺质量控制要求进行首料检查、中间抽检、尾料检查。成品检查，则要按技术标准要求进行全数检查。

4.4.2 挤压工序检验与质量控制

4.4.2.1 二次挤压毛料的检验与质量控制

二次挤压的管、棒、型、线、排材中间毛料应进行低倍、表面质量、尺寸检验与质量控制。

低倍检验在大根毛料尾端切去300mm后取试样，其长度为25~30mm，对大根毛料应进行100%低倍检查。在低倍试片上不允许有裂纹、金属间化合物（分散的每点小于0.3mm者不计）、疏松、破坏金属连续性的缺陷。

二次挤压毛料表面不允许有裂纹、气泡、外来压入物，表面应光洁、干净，管毛料内表面不允许存在明显深度的螺旋纹、擦伤、起皮、气泡、划沟等缺陷。允许有深度不超出直径负偏差的成层和各种表面缺陷。

管材二次挤压毛料以及允许偏差按下列要求控制：

（1）外径允许偏差为-2.0mm，内径允许偏差为±1.0mm，壁厚不均偏差不超过2.0mm。

（2）棒、型、排材二次挤压毛料尺寸按下列要求控制：外径偏差为-2.0mm，长度偏差为+5.0mm，允许弯曲度为1.5mm，允许切斜度为3~4mm。

4.4.2.2 轧制和拉伸管毛料的检验与质量控制

挤压的管毛料可分为两种，即轧制管毛料和拉伸管毛料。管毛料在切成规定长度后，必须放在检查台上逐根进行内外表面及尺寸检查。

A 表面质量控制与检查

管毛料表面质量控制要求，应根据成品管材验收的技术标准要求制定控制标准。一般外表面应光洁平滑，不允许有裂纹、严重的起皮、气泡、碰伤、划伤存在。允许有少量能修理掉的不深的起皮、气泡、擦伤、划伤和轻微的划沟等缺陷。管毛料内表面应干净、光洁、无裂纹、起皮、成层、深沟、擦伤、气泡，允许有轻微的压坑、擦伤、划道、石墨压入。

B 尺寸控制与检查

（1）轧制毛料应控制外径偏差，一般为 ±0.5mm，外径 73mm 及以上的轧制毛料应控制不圆度不超过其外径的 ±3%。

（2）拉伸毛料应控制内径偏差，一般为 ±2.0mm。

（3）平均壁厚偏差按下式计算：

$$\text{平均壁厚偏差} = \text{壁厚名义尺寸} - \frac{\text{最大壁厚} + \text{最小壁厚}}{2} \tag{4-1}$$

一般轧制毛料平均壁厚偏差可按 ±0.25mm 控制，拉伸毛料平均壁厚偏差可按 ${}^{+0.15}_{-0.35}$mm 控制。

（4）管毛料壁厚偏差按下式计算：

$$\text{管毛料壁厚允许偏差} \leqslant \frac{\text{管毛料名义壁厚}}{\text{成品管名义壁厚}} \times \text{成品管壁厚公差} \tag{4-2}$$

管毛料壁厚偏差 = 管毛料最大壁厚 - 管毛料最小壁厚

管毛料壁厚允许偏差可根据成品管材壁厚偏差事先计算好，列成表格作为控制标准。有特殊要求的制品，管毛料壁厚允许偏差可由工艺技术人员另定。

C 弯曲度

（1）轧制管毛料均匀弯曲度每米应不大于 1mm，全长不大于 4mm。

（2）拉伸管毛料弯曲度应尽量小，以不影响装入芯头及拉伸转筒为原则。

D 管端质量和切斜度

管毛料切断成规定长度后，端头应无毛刺、飞边，但拉伸毛料打头端内径允许不打毛刺。其切斜度要求如下：

（1）压延毛料端头应切正直。外径 73mm 以下者切斜度不得大于 2mm，外径大于或等于 73mm 及以上者，切斜度不大于 3mm。

（2）拉伸毛料端头应尽量切齐，外径 60mm 以下者，切斜度不得大于 10mm，外径大于或等于 60mm 者，切斜度不得大于 15mm。

4.4.2.3 线毛料的检验与质量控制

（1）挤压线毛料尺寸偏差及长度可按表 4-6 的规定控制。

表 4-6 挤压线毛料尺寸偏差

毛料直径/mm	允许偏差/mm	每根线毛料长（不小于）/m
10.5	+0.20 -0.50	15
12.5	+0.20 -0.50	12

（2）线毛料表面不允许有裂纹、气泡、起皮、金属豆、腐蚀及较严重的擦伤、划伤、碰伤等缺陷存在。允许有局部的轻微擦伤、划伤和碰伤等缺陷存在。其深度规定如下：软合金不大于 0.3mm；硬合金不大于 0.15mm，但其面积和应不超过总面积的 5%。

4.4.2.4 挤压厚壁管材的检验与质量控制

在挤压过程中，应经常检查管材的表面质量和尺寸，及时发现问题并处理。

（1）挤压厚壁管材的表面质量应符合成品相应技术标准规定。外观质量一般应满足：

1）管材表面为热挤压表面，表面应光滑，不允许有裂纹、腐蚀和外来夹杂物。

2）管材表面允许有局部的轻微起皮、气泡、擦伤、碰伤、压坑等，其深度不得超过管材内外径允许偏差的范围，并保证管材允许的最小尺寸。

3）材料的表面允许有由模具造成的挤压流纹、氧化色和不粗糙的黑白斑点。允许有不影响外径尺寸的矫直螺旋纹，其深度不超过 0.5mm。

（2）挤压厚壁管材壁厚偏差应符合成品相应技术标准规定。其直径偏差一般比相应的技术标准允许偏差的绝对值小 0.1mm，但与公称尺寸相比，余量不小于 0.2mm，一般直径偏差应符合 GB4436—1984 的规定。

（3）挤压厚壁管材还应按相应的技术标准检验任意壁厚与平均壁厚的偏差及平均壁厚与公称壁厚的允许偏差。

$$平均壁厚 = \frac{最大壁厚 + 最小壁厚}{2}$$

任意壁厚与平均壁厚的允许偏差：

普通级一般为平均壁厚的 ±15%，最大值不超过 ±2.3mm，即：$\frac{最大壁厚}{最小壁厚} \leqslant 1.35$ 为合格。

高精级一般为平均壁厚的 ±10%，最大值不超过 ±1.5mm，即：$\frac{最大壁厚}{最小壁厚} \leqslant 1.22$ 为合格。

4.4.2.5 棒、型、排材挤压工序检验与质量控制

A 表面质量

（1）棒材表面不允许有起皮、裂纹、气泡、粗擦伤、严重表面粗糙及腐蚀斑点存在；允许有深度不超过直径负偏差的个别小碰伤、压坑及擦伤等存在。

（2）型材表面不允许有裂纹、粗擦伤、严重表面粗糙及腐蚀斑点存在，允许有不超过尺寸负偏差之半的划伤、表面粗糙及个别擦伤。对按 GBn222－1984 交货的型材，在 1m 长度内所允许缺陷的总面积不得超过表面积的 4%，对于装饰型材，其装饰面按相应的技术标准严格控制。对于进行机械加工的型材，其加工部位的表面缺陷允许深度按专业技术条件规定；无规定者一般不超过尺寸允许负偏差之半。

（3）排材表面不允许有裂纹和腐蚀斑点存在，允许有不超过尺寸负偏差的划伤、压伤、起皮、气泡等缺陷存在。

B 挤压尺寸偏差

非标准规格制品按相邻小的标准规格偏差检查，超出标准规格最大范围的制品，根据技术标准和技术协议的要求进行控制。

（1）对不进行拉伸矫直的棒、型、排材，其挤压尺寸偏差应符合成品尺寸偏差要求。

（2）对需拉伸矫直的棒、型、排材，其挤压尺寸偏差一般控制原则是：上限偏差只考虑最小拉伸余量；下限偏差应考虑工艺余量（如流速差、模孔弹性变形、拉伸率和不超过负偏差与负偏差之半的

各种可能缺陷等)。

棒材、型材、排材允许的偏差见表4-7~表4-10。

表4-7 棒材挤压偏差允许值 (mm)

直径/mm	成品偏差	挤压偏差	成品偏差	挤压偏差	成品偏差	挤压偏差	成品偏差	挤压偏差
	A级		B级		C级		D级	
5.0~6.0	-0.30	+0.02 -0.10	-0.48	+0.02 -0.20				
6.5~10.0	-0.36	+0.04 -0.12	-0.58	-0.04 -0.25				
10.5~18.0	-0.43	+0.05 -0.15	-0.70	+0.05 -0.30	-1.10	+0.05 -0.45	-1.30	+0.05 -0.55
19.0~28.0	-0.52	+0.06 -0.18	-0.84	+0.06 -0.35	-1.30	+0.06 -0.55	-1.50	+0.06 -0.65
30.0~50.0	-0.62	+0.08 -0.20	-1.00	+0.08 -0.40	-1.60	+0.08 -0.65	-2.00	+0.08 -0.80
52.0~80.0	-0.72	+0.10 -0.25	-1.20	+0.10 -0.50	-1.90	+0.10 -0.80	-2.50	+0.10 -0.90
85.0~110.0			-1.40	+0.10 -0.60	-2.20	+0.10 -0.90	-3.20	+0.10 -1.20
115.0~120.0			-1.40	+0.00 -0.60	-2.20	+0.00 -0.90	-3.20	+0.00 -1.20
125.0~180.0					-2.50	+0.00 -1.00	-3.80	+0.00 -1.60
190.0~260.0					-2.90	+0.00 -1.30	-4.50	+0.00 -2.10
265.0~300.0					-3.30	+0.00 -1.60	-5.50	+0.00 -2.50

注：表中的尺寸偏差是按制品规格范围中的平均尺寸来计算给定的。

表 4-8 型材挤压偏差允许值 (mm)

型材公称尺寸	标准规定偏差	厚度尺寸			外形尺寸		
		挤压偏差	拉伸余量	工艺余量	挤压偏差	拉伸余量	工艺余量
≤1.49	+0.20 -0.10	+0.21 0	0.01	0.10			
1.50~2.90	±0.20	+0.22 -0.05	0.02	0.15			
3.00~3.50	±0.25	+0.28 -0.06	0.03	0.19			
3.60~6.00	±0.30	+0.34 -0.08	0.04	0.22			
6.10~12.00	±0.35	+0.40 -0.10	0.05	0.25	+0.45 +0.05	0.10	0.40
12.10~25.00	±0.45	+0.50 -0.10	0.05	0.35	+0.57 +0.10	0.12	0.55
25.10~50.00	±0.60	+0.65 -0.15	0.05	0.45	+0.75 +0.20	0.15	0.80
50.10~75.00	±0.70	+0.75 -0.20	0.05	0.50	+1.00 +0.30	0.30	1.00
75.10~100.00	±0.85	+0.90 -0.30	0.05	0.55	+1.20 +0.40	0.35	1.25
100.10~125.00	±1.00	+1.00 -0.45	0.00	0.55	+1.40 +0.50	0.40	1.50
125.10~150.00	±1.10	+1.10 -0.50	0.00	0.60	+1.70 +0.55	0.60	1.65
150.10~175.00	±1.20				+1.90 +0.60	0.70	1.80
175.10~200.00	±1.30				+2.00 +0.65	0.70	1.95
200.10~225.00	±1.50				+2.30 +0.75	0.80	2.25
225.10~250.00	±1.60				+2.50 +0.90	0.90	2.50
250.10~275.00	±1.70				+2.80 +1.00	1.10	2.70
275.10~300.00	±1.90				+3.10 +1.00	1.10	2.90
300.10~325.00	±2.00				+3.10 +1.00	1.10	3.00

表 4-9 纯铝排材挤压偏差允许值 (mm)

厚度					宽度				
制品规格	成品偏差	挤压偏差	拉伸余量	工艺余量	制品规格	Q/XL602—97 成品偏差	挤压偏差	拉伸余量	工艺余量
≤3.00	±0.35	+0.38 -0.10	0.03	0.25	≤10.00	±0.40	+0.45 0	0.05	0.40
4.00~6.00	±0.40	+0.44 -0.10	0.04	0.30	12.00~15.00	±0.50	+0.58 +0.05	0.08	0.55
8.00~10.00	±0.50	+0.55 -0.15	0.05	0.35	20.00~35.00	±0.60	+0.70 +0.10	0.10	0.70
12.00~18.00	±0.60	+0.65 -0.15	0.05	0.45	40.00~80.00	±1.00	+1.20 +0.10	0.20	1.10
20.00	±0.70	+0.75 -0.20	0.05	0.50	100.00~120.00	±1.20	+1.40 +0.30	0.20	1.50
22.00~30.00	±0.80	+0.85 -0.25	0.05	0.55	125.00~150.00	±1.50	+1.80 +0.40	0.30	1.90
32.00~50.00	±0.90	+0.95 -0.30	0.05	0.60	160.00~180.00	±1.80	+2.10 +0.50	0.30	2.30
60.00~80.00	±1.00	+1.05 -0.30	0.05	0.70	190.00~220.00	±2.00	+2.30 +0.50	0.30	2.50
					230.00~250.00	±2.20	+2.50 +0.60	0.30	2.80
					260.00~300.00	±3.00	+3.30 +0.60	0.30	3.60

表 4-10 铝合金排材挤压偏差允许值 (mm)

厚度					宽度				
制品规格	成品偏差	挤压偏差	拉伸余量	工艺余量	制品规格	Q/XL611—97 成品偏差	挤压偏差	拉伸余量	工艺余量
3.0~6.0	±0.40	+0.44 -0.15	0.04	0.25	≤12.0	±0.50	+0.60 -0.10	0.10	0.40
7.0~15.0	±0.50	+0.55 -0.20	0.05	0.30	13.0~35.0	±0.60	+0.62 -0.05	0.12	0.55
16.0~30.0	±0.80	+0.85 -0.40	0.05	0.40	36.0~80.0	±1.00	+1.30 -0.20	0.30	0.80

续表 4-10

厚度					宽度				
制品规格	成品偏差	挤压偏差	拉伸余量	工艺余量	制品规格	Q/XL611—97 成品偏差	挤压偏差	拉伸余量	工艺余量
31.0~50.0	±1.00	+1.05 -0.50	0.05	0.50	81.0~150.0	±1.50	+1.90 0	0.40	1.50
51.0~100.0	±1.20	+1.25 -0.60	0.05	0.60	151.0~250.0	±2.00	+2.70 0	0.70	2.00
					251.0~300.0	±3.00	+4.00 -0.10	1.00	2.90

（3）棒材的不圆度应不超过直径的允许挤压偏差。

（4）方棒、六角棒材的挤压允许扭拧度如表 4-11 所示。

表 4-11　方棒、六角棒材的挤压允许扭拧度

方棒、六角棒内切圆直径/mm	≤14	>14~30	>30
每米允许扭拧度/(°)	90	60	45

（5）挤压型材的圆角半径的允许偏差应符合图纸规定，如图纸上未注偏差时，参照表 4-12。

表 4-12　挤压型材的圆角半径的允许偏差

圆角半径/mm	允许偏差/mm
≤1.0	不检查
1.1~3.0	±0.5
3.1~10.0	±1.0
10.1~25.0	±1.5

（6）异形棒、排材的工艺圆角半径的允许偏差应符合标准协议的规定，没有协议时参照表 4-13。

4.4.3　管、棒、型、线材组织性能检验取样规定与审查处理

4.4.3.1　显微组织（高倍组织）

A　取样部位

在挤压前端（淬火上端）切取。

表 4-13 异形棒、排材的工艺圆角半径的允许偏差

六角棒、方棒内切圆直径，扁棒、排材厚度/mm	工艺圆角半径最大允许值/mm
≤10	≤0.5
>10~30	≤1.0
>30~50	≤1.5
>50~100	≤2.0
>100	≤3.0

B 高倍试样数量

按技术标准规定，如一炉多批，则按批计算，如一批多炉，则按炉计算，试样长度一般为20~30mm。

C 审查与处理

高倍组织检验报告单上，如发现过烧，则整炉热处理制品全部报废，未过烧时则视为合格，可交货。

4.4.3.2 低倍组织

A 取样部位

一般在挤压制品尾端切取。需检查其焊缝质量的制品，低倍试样在挤压前端切取。

B 取样数量

按技术标准规定，试样长度为25~30mm。

C 审查与处理

（1）如果低倍检查报告为合格，则判制品为合格交货。

（2）如在低倍发现有裂纹、夹渣、气孔、疏松、金属间化合物及其他破坏金属连续性的缺陷时，则判该根制品报废，从其余制品中另取双倍数量试样进行二次复验。双倍合格则认为该批合格；如双倍不合格，则全批报废或100%取样检验，不合格根报废，合格根交货。

（3）如低倍发现缩尾时，应从制品尾端向前切取低倍试片检验，切下部分报废，无缩尾部分交货。

（4）棒材、厚壁管材允许有深度不超过直径偏差余量之半的成层存在；型材不允许有成层存在，但对经机械加工的型材，允许有深度不超过加工余量之半的成层存在。排材允许有深度不超过偏差余量的成层存在，但对经机械加工的排材，允许有深度不超过加工余量的成层存在；如超过，应继续从尾部开始切取，切至合格为止。

（5）对控制粗晶环的制品，如果超过技术标准或合同规定时，则应从制品尾部开始切至合格为止。

（6）当在低倍试片上发现有表面挤压裂纹时，按表面裂纹处理。

4.4.3.3 力学性能

A 取样部位

力学性能试样一般在挤压前端切取，纯铝排材在挤压尾端切取，冷加工薄壁管材取样部位不限制。

B 取样数量及长度

取样数量应符合技术标准或合同规定，试样长度应满足检验标准规定。

C 审查与处理

力学性能试验后制品是否合格，应根据技术标准、合同要求来判别，出现不合格试样时，允许进行如下处理：

（1）从该批（炉）制品中另取双倍数量的试样进行复验。双倍合格，认为全批合格。如仍不合格，则该批报废或100%取样检验，合格后交货。对不合格的该根制品，允许该根双倍复验，该根双倍合格，则该根制品可以交货。

（2）对力学性能不合格的制品可进行重复热处理，重复热处理后的取样数量仍按原标准规定。

（3）力学性能试样上发现有成层、夹渣、裂纹等缺陷时，按试样有缺陷处理，该根制品报废，另取同等数量的试样进行检验。

（4）力学性能试样断头、断标点时，如性能合格可以不重取，如不合格时，应重取试样检验，合格者交货。

4.4.3.4 物理工艺性能

按技术标准、合同要求进行取样、检验、审查与处理，具体方法与力学性能处理方法相同。

4.4.4 挤压材成品检查与质量控制

挤压材成品检查主要包括制品的化学成分、组织、性能、尺寸和形状、表面及标识等项目，按批进行检查验收，检查程序如下：

(1) 对提交检查验收制品的批号、合金、状态、规格与加工生产卡片对照是否相符。然后按合同订货规定的技术标准进行逐项检查。

(2) 审查组织、性能等各项理化检查报告是否齐全、清楚，逐项审查合格后方可进行尺寸、表面检查，对不合格项要进行处理。

(3) 进行尺寸外形及表面质量检查，检查质量标准要严格执行成品技术标准、图纸的相应规定。检查应在专门的检查平台、检查架上，用量具或专用样板进行，其量具精度应达到规定精度。尺寸外形检查按相应技术标准来检查直径、内径、厚度、壁厚不均、外形尺寸、空心部分尺寸、平面间隙、扭拧度、波浪、弯曲度及定尺长度等。

表面质量检查，目前绝大部分制品仍靠目视进行100%检查。其检查项目主要是挤压裂纹、起皮、碰伤、擦划伤、气泡、金属及非金属压入、腐蚀斑点等。对薄壁小直径管材内外表面质量检查可用涡流穿过式自动探伤来进行，特殊要求的棒材、型材在成品检验时，还应进行100%超声波探伤检验。

5 铝合金板、带、箔材缺陷分析与质量控制

5.1 铝合金铸轧制品缺陷分析与质量控制

铸轧生产是将铸造和轧制两种生产工艺结合在一起，所以在生产中既会产生冶金缺陷，也会产生轧制缺陷，还会产生铸轧工艺特有的缺陷。这些缺陷对产品的质量都有影响，因此，加强对铸轧缺陷的检查，提高铸轧产品的质量，对提高最终产品的质量具有极其重要的意义。本章着重介绍在变形铝合金铸轧工序中常见缺陷的组织特征、形成机理和消除方法。

5.1.1 夹杂

铸轧板的表面或内部，其宏观或显微组织上和超声波检查中出现的与基体金属颜色不同的金属或非金属夹杂物缺陷，会破坏基体组织的连续性，是一种不可修复的缺陷，严重时会报废。

5.1.1.1 主要的产生原因

(1) 原材料中的铝锭、中间合金、废料等含有油污、水分等杂质，易形成氧化物及难熔物夹杂；添加剂中的覆盖剂、打渣剂、精炼剂、细化剂等，易形成钾、钠、氯、Al_3Ti、TiB_2 等夹杂；石墨转子、石墨乳及热喷涂使用的燃烧介质、精炼气体、熔炼及流槽加热用的燃烧介质，如重油、液化气等，易形成碳、氮化铝、氯、硫等夹杂。

(2) 炉子、供流系统、工具等不洁净、铸嘴细屑、铸嘴掉皮、挂渣等，易形成钙、硅氧化铝等夹杂。

(3) 工艺及操作不当，如熔体扒渣不净、搅拌不当、熔炼温度过高、熔炼时间过长等，易形成氧化夹杂。

(4) 脱气、过滤效果不好。

5.1.1.2 防止方法

(1) 确保原辅材料的洁净，所用的铝锭、中间合金、废料等无

油污、水分；选用优质的添加剂、石墨乳及燃烧介质等。

（2）炉子要定期清炉，确保炉子、供流系统、工具等干燥、洁净。

（3）采用热喷涂、石墨喷涂时，要调整好配比及喷涂量，确保喷涂均匀。

（4）加强精炼脱气及熔体的过滤净化，提高过滤精度。

（5）尽量缩短熔炼时间，适当降低熔炼温度，在生产操作时避免氧化皮混入熔体。

（6）立板前要把嘴腔和辊面铝屑吹扫干净，尽量减少挂渣，若铸嘴损坏要及时停机更换。

5.1.2 热带

在铸轧时，液态金属因未完成结晶，呈熔融状态被轧辊带出来的板面缺陷，称为热带。因未受轧制作用，其外形是较为粗糙的铸态组织，沿板面纵向延长。多出现于板面中部，有时在边部出现，习惯上边部热带称为凝边。

5.1.2.1 主要的产生原因

（1）前箱温度偏高，在铸轧区内由于温度分布不均、温度偏高，易导致局部液穴变深，熔融金属来不及凝固即被轧辊带出，形成热带。

（2）前箱液穴偏低、温度偏低时，静压力不足和金属流动性差，使局部金属供流不足，或提前凝固堵塞，板面出现金属缺损。

（3）铸轧速度过快，由于结晶前沿宽度方向上的温度分布不均匀，液穴深度不一致，当铸轧速度超过极限速度时，液穴较深部分来不及结晶即被轧辊带出而形成热带。

（4）供料嘴嘴腔内部堵塞、铸嘴挂渣、掉嘴皮、边部耳子损坏等，会引起轧制条件的改变而形成热带。

5.1.2.2 防止方法

（1）合理安排铸嘴垫片，尽量使金属液流通畅和温度均匀。

（2）适当调整工艺参数，当出现热带时，首先检查工艺参数是否合适；前箱温度偏高时要采取降温措施，偏低时要加热升温；液面低时要适当提高液面，同时适当降低铸轧速度。

（3）对嘴腔堵塞、挂渣等，可采取断板措施，断板时及时清理堵塞金属或挂渣，否则应停机重新立板。

（4）若铸嘴及边部耳子破损，则应停机重新立板

5.1.3 气道

铸轧板在凝固时析出的氢气在轧辊的压力下挤向液穴，聚集在铸嘴前沿，经较长时间后，气体逐渐聚集，形成气泡，在铸轧过程中，拉长的气泡沿板坯纵向延伸，在板面上呈现连续不断的白道，称为气道。该缺陷一般出现在板坯的上半部，较严重时，由于气泡阻碍液态金属的流动，影响液体供流，在板面上会出现孔洞。轻微的孔洞，肉眼不易看出，但在后续工序加工时会表现出来。气道的存在，会导致后续工序加工时断带和产品出现针孔、孔洞等缺陷。

5.1.3.1 主要的产生原因

（1）熔体质量的影响。熔体夹杂较多时，易导致供料嘴挂渣或阻塞，阻碍液体金属供给，在两侧液流交汇处气体易聚集形成气泡。熔体氢含量愈高，愈容易聚集。

（2）工艺参数的影响。熔体温度偏高、熔炼时间过长，熔体氢含量增多；铸轧速度偏快，熔体中的氢来不及析出等均可形成气道。

（3）辊套裂纹的影响。铸轧过程为冷热交换过程，若辊套存在较深的裂纹，其在热交换时贮存的水和气体在铸轧过程中溢出进入熔体形成微小气泡。

（4）防粘系统的影响。若采用毛毡清辊器防粘时，毛毡拍打辊面所掉在辊面上的羊毛随轧辊的转动会堆积于铸嘴前沿，在高温烧结时产生气体，会进入熔体中形成气泡；采用石墨喷涂，石墨水溶液喷涂在辊面上，若没有完全挥发，会在铸轧区内析出气体形成气泡。

（5）供流系统的影响。流槽、供料嘴干燥不好或吸潮大，在生产中会析出气体，增加氢含量而形成气泡。

5.1.3.2 防止方法

（1）加强精炼除气，提高过滤精度，确保熔体洁净。

（2）尽量缩短熔炼时间，避免熔体过热。

（3）改进轧辊防粘系统，如采用热喷涂，减少气体的来源。

（4）轧辊出现裂纹时，要及时更换车磨。

（5）确保供流系统（如流槽、供流嘴等）干燥，加强预热和保温措施。

（6）断板一方面可以去掉聚焦气泡的气体，另一方面可以清除挂渣，保证嘴腔内熔体的通畅。

5.1.4 偏析

偏析是铸轧板常见的缺陷，主要有中心线偏析、表面偏析和分散型偏析等。偏析的存在会降低铝箔的强度、伸长率及表面质量，严重的偏析在冷轧加工时会出现裂纹。

5.1.4.1 中心线偏析

中心线偏析是指在铸轧板中心面或附近，沿铸轧方向延伸的，富含粗大共晶组织和粗大金属间化合物、杂质元素等形成的偏析。

A 主要的产生原因

（1）铸轧速度偏高和熔体过热，液穴深度加深，中心线偏析增加。

（2）冷却强度低，板坯与辊面热交换率低，导致凝固时间长，中心线偏析增加。

（3）合金结晶范围宽，板厚增加，中心线偏析增加。

（4）嘴腔前沿开口偏小，易产生中心线偏析。

B 防止方法

（1）防止熔体过热，适当降低铸轧速度。

（2）提高冷却强度，增加冷却水量和水压，定期清理辊芯，确保水道畅通。

（3）选择合适的嘴腔前沿开口，根据板厚选择工艺条件，每一铸轧板厚度都存在一个不产生偏析的极限速度。不出现偏析的板厚随着铸轧速度的提高而减薄。

（4）加入晶粒细化剂，改善化学成分的均匀性。

5.1.4.2 表面偏析

表面偏析是在铸轧过程中，受工艺参数及工装条件的影响，在铸轧板表面富集大量的溶质和杂质元素造成的偏析。从外观上看有点状偏析和条状偏析之分。

A 主要的产生原因

（1）铸轧速度过高，熔体过热，导致铸轧区内液穴加深，凝壳变薄，易发生重熔析出，形成表面偏析。

（2）铸轧供料嘴在安装时，嘴辊间隙过小或对中不好，造成嘴辊摩擦，嘴唇前厚度发生变化，影响传热的均匀性，板面易形成点状偏析。供料嘴使用过程中，若局部损坏，嘴腔局部阻塞，则易形成条状偏析。

（3）供料嘴前沿开口过大，易出现表面偏析。

（4）轧辊材质不均或辊芯局部阻塞，必然使局部发生较薄凝壳，液穴区拉长，易出现重熔，共晶熔体从板材中心部位向表面枝晶间渗透。

（5）结晶区间较宽的合金，其表面偏析较重。

B 防止方法

（1）避免熔体过热，适当降低铸轧速度。

（2）适当调整铸轧区及板厚，使变形区增大，板、辊接触更紧密，减少重熔析出。

（3）安装供料嘴时，要保证嘴、辊间隙、嘴唇前沿的对中，铸嘴磨削后要保证辊面的清洁和嘴腔的通畅，合理的嘴腔厚度和垫片分布，确保结晶前沿的温度均布。

（4）及时清洗轧辊沟槽，保证冷却水的通畅和有足够的冷却强度。

5.1.4.3 分散型偏析

分散型偏析是表面偏析和中心线偏析之间的一种过渡形式的偏析，是由于板带中心带的树枝状晶间的液体移动所致。其偏析条与中心线呈一定角度，向中心线周围地区分散排列。随着铸轧速度的提高，铸轧板会出现从粗大中心线偏析到分散型偏析和表面偏析的变化。其防止措施可参考以上两种缺陷的处理方法。

5.1.5 粗大晶粒

铸轧板的晶粒度是衡量铸轧板质量的重要指标。晶粒度越细越好，在后续工序加工时可获得良好的性能和表面质量。但由于工艺条件所限，粗大晶粒亦时有出现，其中较为严重的是羽状组织。

5.1.5.1 主要的产生原因

(1) 熔体温度过高或熔体局部过热。

(2) 熔体在炉内静置时间过长。

(3) 冷却强度低，如冷却水温偏高和流量偏低。

(4) 局部铸轧条件发生变化，造成铸轧板局部晶粒粗大。

5.1.5.2 防止方法

(1) 采用晶粒细化剂。

(2) 避免熔体过热，尽量缩短熔炼和静置时间。

(3) 提高冷却强度。

(4) 对于因铸嘴局部破损、阻塞等铸轧条件变化引起的局部晶粒粗大，要根据现场情况进行调整。

5.1.6 板形

铸轧板理想的板形应当是横向板形呈抛物线分布，厚差斜度不大于0.01mm/100mm，纵向厚差斜度不大于0.03mm/100mm。但要实现理想板形是很困难的。实际上为各生产厂家所接受的板形标准是：板两边的厚差要求小于实际板厚的1%；板凸度为0~1%；一周纵向板差小于2%。在生产中由于受工艺、工装条件的影响，铸轧板会出现一些异常缺陷，如凹板、凸度过大、两边厚差过大、局部板厚突变等。

5.1.6.1 凹板

凹板表现为两边厚，中间凹，在后续工序加工时会出现两边波浪等缺陷。

A 主要的产生原因

(1) 辊型磨削凸度偏大。

(2) 冷却强度不够。在铸轧过程中，由于温度的分布从边部向中部递增，轧辊辊套的膨胀变形也由边部向中部逐渐增大，由于受膨胀变形的影响，造成铸轧板中间凹陷。

(3) 铸轧区过小。铸轧区小，轧制力和热加工变形小。

(4) 铸轧速度过高。铸轧速度过高，铸轧区液穴加深，轧制力和热加工变形小。

B 防止方法

(1) 减少轧辊磨削凸度，必要时可使磨削凸度为负值。

(2) 增加冷却水的流量和压力。

(3) 加大铸轧区。通过后退铸嘴支撑小车进行调整。

(4) 降低铸轧速度和前箱温度。

5.1.6.2 凸度过大

铸轧板凸度过大，在后续工序加工时易引起中间波浪。

A 主要的产生原因

(1) 合金成分的影响。随着合金元素铁、硅、锰等的增加，铸轧板凸度有所增加。

(2) 板宽的影响。随铸轧板宽度的增加，铸轧板凸度有所增加。

(3) 轧辊磨削的影响。轧辊磨削凸度过小，易造成铸轧板凸度过大。

(4) 铸轧区的影响。铸轧区增大，轧制力和热加工变形增大，铸轧板凸度变大。

(5) 轧制速度小和前箱温度低，铸轧区液穴变浅，轧制力和热加工变形增大，铸轧板凸度变大。

(6) 轧辊硬度变化的影响。铸轧辊在使用一段时间后，硬度变低，引起凸度增大。

B 防止方法

(1) 增大轧辊的磨削凸度。

(2) 合理安排生产作业。

(3) 缩短铸轧区，适当推进铸嘴支撑小车，调整铸轧区长度。

(4) 适当提高铸轧速度和前箱温度。

5.1.6.3 两边厚差大

铸轧板两边厚差大，在后续工序轧制时引起单边波浪。

A 主要的产生原因

(1) 原始辊缝调整不合适。

(2) 轧辊磨削圆锥度偏大。

(3) 轧辊轴承间隙过大。

(4) 冷却水进、出水温温差大。

(5) 液压系统不稳或有泄漏。

(6) 两端铸轧区大小不一致，可根据板卷的错层情况进行判定。

B 防止方法

(1) 生产前要调整好原始辊缝。

(2) 轧辊磨削圆锥度、同轴度要符合要求。

(3) 减小轧辊轴承间隙。

(4) 冷却水水温要恒定，可增大冷却水量和水压。

(5) 检查液压系统是否泄漏，确保其稳定。

(6) 观察板卷错层状况，对铸轧区进行调整。

5.1.6.4 局部板厚度突变

铸轧板局部板厚度突变可引起后续工序加工时产生局部波浪。

A 主要的产生原因

(1) 轧辊材质的影响。由于材质不均，导致硬度和热交换不均，引起板厚度突变。

(2) 辊芯水槽阻塞，结垢严重，导致辊套受热不均，引起铸轧板厚度局部突变。

(3) 防粘系统如石墨喷涂、热喷涂等喷涂不均，导致辊套热交换不均，引起铸轧板厚度局部突变。

(4) 铸轧板局部粘辊可引起板厚度突变。

(5) 铸嘴垫片分布不合理，肋部垫片过长或过短，会造成肋部厚度变化。

B 防止方法

(1) 合理的循环水道结构，确保水流的连续性，对阻塞、结垢等及时清洗。

(2) 防粘系统的喷涂要均匀。

(3) 若是辊套材质不均引起铸轧板厚度突变，应重新换辊。

(4) 合理加工和分布嘴腔垫片。

5.1.7 裂纹

常见的铸轧板裂纹在板面呈月牙形分布（也称为马蹄裂），分布不规则，裂纹之间单独存在。裂纹的存在会使后续工序加工时出现孔洞、断带等缺陷。

5.1.7.1 主要的产生原因

（1）结晶过程的影响。在铸轧区液态金属与辊套进行热交换，沿辊套周向发生凝固，由于凝壳较薄，一方面在结晶潜热的作用下，凝壳发生重熔，形成结晶裂纹；另一方面在凝固收缩时产生应力裂纹，若裂纹得不到补缩和焊合，则在铸轧板表面上表现出来。产生裂纹的倾向和合金的收缩系数及结晶区间大小有关。收缩系数越大，结晶区间越宽，裂纹倾向越大。

（2）轧制变形和剪切应力的作用。在铸轧区结晶前沿，由于受嘴腔垫片分布、辊面状况等的影响，其温度是不均匀的，有些地方可能出现较深的液穴。在铸轧过程中，一方面受轧制力作用发生变形，另一方面由于轧辊向前转动，内层液态金属相对于表面凝壳有较大的后滑运动，产生剪切作用。在两者的作用下会使晶界撕裂，形成裂纹。

5.1.7.2 防止方法

（1）合理布置供料嘴垫片，保持良好的辊面状态，使结晶前沿的温度分布均匀。

（2）适当减小铸轧区，降低铸轧速度和铸轧温度，使铸轧区凝壳增厚，在轧制变形时不易撕裂。

（3）尽量缩短熔炼时间，避免熔体过热；采用细化剂，增加形核能力，细化晶粒，提高塑性，减小裂纹倾向。

（4）加强精炼除气，提高过滤精度，减少夹渣，防止局部出现应力集中。

5.1.8 粘辊

5.1.8.1 主要的产生原因

（1）对于新磨削的轧辊，辊面为新生面，当轧入液态金属时，轧辊新生面与其紧密接触，此时热传递系数最大，液态金属与辊面的黏结力最强，易出现粘辊。

（2）在生产时，若熔体过热，铸轧速度过快，液穴加深，粘着区弧长加长，铝与辊面的摩擦系数增大，易出现粘辊。若辊芯局部阻塞，辊面温度升高，使局部铸轧条件遭破坏，粘辊的倾向性增大。

（3）防粘系统，如石墨喷涂等涂层不当，影响热交换及铝与轧辊间的摩擦系数，易发生粘辊。

5.1.8.2 防止方法

（1）避免熔体过热，适当降低铸轧速度。

（2）提高冷却强度，确保冷却水的畅通。

（3）对新磨削的轧辊，使用前进行烘烤，使辊面形成氧化保护膜和碳层，改善热交换条件和减小铝与轧辊间的摩擦系数。

（4）生产中出现粘辊时，要及时调整防粘系统，确保热交换与摩擦润滑的平衡。

（5）增加卷取机的张力，有利于减轻粘辊。

5.1.9 表面条纹

5.1.9.1 纵向条纹

纵向条纹是指沿铸轧板纵向出现的表面条纹，一般贯穿整个纵向板面。

A 主要的产生原因

（1）嘴、辊间隙过小，嘴唇前沿摩擦辊面形成摩擦印痕。

（2）铸嘴局部破损，铸轧时结晶条件遭到破坏形成纵向条纹。

（3）铸嘴嘴唇前沿挂渣或嘴腔局部阻塞，铸轧条件改变形成纵向条纹。

（4）嘴扇之间的接缝间隙过大，易在接缝处出现纵向条纹。

（5）轧辊辊面磨削不好，易出现周期性纵向条纹。

（6）轧辊辊面、牵引辊辊面有划痕，会产生纵向条纹。

B 防止方法

（1）要保证良好的嘴、辊间隙，尽量避免嘴、辊接触产生摩擦。生产时若出现条纹，可后退铸嘴予以解决。

（2）要确保辊面处于良好状态。

（3）铸嘴局部损坏时，要停机重新立板。

（4）对于铸嘴前沿挂渣，嘴腔局部阻塞可采用“断板”措施清除挂渣和堵塞物，最好是在嘴扇使用前，在嘴扇前沿刷涂一层氮化硼涂料，减少挂渣。

5.1.9.2 水平波纹

铸轧板存在水平波纹时，在其波纹线皮下是较粗大的树枝晶组织和较粗大的化合物颗粒，除影响外观质量外，严重时，在拉伸、弯曲加工时会出现裂纹。

A 主要的产生原因

水平波纹的产生与弯液面和铝凝壳有关。弯液面较稳定时，没有波纹线产生；若弯液面变化较大，一会儿在轧辊上，一会儿又移至凝壳上，则从铸嘴进入的熔体，要在不同的凝固条件下结晶，就导致了水平波纹的产生。铸轧速度过大，嘴、辊间隙过大，前箱液面高度不稳定，均增加弯液面的不稳定性，易出现水平波纹。若弯液面与凝固区发生局部作用，则会产生虎皮纹。

B 防止方法

（1）适当降低铸轧速度；

（2）保持前箱液面高度的稳定；

（3）适当减小铸嘴和轧辊间隙。

5.2 铝合金热轧制品的缺陷分析与质量控制

5.2.1 铝合金热轧制品的质量控制

热轧质量控制是热轧产品生产的重点。热轧过程中，首先要确保过程的正常进行，防止因裂边、表面裂纹等引起的断带；其次要确保生产出的产品满足后部工序的需要，后部工序要求包括：尺寸符合要求（厚度、宽度、长度或卷径），板形符合要求（中凸度、楔形率、波浪），表面质量符合要求，性能符合要求（纵向、横向和高向）等。为了能正常连续稳定地生产出合格的产品，热轧机配置有一些专用的控制系统，主要包括厚度控制系统、板形与板凸度控制系统、温度控制系统、乳液控制系统等。

5.2.1.1 厚度控制

铝板带材厚度精度是铝热轧过程控制的重要指标之一。带材的厚度及偏差控制主要通过自动厚度控制系统（AGC）来实现。自动厚度控制系统利用的基本方程是弹跳方程和辊缝方程。由于影响轧机弹跳和辊缝形状改变的因素很多，特别是工艺参数、轧机参数、化学成分的变化等，现代化铝热轧机通过输入实际成分值来实现成分以及不同温度合金收缩率自动补偿，而工艺参数和轧机参数的变化引起的厚差则通过 MMC、GM-AGC、ABS-AGC、M-AGC、RE-AGC 以及前后张力补偿、弯辊力补偿、加速度补偿、尾部补偿等手段来调控，因此，带材厚度及偏差的控制手段与技术，特别是与其设备配置相适应的工艺模型的准确率非常重要。它将影响预设定和调控的准确率，从而影响带卷全长范围内的厚度稳定性及均匀性。

5.2.1.2 板形与凸度控制

铝板带材板形和凸度是热轧控制的重要指标，由于它们具有遗传性，会直接影响后部工序冷轧的板形和凸度。获得优良板形和凸度是依靠精确检测和多重高效控制手段来实现的。

随着智能化的板形和凸度检测技术和工艺模型等应用技术在铝合金热连轧技术方面的广泛应用，通过过程控制计算机快速准确地实施带卷板形和凸度控制已经取得了巨大进步，在铝板带板形检测方面，除了普通板形仪的检测精度提高外，高分辨率的光学板形检测仪也开始用于铝合金热连轧，并实现了闭环反馈控制，在凸度检测方面，扫描式凸度仪正逐渐被固定式多通道凸度仪所取代，这使得带卷横断面轮廓检测更真实，更有利于快速准确地实施包括预控和在线调控在内的前馈和反馈控制。在工艺模型方面，利用神经元网络或遗传表格建立起了适应性很强的各种物理、数学模型，如轧制力模型、轧辊热凸度模型、辊系弹性变形模型等，它们是组建板形和凸度控制模型的基础。

5.2.1.3 温度控制

轧制温度是铝带热轧过程中的重要参数，它不仅影响金属的变形抗力、塑性和变形性能参数的大小，而且它还通过金属的组织结构影响轧后产品的组织性能，热轧温度控制主要控制开轧温度、过程温度和终轧温度，而终轧温度是热轧温度控制的重点。

传统热轧采用手持式热电偶对铸锭、中间板坯和热轧卷进行温度测量，对卷材温度的测量方式采取事后测量（用作温度检查），对控制不起作用。随着非接触式高温计的发展和在线高精度温度实时检测系统的应用，由以前的事后检查变为温度反馈控制，使得在整个热轧卷长度方向上的温度都处于受控状态，实现了热轧卷温度在线控制，其控制精度小于8℃，为获得稳定的带材性能提供了保证。

以某现代化热连轧机列为例，介绍生产线上各测温点的布置和功能，5处测温点分别为：炉前测温，厚剪前测温、薄剪前测温，连轧机出口测温和卷材测温，如图5-1所示。

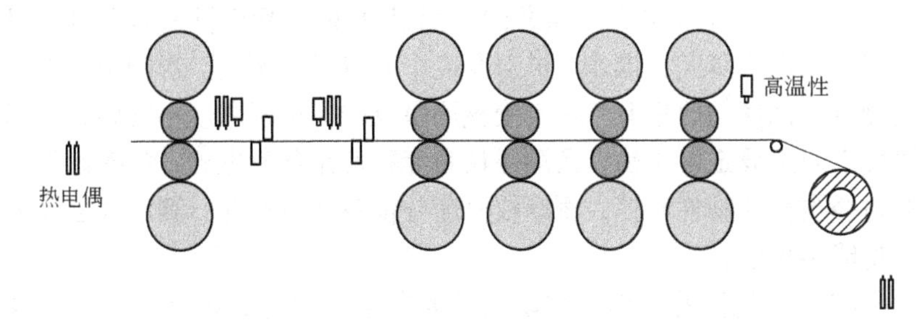

图5-1　某现代化热连轧机列热电偶配置示意图

5.2.1.4　乳液控制

铝热轧是轧件与轧辊在高温、高压、高摩擦条件下的轧制过程。铝热轧通常用乳液进行润滑与冷却。乳化液是控制铝板咬入板形和粘铝、色差等表面质量的关键因素。为实现板材在轧制时的良好咬入，在热轧时要有良好的冷却稳定性能；通过控制乳液喷射量来控制轧辊温度；现代化热连轧机组乳液多采用乳液分段分级控制，根据板带材板形需要控制相应的辊型；乳液的冷却性能和均匀性是控制轧辊粘铝和色差产生的重要因素。同时，乳液也用作辊道润滑、铸锭入口清洗、剪刀润滑等。这些功能的实现就要建立一套符合上述要求的乳液控制系统来完成。

乳液对工作辊、支撑辊，辊缝处的喷射冷却的连续性、均匀性和可控制性是至关重要的，它们直接影响轧辊粘铝状态、咬入状态以及铝合金板带材表面质量等。

5.2.2 铝合金热轧工序常见缺陷与控制

5.2.2.1 尺寸缺陷与控制

A 厚度缺陷与控制

a 常见厚差缺陷

厚差不合格现象包括：

(1) 厚度中心点漂移——整体偏厚与偏薄；

(2) 厚度波动——有规律的周期性波动与无规律的上下波动。

b 原因分析

(1) 产生厚度中心点漂移的原因是厚度反馈控制中的出口测厚仪测量数据不真实，操作人员对厚度中心点设定不当。影响出口测厚仪测量准确性的因素有：用于校核测厚仪的标准板厚度不准确，引起厚度中心点设定不正确以及测厚仪厚度补偿系数不准确；放射源发出的射线被其他物件所挡；测厚仪厚度补偿系数不准确；测厚仪自动清零功能不稳定。

(2) 有规律的周期性波动主要的产生原因是轧辊磨削精度不高所致，轧辊在径向上的尺寸精度在厚度控制上表现出很强的遗传性；无规则上下波动主要的产生原因，一是生产过程中频繁加减速和其他工艺参数的变化；二是厚控调节机构中产生振荡；三是测厚仪相关部位产生了松动或电离室漏气等。

c 解决途径与办法

(1) 定期对轧机测厚仪进行标定、修正和维护，提高测厚仪的精度和准确性：

1) 制作一套高精度的标准板，使测量数据真实可靠。因测厚仪工作环境差，对测量精度有很大影响。随着时间的延长，精度降低，因此需要经常使用高精度的标准板对系统进行标定，以此来消除误差。其精度应达到 0.5μm。用这样的标准板标定测厚仪后，使测厚仪的测量数据误差可以控制在 1μm 以内，从而提高测量数据的可靠性和测量精度。

2) 修定出口侧补偿系数 slope 值（同位素测厚仪）。轧机使用的同位素测厚仪每个传感器有一个基本的标准曲线，其斜率值为

1.0000，偏值为 0.000，如图 5-2 中的呈 45°的斜线，每种合金参考这个基本的校准曲线有唯一的斜率值和偏值。

其标定和修正方法如下：

① 设置当前合金代码为“1”；

② 进行零点标准化工作；

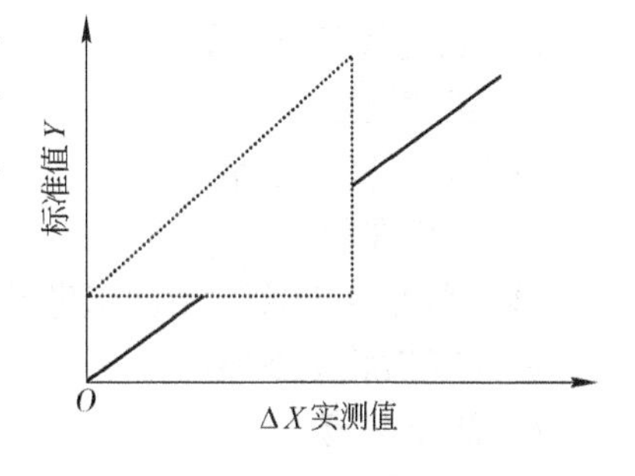

图 5-2 测厚仪 slope 标准曲线

③ 用不同合金、不同厚度的标准板进行测试，记下实际值，每种厚度共做三组，记下三组实测值；

④ 用记下的三组值（同一厚度的），求出平均值 ΔX；

⑤ 设标准板的厚度为 Y；

⑥ 用公式 slope = $Y/\Delta X$ 就可求出某一合金当前的实际斜率值，然后在系统中对 slope 值进行修改。使用以上方法就可求出其他所有合金的 slope 值，从而完成对测厚仪的标定和修正。

（2）对厚控系统的定期维护工作。定期清洁测厚仪射线检测器窗口以及测厚仪相关元件，保持整个测厚仪密封的完整性；检查测厚仪供气压力，保持压力正常；检查放射源打开/关闭动作以保证正常可靠；检查测厚仪供电电压，保证系统正常可靠运行；检查测厚仪进/出限位开关，保证其位置准确。

（3）提高磨削操作技能，规范工作辊和支承辊的管理。根据厚控原理，轧辊在径向上的尺寸精度在厚控上表现出强的遗传性，因此提高轧辊的磨削精度就显得尤为重要。

1）加强轧辊管理，所有的轧辊磨完后都必须用千分表检测，圆跳小于 3μm 方可投入生产。

2）定期对轧机工作辊进行磨削基准检测，对基准圆跳动大的轧辊进行修磨，使之符合要求。

3）对支承辊的圆度辊径等进行检测，要求辊颈辊身圆跳动不大于 3μm。对辊颈圆度大的支承辊进行磨削修复。

4）为保证辊型精度，磨辊温度和辊身温差必须严格控制。

B 宽度缺陷与控制

a 宽度缺陷

这是指过宽或过窄。

b 产生原因

圆盘剪宽度设置不当；未考虑冷收缩量；热粗轧滚边量控制不当；斜轧或横轧量不够。

c 防止措施

建立不同合金的热胀冷缩经验数据或数理模型，切边预留冷收缩量；加强责任心，认真执行规范。

5.2.2.2 板形缺陷与控制

A 板形不良

板形不良包括中凸度不合格、楔形率超标、波浪（边浪、中浪等）、镰刀弯等。

B 产生原因

根本原因在于辊缝形状和铸锭横向厚差。

影响辊缝形状的因素：轧辊原始辊型（凸度、锥度、辊型曲线）；轧制工艺；辊型调节手段（弯辊、倾斜、乳液冷却）等。

影响铸锭横向厚差的因素：铣面时铸锭的位置与角度。

C 防止措施

出现板形缺陷按以下顺序进行调节或查找问题：

（1）首先利用设备配置的板形调节手段（弯辊、倾斜、分段冷却及其他调节手段）进行调节，出现两边部波浪时，加大正弯或减小负弯、加大边部乳液冷却；出现单边浪时，进行对应边部辊缝加大；出现中间波浪时，加大中间乳液流量、加大负弯或减少正弯。

（2）调节轧制工艺（轧制速度、道次变形量），出现边部波浪时可减少变形量或加快轧制速度。

（3）抽出轧辊，检查轧辊原始凸度，轧辊原始凸度太小或负的太多，容易出现轧后板材中凸度太大或出现边浪，反之容易出现轧后板材产生负凸度。检查轧辊锥度，锥度大容易出现单边浪。

（4）检查乳液喷嘴是否有堵塞，如有则容易出现局部位置的成串波浪。

(5) 检查凸度检查仪是否有异常。

(6) 检查铸锭横向厚差，若厚差大则容易产生镰刀弯（侧向弯）。

(7) 修改或完善工艺，包括生产前轧辊预热规范、生产顺序、轧辊原始凸度的优化、生产前设备检查制度等。

5.2.2.3 组织性能缺陷与控制

A 常见的性能缺陷

性能不合格主要是 H112 的强度，组织不合格主要是厚板心部组织变形不充分、带材头尾与中部的差异。

B 产生原因

轧制温度（主要是终轧温度）、轧制速度、道次变形量和总加工率等控制不合理。

C 防止措施

(1) 预排轧制道次分配表，计算各道次变形区形状系数，确保最后 2 ~4 个道次心部变形比表层更容易。

(2) 根据成品厚度计算铸锭厚度，总变形率应不小于 70%，否则应对铸锭质量提出更高要求。

(3) 做热塑性模拟试验，利用试验结果并结合工厂设备实际状况，计算轧制速度和道次变形量。

(4) 建立不同终轧温度情况下材料力学性能的数据库。

5.2.2.4 表面缺陷与控制

表面缺陷种类很多，下面只就一些典型缺陷加以说明。

A 非金属压入

a 缺陷定义及特征

非金属杂物压入板、带表面，表面呈明显的点状或长条状黄黑色缺陷，如图 5-3 所示。

b 产生原因

(1) 轧制工序设备条件不清洁；

(2) 轧制工艺润滑剂不清洁；

(3) 工艺润滑剂喷射压力不足；

(4) 板坯表面有擦划伤。

B 金属压入

a 缺陷定义及特征

金属屑或金属碎片压入板、带表面；压入物刮掉后呈大小不等的凹陷，会破坏板、带表面的连续性，如图5-4所示。

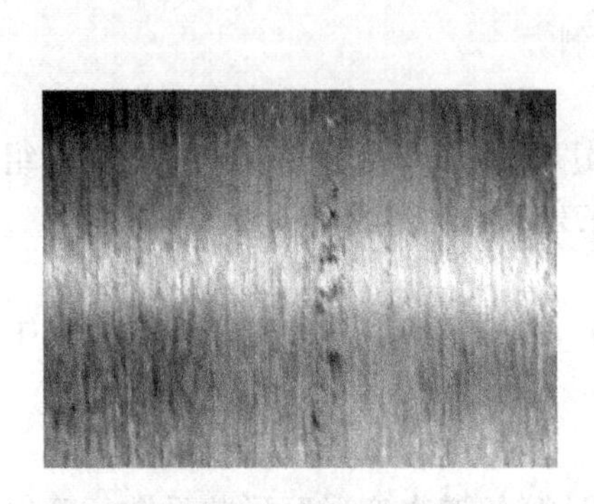

图5-3 非金属压入

图5-4 金属压入

b 产生原因

（1）热轧时辊边道次少，裂边的金属屑、条掉在板坯表面后压入；

（2）圆盘剪切边工序质量差，产生毛刺掉在带坯上经轧制后压入；

（3）轧辊粘铝后，其粘铝又被压在板坯上；

（4）热轧导尺夹得过紧，带下来的碎屑掉在板坯上后被压入。

C 表面气泡

表面气泡见图5-5。

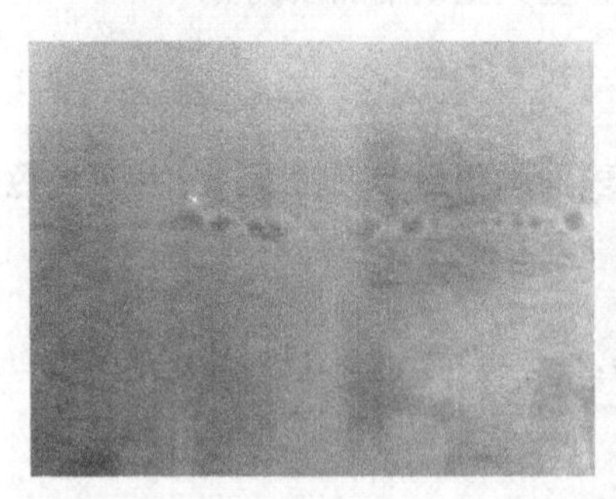

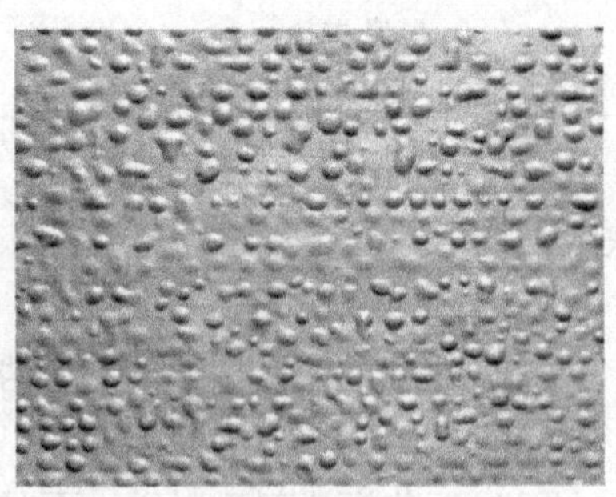

图5-5 表面气泡

a 缺陷定义及特征

板、带表面不规则的圆形或条状空腔凸起；凸起的边缘圆滑、板片上下不对称，分布无规律。

b 产生原因

(1) 铸块氢含量过高；

(2) 铣面量小，表面有缺陷或有印痕或刀痕较深；

(3) 乳液进入包铝板与铸块间；

(4) 铸块加热温度过高或时间过长。

D 乳液痕迹

乳液痕迹见图5-6。

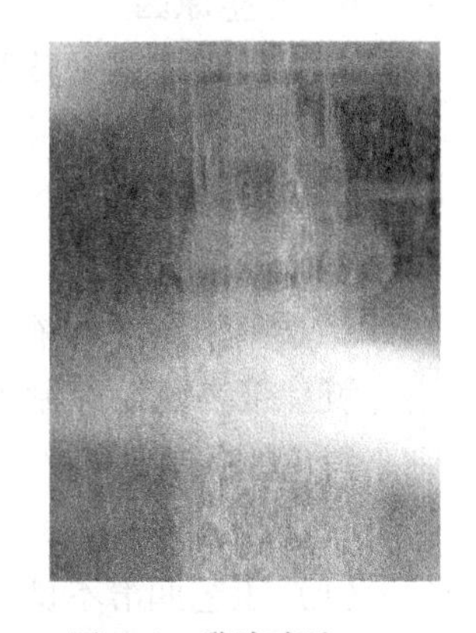

图5-6 乳液痕迹

a 缺陷定义及特征

板、带表面残留的呈乳白色或灰黑色点状、条状痕迹。

b 产生原因

终轧温度低，乳液不能挥发，吹扫有故障。

E 贯穿气孔（见图5-7）

图5-7 贯穿气孔

a 缺陷定义及特征

板材表面呈现出一种表面及边缘圆滑的圆形或长条形的贯穿板材整个厚度的空腔凸起，具有对称性。这种凸起分布是无规则的。

b 产生原因

铸锭质量不好，氢含量过高，有集中气孔。

F 起皮

a 缺陷定义及特征

板材表面的局部起层。成层较薄，破裂翻起。

b 产生原因

（1）铸锭表面平整度差或铣面不彻底；

（2）加热时间长，表面严重氧化。

G 小黑条

小黑条见图5-8。

图5-8 小黑条

a 缺陷定义及特征

板、带表面沿轧制方向分布的细小黑色线条状缺陷。

b 产生原因

（1）工艺润滑不良；

（2）工艺润滑剂不干净；

（3）板带表面有擦划伤；

（4）板带通过的导路不干净；

（5）铸轧带表面偏析或热轧用铸块铣面不彻底；

（6）金属中有夹杂；

（7）7×××系合金开坯轧制时，产生大量氧化铝粉，并压入金属，进一步轧制产生小黑条。

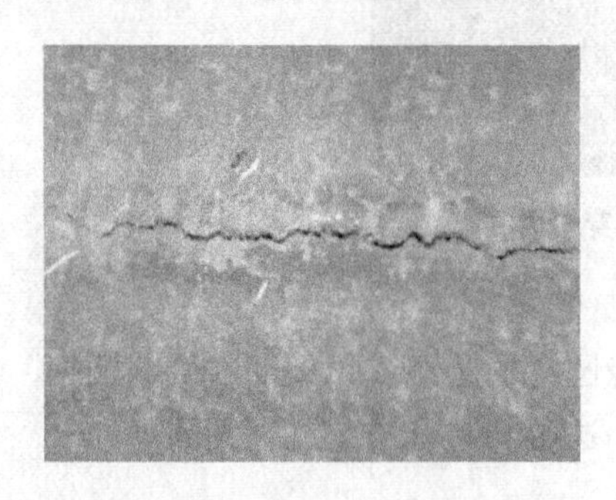

图5-9 裂纹（表面裂纹）

H 表面裂纹

表面裂纹见图5-9。

a 缺陷定义及特征

板、带表面与压延方向有呈直角的裂口。

b 产生原因

（1）铸锭加热温度过高；

（2）道次压下量过大；

（3）铸锭表面质量差。

5.2.2.5 其他缺陷与控制

A 裂边

裂边见图 5-10。

a 缺陷定义及特征

板、带边部破裂，严重时呈锯齿状。

b 产生原因

（1）热轧铸锭温度低，金属塑性差；

（2）辊型控制不当，使板、带边部出现拉应力；

（3）剪切送料偏斜，一边没切掉；

（4）均火不充分；

（5）轧制率过大。

B 分层

分层见图 5-11。

a 缺陷定义及特征

由于变形不均，在板材端部及边部中心产生的与板材表面平行的层裂。

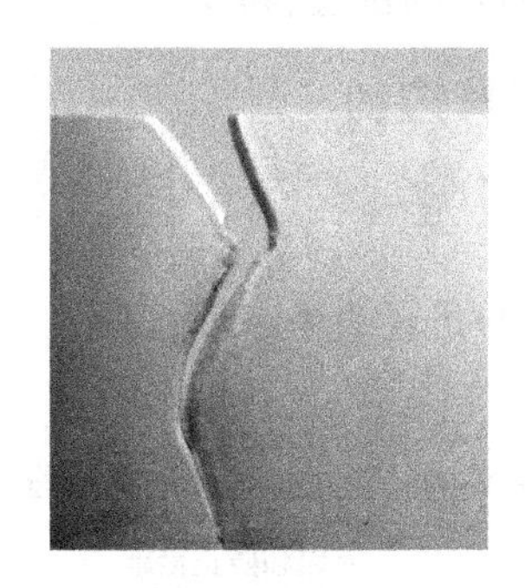

图 5-10 裂边

图 5-11 分层

b 产生原因

（1）热轧道次压下量分配不当，压下量过大；

（2）铸锭加热不均匀或加热温度过高或过低。

C 夹渣分层

夹渣分层见图 5-12。

a 缺陷定义及特征

板材的横截面上产生与板材表面平行的条状裂纹，沿压延方向延

图5-12 夹渣分层

伸，分布无规律。

b 产生原因

(1) 铸锭质量差，含有非金属夹杂；

(2) 含气量高，疏松严重。

D 热轧板片或板卷在切边、切头尾或切成品后产生的无光撕裂或边界线弯曲、突出的缺陷。

a 产生原因

剪切时刀片的水平间隙过大，切出的产品边部的剪切面与无光撕裂平面界线弯曲，产生毛刺。

b 防止措施

选择合适的剪切设备，配置和调整刀片的位置和间隙。

5.3 铝合金中厚板的缺陷分析与质量控制

5.3.1 铝合金中厚板的主要缺陷分析

5.3.1.1 铝合金中厚板的尺寸精度和形状缺陷分析

缺陷分析见表5-1。

表5-1 铝合金中厚板的尺寸精度和形状缺陷的特征、起因和防止措施

缺陷名称	定义和特征	起因和防止措施
过薄	板材厚度小于标准规定的允许最小厚度，直接影响使用	压下量调整不合理；压下指示器误差大；测微器调整不当；辊型控制不正确
过厚	板材厚度超过标准规定的允许最大厚度，直接影响使用	压下量调整不合理；压下指示器误差大；测微器调整不当；辊型控制不正确
过窄	板材宽度小于标准规定的允许最小宽度，影响使用	热压圆盘剪调节时没有很好考虑冷缩量；锯切时量错尺

续表 5-1

缺陷名称	定义和特征	起因和防止措施
过 短	板材长度小于标准规定的允许最小长度，影响使用	热轧剪切长度控制不当；厚板机列定尺剪切时没能很好考虑冷收缩量；锯切时量错尺
包铝层厚度不符	包铝层厚度不符合标准要求，直接影响耐蚀性和焊接性能	热轧焊合压延时压下量过大；包铝板厚度用错
不平度超标（波浪翘曲）	板材不平直、呈凹凸状态的总称，或指产品凹凸的程度。一般为压延方向，由波高、波间距和波数决定。直接影响使用	轧制时板横方向伸展不均匀；后续工序若出现板材横向温度分布不均匀，产生歪曲现象，也会影响不平度
边部波浪	板材边部凹凸不平的总称。板边部反复起波浪，影响使用	轧制时边部比中心部伸展大；改变轧辊初期凸度，增强冷却，增大轧辊挠度，可改善边部波浪
中间波浪	板材中心部凹凸不平状态的总称或程度。板材中心部反复起波浪，影响使用	轧制时中间部的伸展比边部大；改变轧辊凸度，加强冷却，减小轧辊挠度，可以改变中间波浪
1/4 处波浪（二肋波浪）	沿横向到距板边部距离为 1/4 板宽处附近凹凸不平的总称及程度或稍微接近边部的凹凸程度，影响使用	由轧制引起的轧辊变形和不恰当的轧辊热凸度的组合，从横边部到中间部的伸展扩大而引起；有效组合轧辊初凸度，控制轧辊不同区域的冷却程度可改善
复合波浪（复合波）	边部和中间同时起波浪。边部和中间部同时反复起波浪，影响使用	轧辊初凸度过大，热凸度增大，中间迅速起波浪，若以减少轧辊弯曲来修改时，便易出现边部波浪；可采取加强轧辊中间部冷却，改变轧辊弯曲力等防止措施
局部凹陷或单边波浪（圈闭凹陷）	板材横向特定位置上出现的凹凸状。在横向特定位置反复出现，波间距较小，影响使用	润滑管局部堵塞，轧辊局部受热凸起，发展成局部凹陷；调整润滑系统按要求润滑
侧边弯曲（镰刀弯）	轧制时变形不均，板片在水平面上向一边弯曲，影响使用	轧辊辊型不正确；轧制时板材不对中；乳液喷嘴堵塞，轧辊冷却不均；来料板片两边厚度不同；轧制或压光时两边变形不均匀

续表 5-1

缺陷名称	定义和特征	起因和防止措施
短周期瓢曲（局部波浪）	轧制时板材上出现的短周期凹凸。板材的任意位置、任意方向上在500mm之间的短周期的波峰和波后之差。超标不能使用	润滑和冷却不均匀；轧辊辊型控制不当
纵向弯曲	将板放在平台上，其前后边部向上翘起状态的总称，或指这时的翘曲程度，超标不能使用	矫直条件和工艺不宜；板厚变形分布不对称，内应力分布不均衡、不平衡
横向弯曲	将板放在平台上，其横向边部翘起状态的总称，或指这时的翘曲程度。超标不能使用	板横向厚度变形不均匀、不对称，内应力不平衡

5.3.1.2 铝合金中厚板表面缺陷分析

缺陷分析见表 5-2。

表 5-2 铝合金中厚板表面缺陷特征、起因和防止措施

缺陷名称	定义和特征	起因和防止措施
表面气泡	板材表面不规则的条状或圆形空腔凸包，其边缘圆滑，上下不对称。对材料力学性能和抗腐蚀性能有影响	铸锭含气量高，组织疏松，应加强熔体净化处理； 铸块表面不平处有脏物，装炉前未清洗； 铸块与包铝板有蚀洗残留物； 铸块加热温度过高或时间过长引起表面氧化； 焊合轧制时，乳液流到包铝板下面； 应注意环境控制，精炼净化处理和铸锭铣面厚度
贯穿气孔	气泡贯穿板材厚度，其上下对称，呈圆形或条形凸包，破坏组织致密性和降低力学性能，属绝对废品	铸锭内的集中气泡，轧制后残留在板片上； 应加强铝液搅拌、精炼、除气、净化处理，改善熔铸工艺

续表 5-2

缺陷名称	定义和特征	起因和防止措施
铸块开裂	热轧时铸块端头或边部开裂。彻底清除后才能使用	硬合金浇口没有完全切掉； 铸块本身有纵向或横向裂纹，未清除掉； 热轧时压下量过大； 铸块加热温度过高或过低
表面裂纹	板材表面与轧制方向呈直角的裂口	铸块表面质量差； 铸块加热温度过高； 道次压下量过大
起 皮	板材表面局部起层。成层较薄，破裂翻起	铸块表面平整度差或铣面不彻底；加热时间长，表面严重氧化
裂 边	板材边部破裂，严重时呈锯齿状，板材的整体结构破坏	铸块均火不充分，铸锭浇口未完全切掉； 在高镁合金中，铸块中的钠含量过高； 热轧温度过低，压下率控制不当； 热轧辊边量太小，包铝板放得不正、不均，使一边包铝不全
黑 皮	铸块侧面部分表层组织残留在板材表面里面的杂质。在板横向两边以数十毫米的宽度沿轧向平行出现，影响外观	热轧时，要选定与横方向变形一致的铸块侧面断面形状； 进行铸块侧面的铣（刨）面； 压延材料的边部切边要充分
组织条纹	由铸块组织不均匀或粗大晶粒引起的与轧向平行的筋状（带状）条纹。经阳极氧化处理后或酸洗后变得明显。酸洗深度增加可能发生宽度变化或消失	力求凝固、冷却等铸造条件的合理化和适当的晶粒细化，以防止铸块的晶粒组织不均匀； 进行合理的铸块铣面

续表 5-2

缺陷名称	定义和特征	起因和防止措施
分 层	在板材端部或边部的断面中心产生与压延平行的层裂。前后端部出现的称为夹层、裂层，在 Al－Mg 铝合金出现较多。板材边部出现的称为分层，在横向轧制中常见	铸块形状不合适； 铸块加热不均匀或压下量过大； 铸块浇口的切除要多些(防止夹层)； 在高镁合金中，减少铸块中的钠含量（防止夹层）； 压延材料的边部要多切除些（防止分层）； 进行适当的齐边压延（防止分层）
夹杂分层	板材的横断面上产生与板材表面平行的条状裂纹，沿压延方向延伸，分布无规律	铸锭含有非金属夹杂； 铸块含气量高、疏松严重
压 折	压光机压过板片皱褶处，使该部分板片呈亮道花纹。它破坏板材的致密性，压折部位不易焊合紧密，对材料综合性能有影响	辊型不正确，板材不均匀； 压光前板片波浪太大，或压光量过大，速度快； 压光时送入不正，容易产生压折； 板片两边厚度差大，易产生压折
非金属压入	非金属杂物压入板表面，呈明显点状或条状黑黄色。它破坏板材表面的连续性，降低板材抗蚀性能	轧制工序设备条件不清洁，加工过程中脏物掉在板面上，经过压延而形成； 工艺润滑剂喷射压力低，板材表面上黏附的非金属脏物冲洗不掉；乳液更换不及时，铝粉冲洗不净及乳液槽子洗刷不干净； 板坯表面有擦划伤
金属压入	金属屑或金属碎片压入板表面，压入物刮掉后呈不规则凹陷。它破坏板材表面的连续性，对材料的抗蚀性有影响	加工过程中金属屑落到板面上，压延后造成；热轧时辊边道次少，裂边的金属掉在板面上； 圆盘剪切边质量不好，产生的毛刺掉在板坯上，经轧制压入； 压缩空气没有吹净板表面的金属屑； 轧辊粘铝后，其粘铝又被压在板坯上； 导尺夹得过紧，刮下来的碎屑掉在板面上

续表 5-2

缺陷名称	定义和特征	起因和防止措施
划 伤	因尖锐物体（如板角、金属屑或设备上的尖锐物等）与板面接触，在相对滑动时所造成的呈单条状分布的伤痕。造成氧化膜、包铝层连续性破坏，降低抗蚀性和力学性能	热轧机辊道、导板粘铝，使热压板划伤； 冷轧机导板、水平辊等有突出尖角或粘铝； 精整机列加工中的划伤； 板片相互重合移动时造成划伤； 成品包装过程中，金属碎屑被带到涂油辊内或涂油辊毡绒被磨损，铁片露出以及板片抬放不当，都可能造成划伤
擦 伤	棱状物与板面或板面与板面接触后发生相对滑动或错动而在板材表面所造成的呈束状（或成组）分布的伤痕。它破坏氧化膜和包铝层，降低抗腐蚀性能	板材在加工过程中与导路设备接触时，产生相对摩擦而造成的； 精整验收和包装不当
包铝层错动	热轧时包铝板偏移或横向摆动，沿板材表面边部形成较整齐的暗带，经热处理后暗带呈暗黄色条状痕迹，严重影响抗蚀性能	包铝板没有放正；热压时铸块送料不正；焊合压延时压下量太小，包铝板没有焊合上；焊合轧制时两边压下量不均；侧边包铝的铸块辊边量太大；切边时剪切宽度不均，使一边切得太少
碰伤（凹陷）	板材表面或端面受到其他物体碰撞后形成不光滑的单个或多个凹坑。它对表面的破坏性很大	板材在搬运及停放过程中被碰撞； 退火料架不干净，有金属屑或突出物； 板材退火后上面压有重物
粘 伤	因板间压力过大造成板面上出现的较大面积有一定深度同一位置的点、片状或条状痕迹。它破坏板面氧化膜或包铝层，降低抗蚀性能	热轧辊、辊道粘铝，热状态下板垛上压有重物； 退火时板片之间在某点上相互粘结

续表 5-2

缺陷名称	定义和特征	起因和防止措施
粘铝	轧辊与板材表面润滑不良而引起板材表面粗糙的粘伤	热轧时铸锭温度过高； 轧制工艺不当，道次压下量大且轧速过高； 工艺润滑剂性能差
折伤	板材弯折后表面形成的局部不规则的凸起皱纹或马蹄印迹	板片在搬运或翻转时受力不均，多辊矫直时送料不正；
擦伤	淬火时相邻板片互相摩擦留下的痕迹，表面呈不规则的圆弧状条纹，降低抗蚀性能	淬火后板片弯曲度太大，淬火装料量太多，板间间距小； 卸板或吊运时板片相互错动
压过划痕	上道工序产生的擦伤、划伤，经下一道次轧制后仍呈擦划伤条纹，但表面较光滑。有隐蔽性，降低综合性能	轧制工序中产生的划伤、粘伤，退火与搬运过程中的擦伤又经轧制而造成
运送伤痕	在搬运过程中，铝板表面互相接触，并因振动而长时间互相摩擦引起的伤痕，呈黑色	包装应按规范要求进行；运送时防止捆点松散，防止板片错动
腐蚀	板材表面与周围介质接触产生化学或电化学反应，金属表面失去光泽，引起表面组织破坏。腐蚀呈片状或点状，白色，严重时有粉末产生，降低抗蚀性和综合性能	生产过程中板材表面残留有酸、碱或水迹；板材接触的火油、乳液、包装油等辅助材料含有水分或呈碱性；包装不密封；运输过程中，防腐层被破坏
铜扩散	热处理时，包铝板材基体金属中的铜原子扩散到包铝层形成的黄褐色斑点。对抗腐蚀性有害	不正确的热处理制度，温度过高或时间太长； 重复热处理次数太多，热处理设备不正常； 热轧时滚边操作不当，包铝层太薄
乳液痕	板材表面上残留呈乳白色或黑色的点状、条状或片状乳液痕迹。影响表面粗糙度，降低抗蚀性	热轧时乳液没有吹净；热轧温度过高，乳液烧结；乳液黏度过大轧制时乳液粘结在板片上

续表 5-2

缺陷名称	定义和特征	起因和防止措施
硝盐痕	盐浴淬火时，硝盐残留在板材表面，呈不规则白色斑块，严重降低抗蚀性	淬火后洗涤不净；压光前擦得不干净；板片表面留有硝石痕
油 痕	冷轧后残留在板面的轧制油，经高温退火烧结在板面，呈褐黄色或红色斑迹。影响美观	板片上残存润滑油，经退火后造成板材表面有烧结痕迹；退火工艺不当
水 痕	残留在淬火板画上的水痕，经压光印在板面上，呈现浅白色或浅黑色痕迹。影响美观	水质不好，水未擦干净
表面不亮	板面发暗，不美观	轧制温度过高；轧辊、压光辊、矫直辊表面粗糙度不够；润滑液性能不好，太脏；板材材质不一样
亮 带	板材表面由于粗糙度不均而产生宽、窄不一的亮印	轧辊研磨质量差；工艺润滑不良；先轧窄料后轧宽料
小黑点（条）	板材表面的不规则的黑点（条）。降低抗蚀性，不美观	乳液润滑不良；乳液不清洁；乳液稳定性不好；板材表面有擦划伤；金属中有夹杂；7×××系合金轧制时，产生大量的铝粉并压入金属，进一步轧制时产生小黑条
暗 道	由窄板改轧宽板时，在宽板上出现的平行轧向的光泽度偏差。在铝板的两面连续出现，影响美观	由接触压延材料边部的工作辊上的粘附物转印到铝板上引起的；从宽幅到窄幅，改变压延顺序；更换轧辊
走刀痕	磨辊时砂轮磨痕转印在铝板表面上的痕迹，影响美观	适当控制砂轮速度、进给量及轧辊磨削加工条件，以防止砂轮的走刀痕残留在轧辊上； 砂轮修整时，进行砂轮的削边

续表 5-2

缺陷名称	定义和特征	起因和防止措施
振痕	与轧向呈直角，有细微间距出现的直线状的光泽斑纹。由轧辊引起的称压延振痕，由矫直辊引起的称矫直振痕。有手感，硬合金常见	合理安排道次程序，以防压下量过大； 适当控制轧制速度； 防止轧制润滑不当； 减少轧机的振动
人字纹	与轧向呈一定角度出现薄棱状的光泽不良。在板横向易出现。在 Al-Mg 合金中常见	适当安排轧制道次压下率； 适当控制前、后张力； 防止工艺油的润滑不良
印痕（辊印）	轧辊或矫直辊上带有伤痕、痕迹、色块，经轧制或矫直复制到铝板表面。印痕呈周期性分布	轧辊及板材表面粘有金属屑或脏物，板材通过生产机列后在板材表面印下粘附物的痕迹； 其他工艺设备（如压光机、矫直机、给料辊、导辊）表面有缺陷或粘附脏物时，在板材表面易产生印痕； 包装涂油辊压得太紧，且油中有杂质时产生板材的印痕缺陷
横波	垂直轧制方向横贯板材表面的波纹	轧制过程中工作辊颤动； 轧制过程中停机，或较快调整压下量； 精整时多辊矫直机在较大压下量的情况下矫直时停车
毛刺	经剪切、锯切板材边缘存在有大小不等的细短或尖而薄的金属刺	剪切时刀刃不锋利，剪刃润滑不良，剪刃间隙及重叠量调整不当； 锯切时锯片或板材颤动
收缩口	铸块热轧时，边部产生暗裂，外部看不出来，锯切后发现	铸锭熔体质量不好，多在浇注口部位产生，尤其是硬合金
滑移线	在拉伸板材表面与拉伸方向呈 45°角的暗色条纹。影响板材美观，严重时影响综合性能	拉伸量过大

续表 5-2

缺陷名称	定义和特征	起因和防止措施
松树枝状花纹	板材在轧制过程中由于变形不均产生的滑移线。表面呈有规律的松树枝状花纹，严重时板材表面凹凸不平，有明显色差，但仍十分光滑。它主要影响表面美观，严重时也影响产品的综合性能	压下量过大； 轧制时润滑不好，造成板材各部分金属流动不均匀
花纹缺陷	由花纹板的花纹不全、花纹受损、筋高不够造成的缺陷。影响使用和美观	由于轧制花纹板的轧辊，花纹受到损伤，轧辊上的花纹被铝屑或其他脏物填充；毛料厚度不够使轧制填充不充分；设备机械损伤花纹板或铸块本身质量造成花纹损伤

5.3.1.3　铝合金中厚板的组织与性能缺陷分析

铝合金中厚板主要组织与性能缺陷分析见表 5-3。

表 5-3　铝合金中厚板主要组织与性能缺陷特征、起因和防止措施

缺陷名称	定义和特征	起因和防止措施
力学性能不合格	产品常温力学性能超标造成的废品	铸锭的化学成分不符合技术标准；未正确执行热处理制度；热处理设备不正常；试验室热处理制度或试验方法不正确；试样规格和表面不符合要求等
过烧	铸块或板材在热处理时，金属温度达到或超过低熔点共晶温度，使晶界局部加粗，晶内低熔点共晶物形成液相球。晶界交叉处呈三角形等。破坏晶粒间结合度，降低综合性能，属绝对废品	炉子各区温度不均；热处理设备或仪表失灵；加热或热处理制度不合理，或执行制度不严；装料时放置不正
铸造夹杂物	板片中央有块状金属或非金属物质，贯穿整个厚度，破坏板材整体结构	铸造时混入金属或非金属物质，轧制后形成这种组织缺陷

5.3.2　铝合金热轧中厚板材的检验与质量控制

这里以热轧中厚板为例加以介绍，其他铝板、带、箔产品大致相同。

铝合金中厚板材的检验与质量控制分为原辅材料进厂检验、过程检验、成品检验。检验与质量控制的主要项目有化学成分、内部组织、力学性能、表面质量、形状及尺寸。进厂检验及成品检验一般由专职检查人员进行，过程检验可采用操作工人自检、互检和专职检查人员检验相结合的方式进行。化学成分、内部组织、力学性能目前基本上是随机取样进行理化检验，随着检测技术的发展，特殊情况下也可采用无损检验技术，百分之百地检查内部缺陷。表面质量、形状及尺寸要按工艺质量控制要求进行首料检查、中间抽检、尾料检查。成品检查时，则要按技术标准要求进行全面检查。

5.3.2.1　铸锭验收的检验与质量控制

为了确保板材质量，及时发现和防止不合格铸锭投入生产是至关重要的。用于板材生产的铸锭均须做如下检验：

（1）化学成分。检验化学成分是否符合相应的技术标准要求。

（2）尺寸偏差。包括铸锭的厚度、宽度、长度，锯切铸锭还要检查锯口的切斜度。

（3）表面质量。其中包括以下几项要求：

1）不铣面铸锭表面不得有夹渣、冷隔、拉裂，其他缺陷（如弯曲、裂纹、成层、偏析瘤等）不得超过有关标准的规定；

2）铣面后的铸锭表面不允许有粘铝、起皮、气孔、夹渣、腐蚀、疏松、铝屑等，清除表面的油污及脏物，刀痕深度和机械碰伤要符合标准，铸锭两侧的毛刺必须刮净；

3）锯切铸锭的锯齿痕深度应符合标准规定，无锯屑和毛刺；

4）刨边后的铸锭无残留的偏析物。

（4）高倍检查，均匀化退火后的铸锭，应在其热端切取高倍试样，检查是否过烧。

（5）对于重要用途的铸锭，须切取试片进行低倍和断口检查或用超声波探伤检查。

（6）铸锭端面必须打上合金牌号、炉号、熔次号、根号、毛料号，验收后的铸锭必须打上检印。对于由于质量问题需改作他用的铸锭，还应做好相应的标志。

5.3.2.2 铸块铣面及蚀洗工序检验与质量控制

A 铣面工序检验与质量控制

半连续铸造铸锭的表面常存在有偏析浮出物（偏析瘤），有时还带有夹渣、结疤和表面裂纹。因此，合金锭和包铝板用纯铝锭及生产厚度大于18mm纯铝板材所采用的铸锭均须铣面。对表面质量要求不高的纯铝板材，其铸锭可用蚀洗代替铣面。

a 铣面工序的检验

铣面工序的检验应注意以下事项：

（1）铸锭铣面时其温度不高于40℃。

（2）铣面用乳液浓度，硬合金的浓度为3%～5%，软合金及纯铝的浓度为5%～10%。

（3）铸锭两面的最大铣面量之和一般不超过40mm。铸锭单面的最小铣面量应符合铣面工艺操作规程的规定。

b 铣面工序检验的质量控制

铣面工序检验的质量控制应注意以下事项：

（1）正确地检验铸锭的规格及铣面量。

（2）检验铸锭铣面后的表面刀痕情况，刀痕深度及平面阶差不超过0.1mm。

（3）铸锭铣过第一层后，若有长度超过1000mm的纵向裂纹，该铸锭报废；有长度小于1000mm裂纹时，应铣至内控标准规定最薄厚度为止。

（4）铣面后的铸锭要及时用毛巾擦净表面乳液，保证表面光洁。铣面后铸锭的厚度差及机械损伤均不得超过3mm。

（5）对2A11、2A12、7A04、7A09、2A14合金铸锭铣面后发现有“小尾巴”缺陷时，只能用于生产民用板。

（6）高纯铝、5A66合金铸锭允许有宽度不大于0.5mm的表面裂纹。

B 蚀洗工序检验与质量控制

蚀洗的目的是为了清除铸锭表面的油污和脏物，使表面清洁，保证板材质量。

a 工序检验的规定

高镁、高锌铝合金铸锭和经铣面的纯铝铸锭不蚀洗，其他铸锭、包铝板及夹边均须蚀洗。不铣面纯铝锭表面偏析瘤超5mm或有分层、金属瘤等时，须经铣面后投产。

b 工序检验的质量控制

工序检验的质量控制应注意以下事项：

(1) 蚀洗后的铸锭、包铝板及夹边表面须冲洗干净，不允许有影响焊合质量的缺陷。

(2) 吊运过程中产生的碰伤深度不超过0.1mm。

(3) 经蚀洗后的铸锭、包铝板、夹边，其存放时间不宜超过24h，否则需要重新蚀洗。

5.3.2.3 铸块加热工序质量检验与质量控制

A 铸块加热工序装炉检验与质量控制

铸块加热工序装炉检验与质量控制应注意以下事项：

(1) 铸锭的合金牌号、熔次号、根号、规格应与生产卡片相符。

(2) 铸锭的表面质量按加热炉铸块加热工艺操作规程中的规定检验。

(3) 不同加热制度的铸锭，切忌混装加热。如需要混装时，应合理安排先后顺序，采取相应措施，使铸锭的加热温度达到要求。

(4) 严格执行铸锭不准混装和互代的有关规定，所有合金均须按熔次组批装炉，有特殊要求的，按特殊要求处理。

(5) 其他方面的检验按加热炉的有关规定执行。

B 铸块加热工序加热检验与质量控制

铸块加热工序加热检验与质量控制应注意以下事项：

(1) 铸锭在加热炉内的最长停留时间不能超过规定。

(2) 加热过程中，每炉至少打开炉门两次检查加热元件是否断相，保证铸锭加热温度合乎要求。

(3) 出炉前应按相应的加热制度检查炉子的定温和保温时间。

(4) 出炉的铸锭应逐块测温、记录，对于推进式加热炉还要注意炉子上、下层温差变化。

(5) 出炉时还需要检查铸锭表面的氧化情况及铸锭上、下表面是否有异物，防止热轧时杂物压入铸锭。

(6) 核对装炉顺序，保持上、下工序质量信息畅通。

5.3.2.4 中厚板热轧工序的质量检验与质量控制

热轧一般指在金属再结晶温度以上的轧制。热轧后的铝合金板材多呈现为再结晶与变形组织共存的组织状态。在热轧时金属的塑性好，变形抗力低，可采用大的铸锭和大的压下量进行轧制，所以能充分发挥设备能力，生产率高。

热轧质量的好坏直接影响最终成品质量的优劣，生产中必须严格按工艺规程操作，认真按产品标准检验，确保热轧板材的质量。

A 热轧板工序的质量检验

热轧板工序的质量检验应注意以下事项：

(1) 检查设备的运转情况，检查辊面（包括工作辊、支撑辊、立辊）、导尺、辊道、剪刀等是否正常，轧辊和辊道是否同步，轧辊和辊道如有粘铝等脏物要及时清除。

(2) 校正压下、导尺、立辊的指示数与实际之差；检查操纵台上把手和仪表指示是否灵敏，检验乳液喷嘴是否堵塞、松动，角度是否合适。

(3) 检查乳液的温度、浓度以及外观质量，有无异味和变质现象，出现问题应及时处理。

(4) 检查轧制时每道次的轧制力、主机电流，均应不超过规定负荷。

(5) 检验铸块热轧开轧温度、轧制终了温度。

(6) 热轧板主要检验表面质量、外形及尺寸。

(7) 检查热轧辊的表面状况，轧辊粘铝或啃辊严重时应及时换轧辊。

(8) 检查热轧时辊道运送铸块是否平稳，送料时要正，横展时料头不出辊道。

(9) 最后轧制道次及时用压缩空气吹掉板面乳液，防止烧结在板片上。

(10) 检查板材轧制滚边量，每次的滚边量应不大于6mm。

（11）检查轧制过程的轧制力、道次压下量是否符合工艺规程规定。

（12）轧制中及时检测板材的尺寸：

1）测量板材的宽度、厚度尺寸时应在距其头部5m处进行。板材划级后应在生产卡片上注明等级、质量状况，实测尺寸并盖印章。

2）在板未剪切前，应选用相应的量具，在距板材端头5m处测量板材宽度和厚度，并注意有工艺余量要求的有关规定，发现问题应及时采取措施处理，做到不错检、不漏检。

（13）对于热轧块片有关尺寸检验应遵守下面的规范：热轧表面要求热轧过程中须认真检验带板和轧辊表面是否有粘铝或印痕等。发现问题应及时通知热轧操纵手处理。

B　热轧工序的质量控制

热轧工序的质量控制应注意以下事项：

（1）在开始轧制时，若轧辊温度较低，则在最后一道轧制时，应较正常轧制时稍多压下一点，否则易造成过厚。随着轧辊温度的升高，轧辊直径逐渐膨胀，所以最后几道的压下量应逐渐减小，一般轧制4～5块料后轧制过程即趋于稳定正常。

（2）在相同轧制情况下，轧制宽板应比轧制窄板时的最大压下量要大些，如轧制1500mm宽的板材，应较轧制1200mm宽的板材多压下0.5mm，这样轧出来的板片会合乎要求，因为板宽时轧辊的弹性弯曲较大。

（3）最后轧制道次压下时，应考虑铸块温度的高低，一般温度相差10～20℃时影响不大，若温度相差20～50℃，则应该调整最后道次压下量，温度低的，在同样轧制速度下，应将最后压下量适当减小一点，温度高者应适当增加一点。

（4）热轧乳液冷却轧辊时，应使轧辊经常转动，不要在轧辊停住不转的情况下给乳液冷却，因这样做易使辊子形成椭圆形，结果造成板片厚度的周期性不均。

（5）轧制速度快时，可以早些供给乳液，轧速慢时可以晚些供给。当轧辊温度低时，可以晚放乳液，轧辊温度高时可以早放乳液，同时应把金属温度也考虑进去。

（6）当发现板片中间有波浪时，可以提前供给乳液进行冷却，或是在后几道次使用中间段的乳液来调整，加大中段乳液的流量。当发现板片两边有波浪时，可适当地提高轧制速度。若在最后一道出现波浪，可立即使用两边乳液管直接冷却。当轧制速度正常时，发现板片有中间波浪时，可以适当地增大压下量。

（7）当轧制完窄料，马上换轧宽料时，应提前放乳液进行冷却，因为轧制窄料后，轧辊温度较高，在最后几道可以使用乳液冷却。或者轧制速度稍为降低一些，这样可避免中间波浪。

（8）轧制时，送料侧的导尺应稍夹紧铸块或带板，使其不歪斜，而出料侧的导尺则必须打开。

（9）轧制过程中，当发现粘铝或啃辊时应及时停车处理；严重时必须换辊。

（10）轧制过程中，应认真检查带板和轧辊的表面质量，发现问题应及时采取措施处理。

（11）为了防止裂边，应该认真进行滚边作业。滚边量根据合金性质来决定，但每次滚边量不应大于6mm。

（12）轧制有包铝板的铸块时，前四个道次要紧闭乳液管路，严防乳液落在轧件表面上。第一道次的绝对压下量约为一张包铝板的厚度。

（13）当轧制硬合金或高镁铝合金时，要经常注意坯料是否向上翘起。当这种倾向较大时，必须将坯料向后退回。

（14）在轧制高镁铝合金铸块前，应详细检查乳液管路，调整辊型，铸块咬入速度要慢，防止碰坏卫板。

（15）第二副操纵手要注意，当最后一道轧制的铝板尚未出来时，首先把后辊道试一试，看有没有问题，这样就会避免偶尔因后辊道发生故障，而使出料困难，擦伤板材下表面。

（16）压延工经常检查操纵手是否忘开闭乳液管，并检查乳液管是否有堵塞现象。

（17）轧制包铝板厚度在5mm以下的合金铸块时，前两道以0.5m/s的最慢速度运行，以防止包铝板崩坏轧辊。

（18）热轧块片的终了宽度应保证成品宽度的要求，同时留出宽度余量。纯铝及软合金的宽度余量为40～100mm；硬合金、高镁铝合金和高锌铝合金为80～120mm。

（19）厚度大于7.0mm板材由热轧机直接轧至成品厚度，厚度偏差按允许偏差中限控制。

（20）定尺供应的热轧状态板材一律切取20%的试样用料，每个铸锭应不少于一个试样用料。成品剪切长度的允许偏差应符合相应产品标准规定。

（21）热轧终了厚度，热轧板厚度按允许偏差的中限控制。对淬火板应留出1%～2%的压光量。对预拉伸板材毛料，原则是热轧板状态时将拉伸量留出。

（22）热轧块片剪切坯料长度、热轧剪切毛料长度，按规定要求留出试样或拉伸钳口长度。

5.3.2.5 剪切质量控制

A 金属的剪切过程

金属的剪切过程可以分为以下几个阶段：刀片弹性压入金属阶段；刀片塑性压入金属阶段；金属塑性滑移阶段；金属内裂纹萌生和扩展阶段；金属内裂纹失稳扩展和断裂阶段。一般可粗略地分为两个阶段：金属塑性滑移阶段和金属断裂阶段，即剪切区和断裂区。金属的剪切过程如图5-13所示。

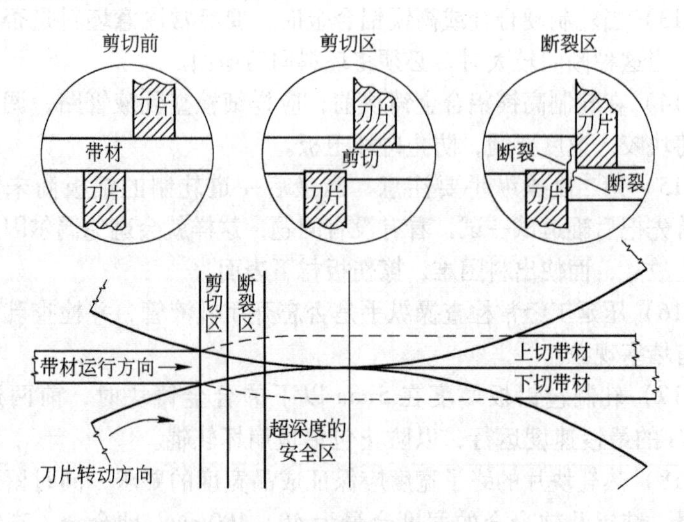

图5-13 剪切过程简图

带材经过剪切区时，剪刀将带材边部剪切为光滑整齐的平面，即剪切平面。随着刀片进刀量的不断增大，带材逐渐分离，当带材错开到一定位置时，带材将在刀片切应力的作用下发生撕裂，撕裂后在带材边部将出现不光滑的撕裂面，即无光撕裂面。

B 单位剪切阻力曲线与剪切力

a 单位剪切阻力曲线

试验研究表明，剪切区域的应力分布是三维应力状态，然而工程应用时一般要求简单方便，所以只按一维剪切应力计算。

又因在剪切过程中，剩余的被剪金属面积不断减少，从而在这些面积上产生的剪切应力也在不断变化。为了做出每种金属抵抗剪切变形的能力估价，并使实验测试工作简易可行，所以建立单位剪切阻力或单位剪切抗力的概念。

将金属剪切过程中任一瞬时的剪切力 P，除以该试件原始断面面积 F，其商即为单位（面积）剪切阻力。

显然，单位剪切阻力并不是产生于被剪切金属剩余面积上的剪切应力。

将整个剪切过程中各瞬时的剪切阻力 τ，都分别与一个相对切入深度 ε 对应，它们的关系式 $\tau=f(\varepsilon)$ 被称为单位剪切阻力曲线。

每种金属的单位剪切阻力曲线，是剪切该金属时计算剪切力的主要依据。它除决定于被剪金属本身的性能外，还与剪切温度、剪切变形速度等因素有关。

图 5-14 所示为某些有色金属在常温下的单位剪切曲线。

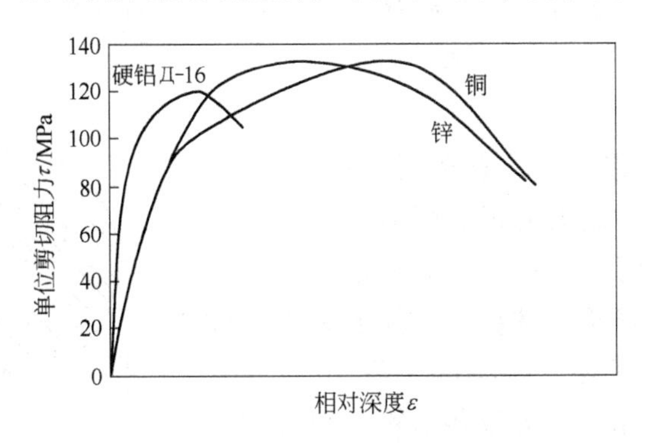

图 5-14 单位剪切阻力曲线

由图 5-14 可见，在剪切时，材料强度极限 σ_b 愈高，材料的剪切过程延续时间愈短，会很快地达到最大剪应力。剪切的延续过程可用材料在完全剪断时的相对切入深度 ε_0 来表示。ε_0 称为断裂时的相对切入深度，它表征了金属塑性的好坏。ε_0 值愈大，材料塑性愈好，剪切时的剪切区愈大。所以硬状态卷材易于剪切，而半硬状态卷材较难剪切，对于退火料不容易剪切。

b　剪切力 P

最大剪切力要根据剪切材料的截面面积尺寸来确定，即来料的厚度和宽度，剪切力 P 可按下式计算：

$$P = K\tau F \tag{5-1}$$

式中　F——被剪卷材的断面面积，mm^2；

τ——被剪卷材的单位剪切阻力，MPa；

K——考虑由于刀刃磨钝，刀片间隙增大而使剪切力提高的系数，通常为 1.4。

剪切时的最大剪切力可按下式计算：

$$P_{max} = 0.45K\sigma_b tF \tag{5-2}$$

式中　σ_b——被剪卷材的强度限，MPa；

t——带材厚度；

F——剪切面积。

载荷随材料强度极限的不同而变化，从图 5-15 可以看出剪切面积 F 近似可以认为是半弧形 ABC 的面积，剪刀直径越大，弧形 ABC 的面积越大，剪切力也越高。

c　配刀

配刀时首先应注意选用合适的刀具，刀具的表面一定要光滑。配刀的水平间隙如图 5-16 所示。某一特定材料的最佳刀片间隙一般靠经验来掌握。刀片的垂直间隙也是通过实践经验获得的。垂直间隙小，容易产生刀印，加大设备负荷，加剧刀片磨损。垂直间隙太大，不能正常剪切。

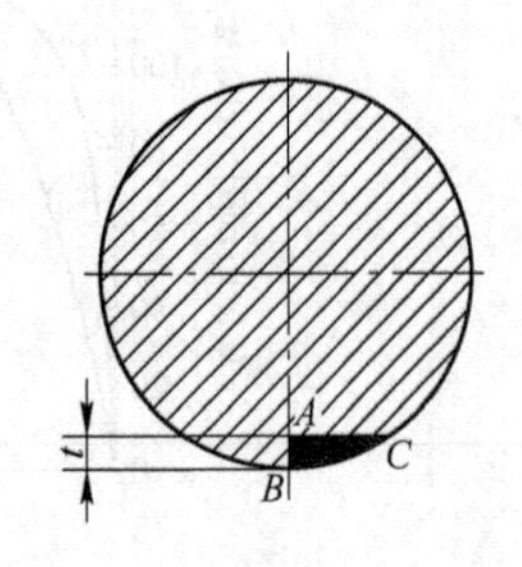

图 5-15　剪切面积示意图

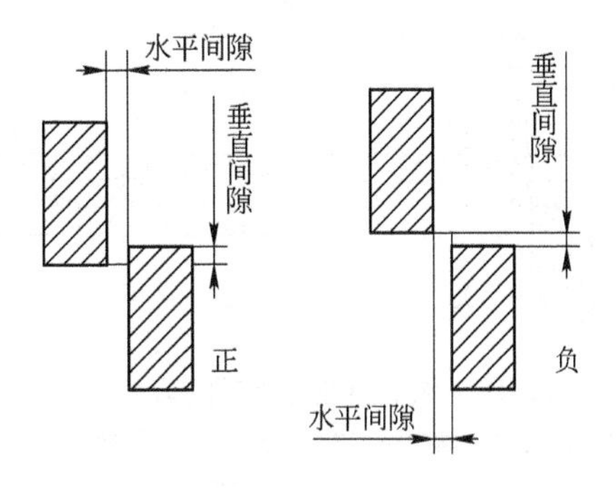

图5-16 剪刀的水平间隙

d 剪切边的识别

水平间隙适宜，切出的产品边部截面状况是光滑平直的，剪切面与无光撕裂平面界线平直，剪切面和无光撕裂平面的外边界线平直且与材料表面平齐（见图5-17）。

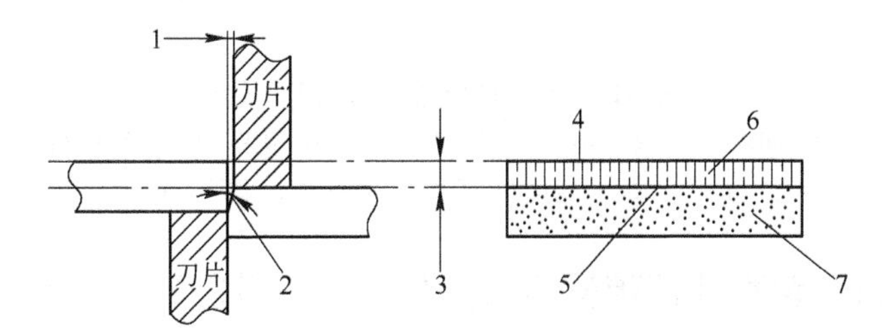

图5-17 水平间隙适宜时的剪切边

1—理想刀片间隙；2—撕裂角（7°~12°）；3—进刀区；4—剪切表面；5—分裂面；6—剪切平面；7—无光撕裂平面

水平间隙过小，切出的产品边部截面状况是光滑平直的，剪切面与无光撕裂平面界线弯曲并且剪切面和无光撕裂平面的外边界线平直且与材料表面平齐（见图5-18）。剪切时设备负荷大，容易损伤刀片。

水平间隙过大，切出的产品边部截面状况是光滑平直的，剪切面与无光撕裂平面界线弯曲并且剪切面和无光撕裂平面的外边界线弯曲，无光撕裂平面边界产生毛刺（见图5-19）。

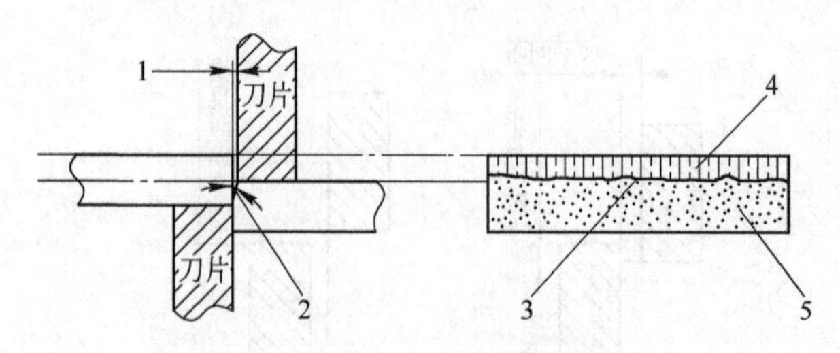

图 5-18　水平间隙过小时的剪切边

1—刀片间隙过小；2—撕裂角（7°～12°）；3—参差不齐的分裂面；4—剪切面；5—无光撕裂平面

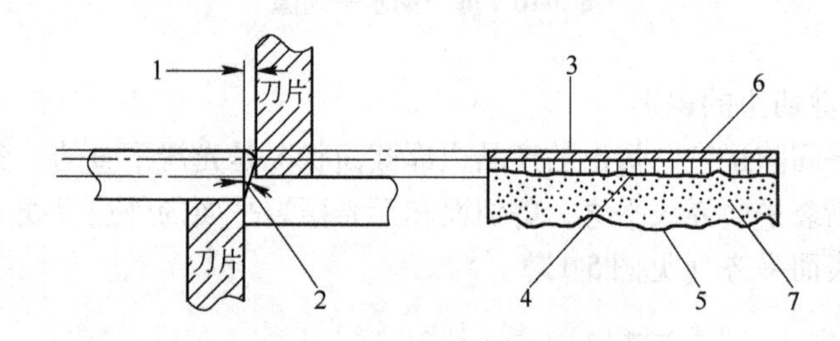

图 5-19　水平间隙过大时的剪切边

1—刀片间隙过大；2—撕裂角（7°～12°）；3—轧制区；4—参差不齐的分裂面；5—毛刺；6—剪切面；7—无光撕裂平面

5.4　铝合金冷轧板带材的缺陷分析与质量控制

5.4.1　铝合金冷轧板带材的缺陷分析

5.4.1.1　*表面气泡*

板、带材表面不规则的圆形或条状空腔凸起，称为表面气泡。凸起的边缘圆滑、板片上下不对称，分布无规律，如图 5-20 所示。

产生原因：

（1）铸块表面凹凸不平、不清洁，表面偏析瘤深度较深；

（2）铣面量小或表面有缺陷，如凹痕或铣刀痕较深；

（3）乳液或空气进入包铝板与铸块之间；

（4）铸块加热温度过高或时间过长；

（5）热处理时温度过高。

5.4.1.2 毛刺

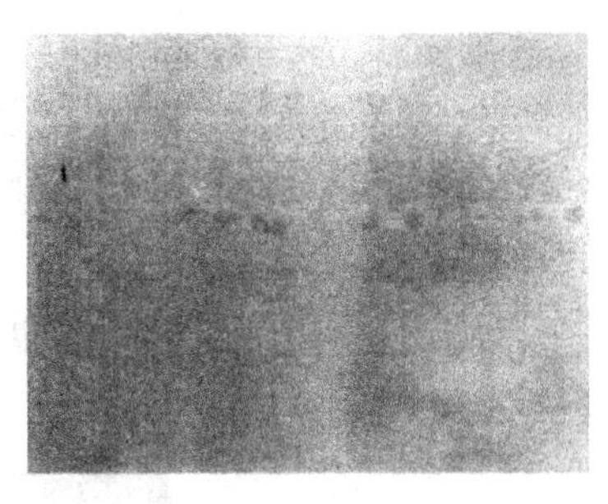

图 5-20 表面气泡

毛刺是板、带材经剪切，边缘存在大小不等的细短丝或尖而薄的金属刺。

产生原因：

(1) 剪刃不锋利；

(2) 剪刃润滑不良；

(3) 剪刃间隙及重叠量调整不当。

5.4.1.3 水痕

板、带材表面浅白色或浅黑色不规则的水线痕迹，称为水痕，如图 5-21 所示。

产生原因：

(1) 淬火后板材表面水分未处理干净，经压光机压光后留下的痕迹；

(2) 清洗后，烘干不好，板、带材表面残留水分；

(3) 淋雨等原因造成板、带材表面残留水分，未及时处理干净。

5.4.1.4 印痕

板、带材表面存在单个的或周期性的凹陷或凸起，称为印痕。凹陷或凸起比较光滑，如图 5-22 所示。

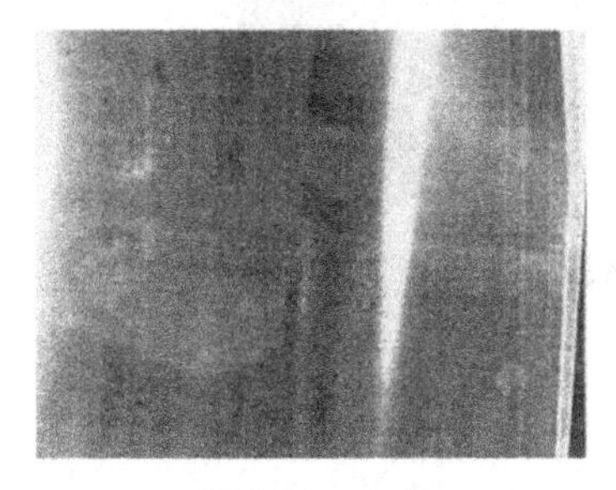

图 5-21 水痕

图 5-22 印痕

产生原因：

(1) 轧辊及板、带表面粘有金属屑或脏物，当板、带通过生产机列时，在板、带表面印下粘附物的痕迹；

(2) 其他工艺设备（如矫直机、给料辊、导辊）表面有缺陷或粘附脏物时，在板、带表面产生印痕；

（3）套筒表面不清洁、不平整及存在光滑的凸起；

（4）卷取时，铝带粘附异物。

5.4.1.5　裂边

板、带材边部破裂，严重时呈锯齿状的缺陷，称为裂边，如图5-23所示。

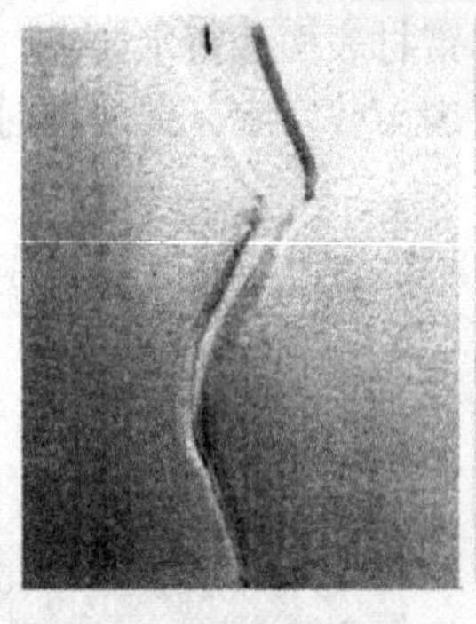

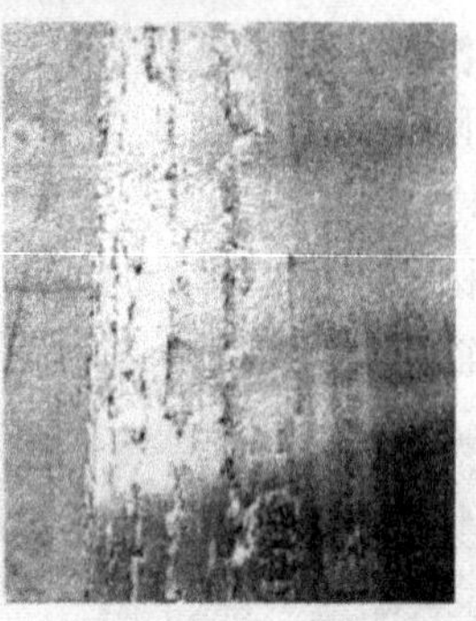

图 5-23　裂边

产生原因：

（1）金属塑性差；

（2）辊型控制不当，使板、带边部出现拉应力；

（3）剪切送料偏斜，板、带一边产生拉应力；

（4）端面碰伤等原因引起裂边较大，经切边后无法消除；

（5）轧制加工率过大；

（6）冷轧时卷取张力调整不合适；

（7）热轧板、带材有较大的压入物，冷轧时易产生撕裂。

5.4.1.6 碰伤

碰伤是板、带材在搬运或存放过程中，与其他物体碰撞后在表面或端面产生的破损，且大多数在凹陷边际有被挤出的金属存在，如图5-24所示。

5.4.1.7 孔洞

穿透板、带材的孔或洞，称为孔洞，如图5-25所示。

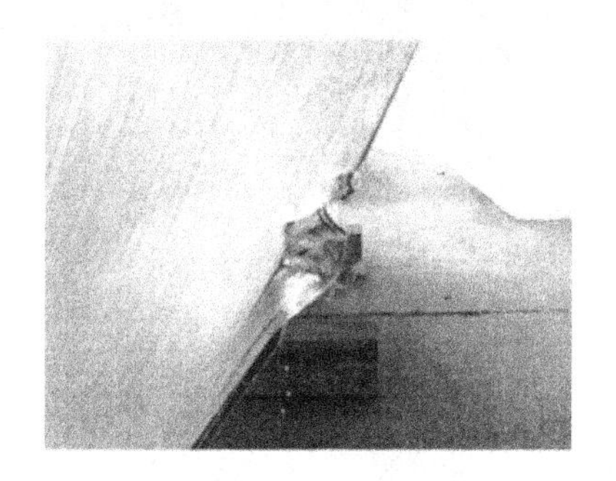

图5-24 碰伤

图5-25 孔洞

产生原因：

（1）坯料轧制前存在夹渣、粘伤、压划、孔洞等缺陷；

（2）压入物经轧制后脱落。

5.4.1.8 非金属压入

非金属压入为非金属异物压入板、带表面。通常表面呈明显的点状或长条状黄黑色缺陷，如图5-26所示。

产生原因：

（1）轧制工序设备不清洁；

（2）轧制工艺润滑剂不清洁；

（3）板坯表面有擦划伤，油泥等非金属异物残留在凹陷处；

（4）铸轧卷坯表面存在石墨等非金属异物；

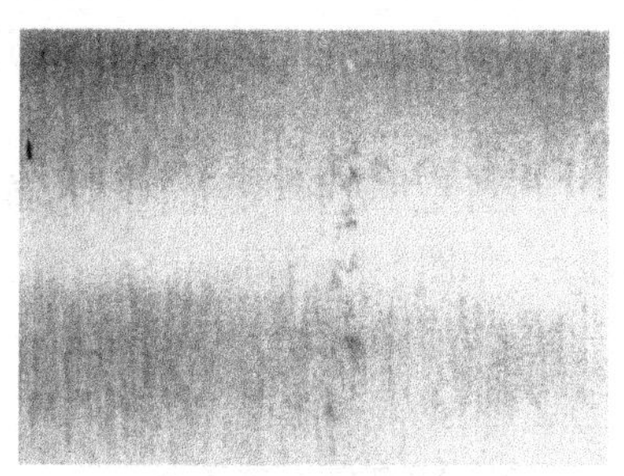

图5-26 非金属压入

（5）轧制过程中，非金属异

物掉落在板带材表面。

5.4.1.9 金属压入

金属压入为金属屑或金属碎片压入板、带材表面。压入物刮掉后呈大小不等的凹陷，破坏了板、带材表面的连续性，如图5-27所示。

图5-27 金属压入

产生原因：

（1）热轧时的金属屑、条掉在板坯表面压入或粘附于带材表面，经冷轧后压入；

（2）圆盘剪切边工序质量差，产生毛刺掉在带坯上经轧制后压入；

（3）轧辊粘铝后，其粘铝又被压在板坯上。

5.4.1.10 凹痕

板、带材表面单个或不规则分布的凹陷，称为凹痕。凹陷处表面不光滑，表面金属被破坏。

产生原因：

（1）退火料架或底盘上有突出物，造成硌伤；

（2）卷取、垛片过程中，坚硬异物掉落板片间或卷入带卷；

（3）压入物脱落后形成的凹坑。

5.4.1.11 折伤

板材弯折后产生的变形折痕，如图5-28所示。主要原因是薄板在翻片或搬运中受力不平衡或垛片时受力不平衡。

5.4.1.12 压折

压折是压过的皱褶。皱褶与轧制方向呈一定角度，压折处呈亮道花纹，如图5-29所示。

产生原因：

（1）冷轧时板带厚度不均匀，板形不良；

（2）矫直机送料不正。

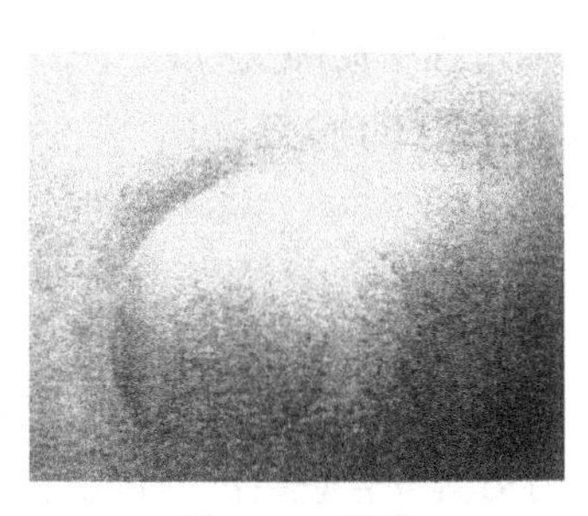

图 5-28 折伤

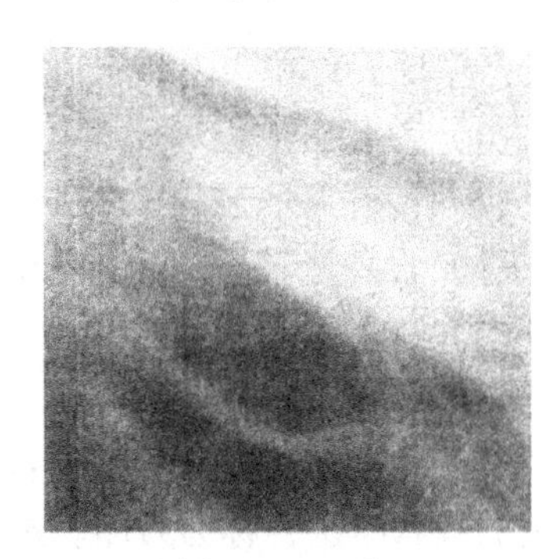

图 5-29 压折

5.4.1.13 振纹

在板带材表面周期性或连续性出现垂直于轧制方向的条纹，称为振纹，如图 5-30 所示。该条纹单条间平行分布，一般贯通带材整个宽度。当轧机、矫直机等设备在生产过程中高频振动时会产生振纹。选择合格的设备并定期检查与调整，可防止振纹的产生。

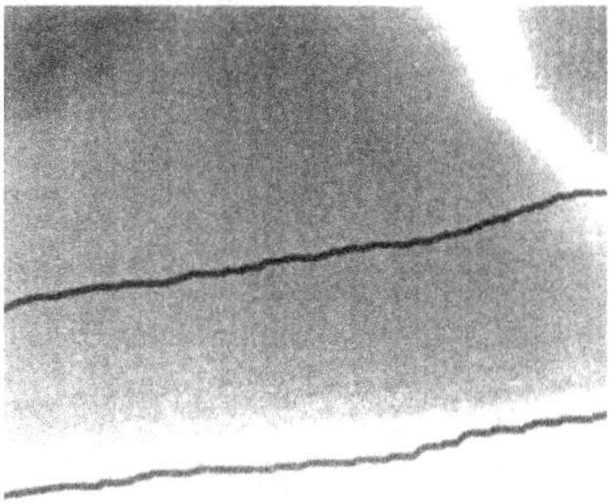

图 5-30 振纹

5.4.1.14 粘伤

因板间或带材卷层间压力过大造成板、带表面呈点状、片状或条状的伤痕，称为粘伤，如图 5-31 所示。粘伤产生时往往上、下板片（或卷层）呈对称性，有时呈周期性。

图 5-31 粘伤

产生原因：

（1）热状态下板垛上压有重物，运输过程中局部受力；

（2）冷轧卷取过程中张力过大，经退火产生；

（3）设备胀轴不圆，局部受力过大；

（4）冷轧开卷张力过大。

5.4.1.15　刀印

剪切过程中剪刃与刀垫配合不好，在板、带材侧边形成明显的、连续的线状痕迹，称为刀印。选择优质刀刃具并合理装配与调整，可防止刀印的产生。

5.4.1.16　横纹

垂直轧制方向横贯板、带材表面的波纹，波纹处厚度突变，如图5-32 所示。

产生原因：

（1）轧制过程中停机，或较快调整压下量；

（2）精整时多辊矫直机在有较大压下量的情况下矫直时中间停车。

5.4.1.17　擦伤

擦伤是由于板带材层间存在杂物或铝粉与板面接触、物料间棱与面，或面与面接触后发生相对滑动或错动而在板、带表面造成的成束（或组）分布的伤痕，如图 5-33 所示。

图 5-32　横纹

图 5-33　擦伤

产生原因：

（1）板、带在加工生产过程中与导路、设备接触时产生摩擦；

（2）冷轧卷端面不齐，在立式炉退火翻转时层与层之间产生错动；

（3）开卷时产生层间错动；

（4）精整验收或包装操作不当，产生板间滑动；

（5）卷材松卷。

5.4.1.18 轧辊磨痕

工作辊磨削不良使工作辊的磨痕反印在板、带材表面上所形成的缺陷，称为轧辊磨痕。采用合格的轧辊并定期磨削，可避免轧辊磨痕产生。

5.4.1.19 划伤

因尖锐的物体（如板角、金属屑或设备上的尖锐物等）与板面接触，在相对滑动时造成的呈条状分布的伤痕，称为划伤，如图5-34所示。

产生原因：

（1）机列导板、导辊等部位有突出的尖锐物；

（2）带材与机列导辊不同步。

5.4.1.20 压过划痕

经轧辊压过的擦、划伤，粘铝等表面缺陷，如图5-35所示。

图5-34 划伤

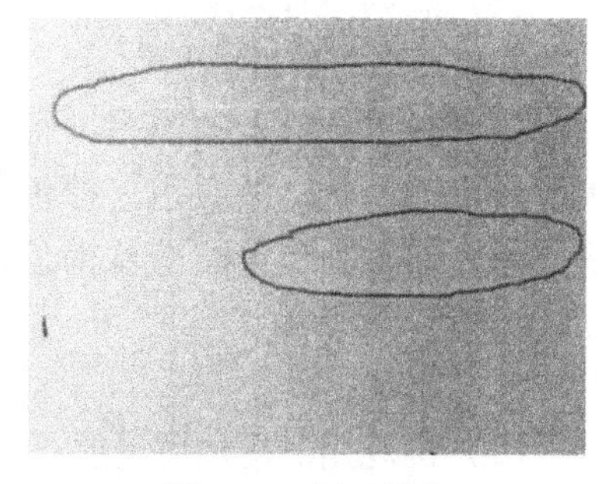

图5-35 压过划痕

5.4.1.21 起皮

铸块表面平整度差或铣面不彻底或铸块加热时间长，表面严重氧化，经冷轧后造成板材表面的局部起层，如图5-36所示。起层较薄，破裂翻起。选用优质铸块并仔细铣面；合理控制热轧与冷轧工艺参数，可防止表面起皮。

5.4.1.22 黑条

黑条是板、带材表面沿轧制方向分布的细小黑色线条状缺陷，如图 5-37 所示。

图 5-36 起皮

图 5-37 小黑条

产生原因：

（1）工艺润滑剂不干净；

（2）板带表面有擦、划伤；

（3）板带通过的导路不干净；

（4）铸轧带表面偏析或热轧用铸块铣面不彻底；

（5）金属中有夹杂。

5.4.1.23 油斑

残留在板、带上的油污，经退火后形成的白色、淡黄色、棕色斑痕，称为油斑，严重时呈黄褐色斑痕，如图 5-38 所示。

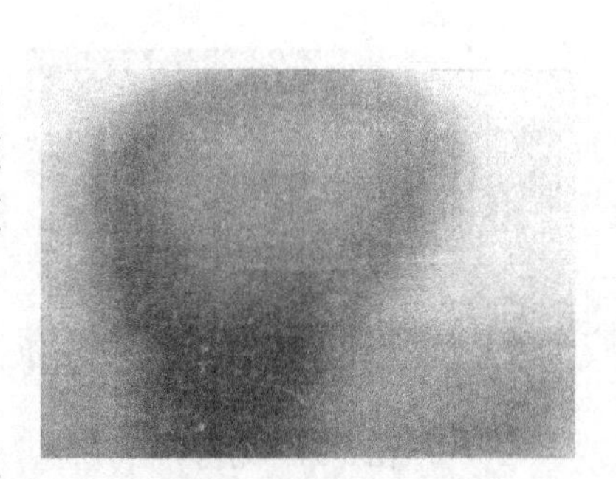

图 5-38 油斑

产生原因：

（1）冷轧用润滑油质量差；

（2）冷轧吹扫不良，残留油过多，退火过程中，残留的油不能完全挥发；

（3）因机械润滑油等高黏度油滴在板、带表面，未清除干净。

5.4.1.24 油污

板、带材表面的油性污渍，如图 5-39 所示。

产生原因：

（1）板、带材表面残留的轧制油与灰尘、铝粉或杂物混合形成；

（2）轧制油中混有高黏度润滑油；

（3）剪切、矫直等过程中设备润滑油污染板、带材。

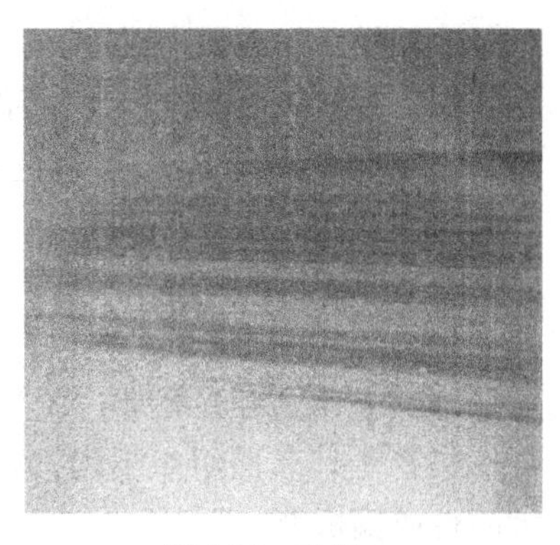

图 5-39 油污

5.4.1.25 腐蚀

板、带材表面与周围介质接触，发生化学或电化学反应后，在板带表面产生的缺陷，如图 5-40 所示。腐蚀板、带材表面失去金属光泽，严重时在表面产生灰白色的腐蚀产物。

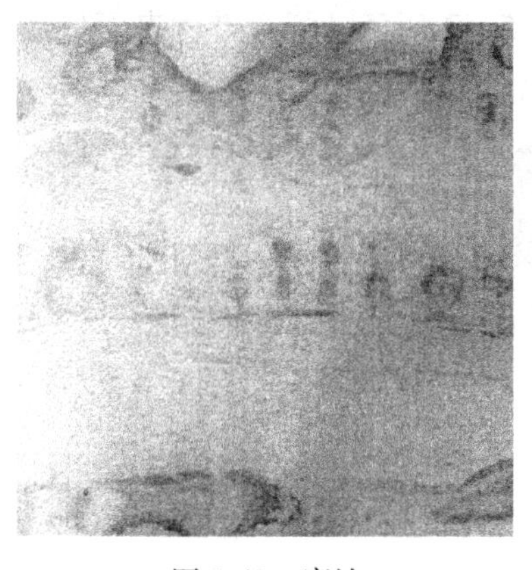

图 5-40 腐蚀

产生原因：

（1）淬火洗涤后，板材表面残留酸、碱、硝盐；

（2）由于板、带贮存不当，气候潮湿或水滴浸润表面；

（3）生产过程工艺润滑剂中含有水分或呈碱性；

（4）贮运过程中，包装防腐层破坏；

（5）清洗后，烘干不好，残留水分较多。

5.4.1.26 硝盐痕

热处理硝盐介质残留在板材表面而产生的斑痕，称为硝盐痕。硝盐痕呈不规则的白色或淡黄色斑块，表面粗糙、无金属光泽。应及时清除板材表面残留的硝盐等介质，以防止硝盐痕的产生。

5.4.1.27 滑移线

滑移线是板带材拉伸矫直时因拉伸量过大，在板带材表面形成与拉伸方向约呈 45°~60°角的有规律的明暗条纹。正确控制拉矫量可防止滑移线的产生。

5.4.1.28　色差

板、带材表面与轧制方向平行的明、暗相间的条纹，称为色差，如图 5-41 所示。

图 5-41　色差

产生原因：

（1）工艺润滑不良；

（2）轧辊上存在亮带；

（3）板坯表面组织不均，有粗大晶粒或偏析带；

（4）先轧窄料后轧宽料。

5.4.1.29　松树枝状花纹

冷轧过程中产生的滑移线，如图 5-42 所示。板、带材表面呈现有规律的松树枝状花纹，有明显色差，但仍十分光滑。

图 5-42　松树枝状花纹

产生原因：

（1）工艺润滑不良；

（2）冷轧时道次压下量过大；

（3）冷轧时张力小，特别是后张力小。

5.4.1.30　辊花

磨床振动造成轧辊磨削不良，在板带材表面形成与轧制方向平行或呈一定角度的、有规律排列的且相互间平行的条纹，称为辊花。在合格的轧辊磨床上合理磨削轧辊可防止辊花的产生。

5.4.1.31 压花

压花是由于带材褶皱、断带等原因导致轧辊辊面不规则色差而形成的缺陷。采用优质带坯和合理的生产工艺，可防止断带，保证辊面光洁平滑。

5.4.1.32 波浪

波浪是由于带材不均匀变形而形成的各种不同的不平整现象的总称。带材边部产生的波浪称为边部波浪，中间产生的波浪称为中间波浪，既不在中间，又不在两边的波浪称为二肋波浪，尺寸较小且通常呈圆形的波浪称为碎浪，如图 5-43 所示。

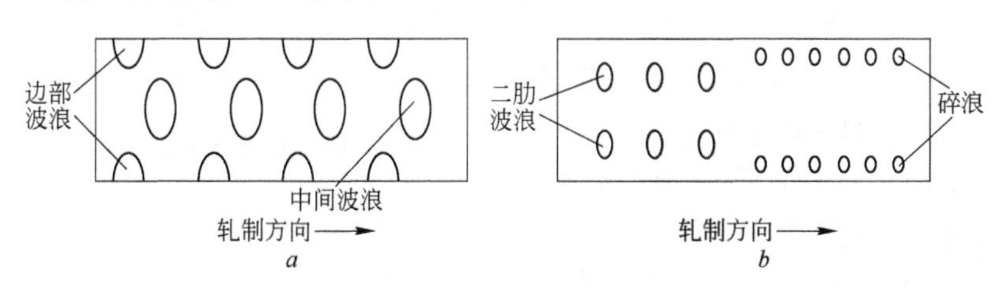

图 5-43 波浪示意图

a—边部波浪和中间波浪；*b*—二肋波浪和碎浪

产生原因：

（1）辊缝调整不平衡，辊型控制不合理；

（2）润滑冷却不均，使带材变形不均；

（3）道次压下量分配不合理；

（4）来料板形不良，同板差超标；

（5）卷取张力使用不均。

5.4.1.33 翻边

翻边是经轧制或剪切后，带材边部的翘起，如图 5-44 所示。

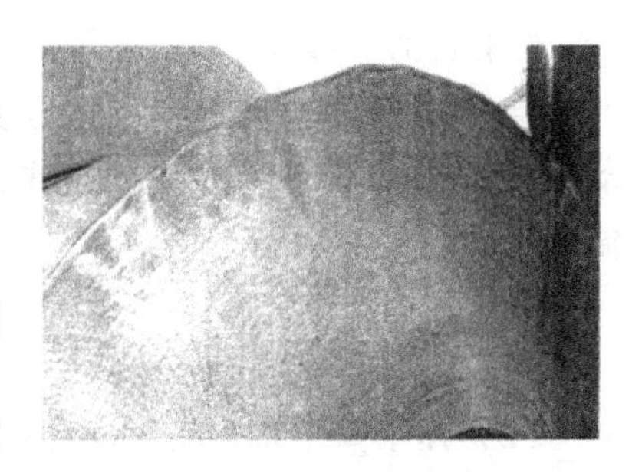

图 5-44 翻边

产生原因：

（1）轧制时压下量过大、轴承温度过高；

（2）轧制时润滑油分布不均匀；

（3）剪切时剪刃调整不当；

（4）剪切时张力选取不当，加之剪刃重叠量过大。

5.4.1.34　晶粒粗大

热处理制度不合适或铸锭化学成分控制不当，在板带材表面形成橘皮状晶粒粗大现象，称为晶粒粗大。

5.4.1.35　侧边弯曲

侧边弯曲为板、带的纵向侧边呈现向某一侧弯曲的非平直状态，如图5-45所示。

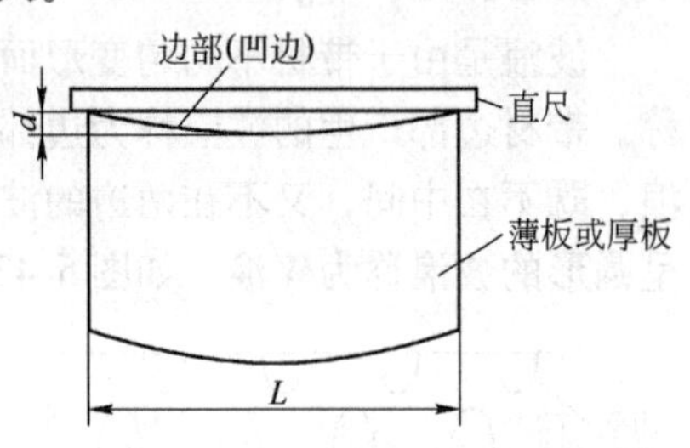

图5-45　侧边弯曲示意图

产生原因：

（1）板、带来料两侧厚度不一致，精整时产生侧弯；

（2）剪切前带材存在波浪，经剪切后波浪展开；

（3）带材进入剪刃前垂直于剪切方向窜动。

5.4.1.36　塌卷

卷芯严重变形，卷形不圆的缺陷，称为塌卷，如图5-46所示。

图5-46　塌卷

产生原因：

（1）卷取过程中张力不当；

（2）外力压迫；

（3）卷芯强度低；

（4）无卷芯卷材经退火产生。

5.4.1.37　错层

带材端面层与层之间不规则错动，造成端面不平整的缺陷，称为错层，如图5-47所示。

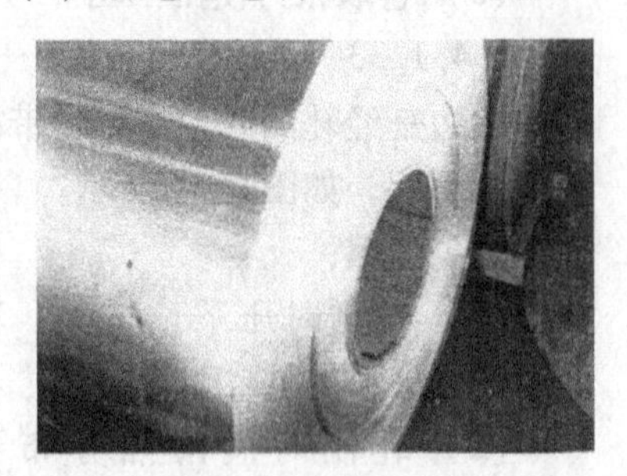

图5-47　错层

产生原因：

（1）卷取张力控制不当；

（2）压下量不均，套筒窜动；

（3）卷取过程中，对中系统异常。

5.4.1.38 塔形

带卷层与层之间向一侧窜动形成塔状偏移的现象，称为塔形，如图 5-48 所示。

产生原因：

（1）来料板形不好，张力控制不当；

（2）卷取对中调节控制系统异常。

5.4.1.39 松层

卷取、开卷时层与层之间产生松动的现象，称为松层。松层严重时波及整卷，如图 5-49 所示。

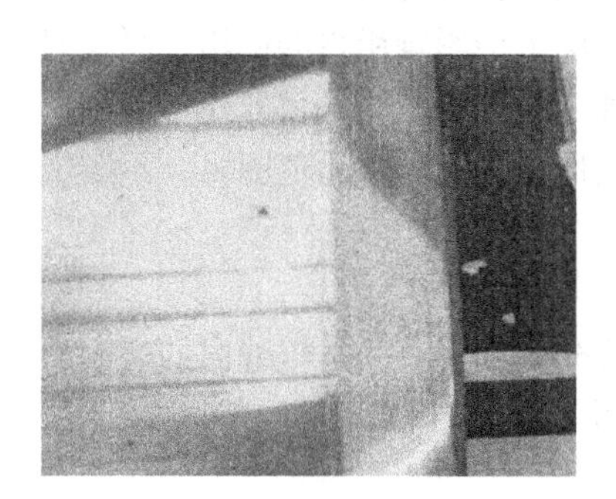

图 5-48 塔形

图 5-49 松层

产生原因：

（1）卷取过程中张力不均；

（2）开卷时压辊压力太小；

（3）轧制收卷时压平辊压下不及时或压下力不够；

（4）钢带或卡子不牢固，吊运时产生。

5.4.1.40 燕窝

带卷端面产生局部“V”形缺陷，称为燕窝，如图 5-50 所示。这种缺陷在带卷卷取过程中或卸卷后产

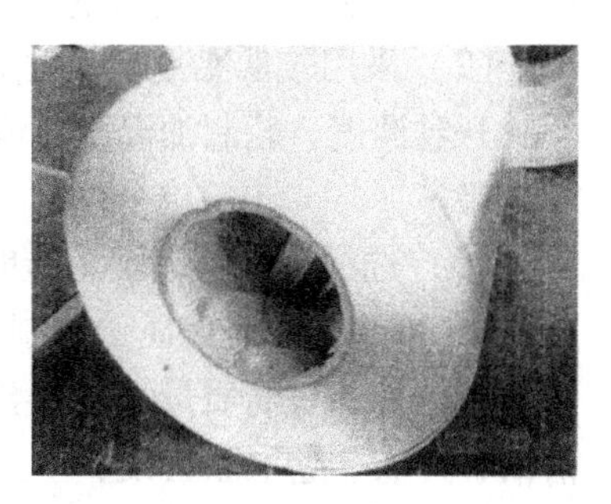

图 5-50 燕窝

生，有些待放置一段时间后才产生。

产生原因：

（1）带卷卷取过程中前、后张力使用不当；

（2）胀轴不圆或卷取时打底不圆，卸卷后由于应力不均匀分布而产生；

（3）卷芯质量差。

5.4.2 铝合金冷轧板、带材的质量控制

5.4.2.1 表面缺陷控制

冷轧铝合金系产品表面硬度相对较低，在轧制、拉矫、分切及包装时，表面均可能被损伤，在一定程度上会影响用户的使用，严重时导致产品直接报废。受铝合金带材加工特点的制约，目前还不能生产出绝对的零缺陷产品，只能是在满足用户使用需求的范围内，不断提高产品表面质量。

A 冷轧表观缺陷控制

表观缺陷控制主要根据产生位置分为两类：一是辊缝内的表面质量控制；二是辊缝外的表面质量控制。

a 辊缝内的表面质量控制

轧辊、轧件及润滑介质构成轧制三要素，在轧制过程中相互影响，共同制约产品表面质量。所以在轧制时重点注意以下几个方面：

（1）合理设置轧制工艺参数及合理分配道次压下率，保证各道次轧制压下均衡，防止带材表面粘铝，通常情况下各道次压下率不应超过60%，随着变形抗力的增加，道次压下率应逐渐减小。

（2）采用较低黏度的基础油，合理调配添加剂比例，严格控制卷材开卷温度、轧制油温度及流量，保证油膜强度、良好的润滑及冷却效果。

（3）选择合适的轧辊粗糙度。

b 辊缝外的表面质量控制

辊缝外的表面质量缺陷主要由辊系与带材不同步，辊系及环境不清洁，开卷、卷取张力设置不当等引起，所以在生产中应做到：

（1）辊系运转灵活、无卡阻、无变形，防止擦、划伤缺陷产生。

（2）保证各开卷、卷取张力的匹配性，防止层间损伤。

（3）做到清洁生产，杜绝印痕缺陷的产生。

B 隐性缺陷控制

具有隐性缺陷的冷轧基材经用户碱蚀洗或阳极氧化后，褪去了表面的氧化层，暴露出基体内在的缺陷，主要有表面条纹、黑条及小黑点等。由于此类缺陷具有隐蔽性，会给用户使用造成更大的负面影响。隐性缺陷缺乏表观缺陷的直观性，控制难度大，这就要求铝加工企业生产要素高度稳定、生产工艺非常完善。

相对冷轧而言，隐性缺陷在熔铸工序及热轧工序产生的可能性更大，所以必须从铸锭开始控制。

（1）铸造过程中严格控制铸锭的晶粒度，最大程度减薄铸锭表面粗晶层，减少光晶等粗大晶粒的产生。

（2）铣面时应铣尽表面粗晶层，同时需要注意铣刀对铸锭表面的二次损伤。

（3）热轧时保证合理的加热温度、合理的压下分配，减少轧辊粘铝性损伤；合理控制乳液的理化指标，保证良好的吹扫效果，减少乳液在板面的残留及烧结。

5.4.2.2 厚度控制

冷轧带材不仅要求厚度精确、同板差小，而且不同批次的厚度也要非常稳定。要控制好冷轧厚度，必须要控制好以下几个要素：

（1）厚控系统精度足够高，并做好日常维护，确保其工作正常。

（2）要有足够高精度的厚度标准块，定期对测量仪进行标定，对厚度补偿曲线进行修正。

（3）保证足够的辊系尺寸精度，并有严格的管理规范。

（4）控制好来料厚差，并要通过足够的轧制道次修正来料厚差。

（5）要有正确的操作规范，特别是严格控制升减速长度以及轧制过程中轧制参数的稳定性。

5.4.2.3 板形质量控制

板形质量控制可分为冷轧板形控制和精整板形控制。随着用户要求的提高，经轧制后的绝大部分带材需经精整板形矫正后才能满足用户需求。

A 冷轧产品板形控制

根据轧制原理，板形控制的实质在于控制辊缝的形状。控制辊缝形状的目的在于：一是尽可能使辊缝形状与坯料横截面形状一致；二是尽可能减少或消除轧制过程中轧辊的有害变形；三是确保轧出板形与目标板形一致。

出现板形不良的根本原因是轧件（坯料截面平直）在轧制过程中轧辊产生了有害变形，致使辊缝形状不平直，导致轧件纵向上延伸不均，从而产生波浪。因此板形控制的实质就是如何减少和消除这种有害变形。要减少和消除这种有害变形需要从两方面解决：一是从设备配置方面（包括板形控制手段和增加轧机刚度）；二是从工艺措施方面。板形控制手段方面，现在已普遍采用的有弯辊控制技术、倾辊控制技术和分段冷却控制技术；其他已开发成熟的板形控制手段还有抽辊技术（HC 系列轧机）、涨辊技术（VC 和 IC 系列轧机）、交叉辊技术（PC 轧机）、曲面辊技术（CVC、UPC 轧机）和 NIPCO 技术等；另外，增加轧机刚度也可使板形得到有效控制，如由二辊轧机发展为四辊或六辊轧机等。工艺措施方面包括轧辊原始凸度的给定，变形量与道次合理分配等。

B 精整板形质量控制

板带材成品剪切前后，通常都需要矫平，其目的是消除板形不良，提高平直度，改善产品性能或便于后续加工。

拉伸弯曲矫直是使用得最多的一种矫直方式，是在辊式矫直及拉伸矫直的基础上发展起来的一种先进的矫直方法。拉伸弯曲矫直原理是被矫带材通过连续拉伸弯曲矫直机时，受张力辊形成的拉力和弯曲辊形成的弯曲应力所叠加的合成应力作用，使带材产生一定塑性变形，消除残余内应力，改变不均匀变形状态，从而达到矫平板形的目的。此方法需根据矫直前后的板形质量状况给定合理的伸长率及矫直机构压下量。

5.4.2.4 产品力学性能控制

材料的力学性能是指材料在不同环境（温度、介质）下，承受不同外加载荷（拉伸、压缩、弯曲、扭转、冲击、交变应力等）时所表现出的力学特征。冷轧产品可以根据用户要求调整其常温力学性能，这是冷轧产品的一大优势。产品力学性能主要从四方面进行控制：一是控制热轧产品性能及组织；二是设计不同的冷变形量；三是制定合适的热处理工艺；四是采用稳定的热处理设备。其中通过控制热轧终了组织及性能，简化冷轧工艺，提高冷轧产品性能是今后工艺研究的重要内容之一。

5.4.2.5 铝及铝合金冷轧产品的质量检查

质量检查是保证产品质量的重要手段，按检查方式主要分为在线检查及离线检查两类；按工序主要分为轧制检查及精整检查；按产品质量要求主要分为表面质量检查、板形质量检查、厚度精度检查及性能检查四类。

表面质量检查除在线自动检查外，多数的国内铝加工企业目前仍采用专职检查人员用肉眼判定产品表面质量是否符合标准。此方法通常对产品头、尾的表面质量判定较为准确，其余部位的质量只能靠冷轧工艺来保障。板形质量检查，在线使用板形测量仪，离线多为人工检测。其方法通常是质检人员取2m左右的带材放置在检测平台上，用钢片尺及卷尺测量波高、波长及波浪数。厚度精度检查，在线时使用测厚仪检测，通常检测带材中心线位置的厚度，且此时只对厚度做测量并不能参与厚度的控制。离线时大多使用千分尺测量，一方面需取样测量带材头、尾宽度方向的厚度分布；另一方面还需抽取废边条测量带材边部厚度。性能检查根据产品的使用特点，分为逐卷检查和分批次两种检查方式。

5.5 铝箔的主要缺陷及质量控制

5.5.1 铝箔的质量控制

在带坯轧制成各种铝箔半成品和成品的过程中，以及在箔材精整、退火、转运、包装等工序的生产过程中，难免会出现一些缺陷。这些缺陷的产生，一部分是铸锭、热轧、冷轧坯或铸轧带坯本身的缺陷，有时在铸锭、热轧、冷轧或铸轧工序发现，有时不能发现，而在后续的进一步加工过程中才能发现；另一部分是在带箔材轧制、精整、退火、转运、包装等工序生产过程中产生的。这些缺陷的产生大部分是由于设备故障、违反操作规程、工艺参数调整不当、操作人员技术不够熟练和其他原因造成的。在铝箔的生产过程中，造成的铝箔质量缺陷有许多种，主要是大量的针孔、厚度超差、平整度差、断带等，减少这些缺陷，对提高箔材质量是很有意义的。加强各工序的质量控制，可大大减少缺陷的产生。

铝箔是在很薄状态下轧制的，对材料的厚度均匀性、轧制速度、张力、轧制油等都很敏感，在各种缺陷中最关键的是解决断带和针孔，尤其对高速轧机更为重要。断带和针孔的产生与铝箔坯料的质量极为密切。铸轧、热轧坯料中的夹杂、气道，轧制过程中的金属和非金属压入，擦、划伤以及厚度不均等都能给铝箔轧制造成很大困难，引起断带、针孔、厚度超差等。这些缺陷又互相影响，铝箔越薄，针孔越多，针孔越多，则越容易断带，断带多，轧制升速中头尾必定有一部分箔材厚度超差。

5.5.2 箔材主要缺陷分析

5.5.2.1 针孔

铝箔表面迎光可见的不规则小孔，称为针孔。随厚度减薄，针孔数量增多，是箔材的主要缺陷之一。坯料中、轧辊上、轧制油中，甚至空气中的尘埃达到 6μm 左右尺寸进入辊缝均会引起针孔，所以 6μm 铝箔没有针孔是不可能的，只能用多少和大小评价它。随着铝箔设备的装机水平提高，铝箔轧制条件得以改善，特别是防尘与轧制油有效的过滤和快捷的换辊系统的设置，使铝箔针孔的数量和大小愈来愈取决于坯料的冶金质量和加工缺陷。由于针孔往往是坯料缺陷的脱落，很难找到与原缺陷的对应关系。一般认为，针孔主要与含气量、夹杂、化合物及成分偏析有关。采取有效的铝液净化、过滤、晶粒细化等措施均有助于减少针孔。采用合金化等手段改善材料的硬化特性也有助于减少针孔。优质的铝箔坯料轧制的 6μm 铝箔针孔可在 100 个/m^2以下。在铝箔轧制过程中，其他造成针孔的因素也很多，甚至是灾难性的，每平方米数以千计的针孔并不稀奇。强化轧制油的过滤、轧辊短期更换及防尘措施，是减少铝箔针孔所必备的条件；采用大轧制力、小张力轧制也会对减少针孔有所帮助。

5.5.2.2 辊印、辊眼

辊印、辊眼主要是由轧辊引起的铝箔缺陷。辊印是铝箔轧制时出现呈周期性排列的印痕；辊眼是铝箔表面出现的透光的呈周期性排列的小孔，有的全部透光，有的呈网状，其尺寸一般大于针孔。

这两种缺陷最显著的特点是周期出现。产生这两种缺陷的主要原因是：不正确的轧辊磨削；外来物损伤轧辊；来料缺陷印伤轧辊；轧辊疲劳；辊间撞击、打滑等。所有可以产生轧辊表面损伤的因素，均对铝箔轧制形成危害。因为铝箔轧制辊面粗糙度很低，轻微的光泽不均匀也会影响其表面状态。定期的清理轧机，保持轧机的清洁，保证清辊器的正常工作，定期换辊，合理地进行轧辊磨削，均是保证铝箔轧后表面均匀一致的基本条件。

5.5.2.3 起皱、皱纹

A 起皱

铝箔卷表面无法展平的纵向或横向皱褶，称为起皱。由于板形严重不良，在铝箔卷取或展开时形成皱褶，其本质为张力不足以使箔面拉平。对于张力为20MPa的装置，箔面的板形不得大于30I，当大于30I时，必然起皱。由于轧制时铝箔往往承受比后续加工更大的张力，一些在轧制时仅仅表现为板形不良的铝箔在分切或退火后的使用时却表现为起皱。起皱产生的主要原因是板形控制不良，包括轧辊磨削不正确，辊型控制不合理，轧制及分切工艺参数控制不合理，来料板形不良及调整板形不正确，套筒或管芯精度不够等。

B 皱纹

铝箔表面呈现的细小的、纵向或斜向局部凸起的、一条或数条圆滑的沟槽，称为皱纹。皱纹的主要产生原因是压下量过大，致使轧制时变形不均或卷取时张力不够；辊型控制不当或轧制压力过低；坯料厚度不均，板形不好或有横波；卷取轴精度不够，套筒不圆；压平辊压力控制不当等。

可针对产生的原因，对症下药，防止起皱、皱纹缺陷的产生。

5.5.2.4 亮点

铝箔双合轧制时，出现的铝箔暗面上不均匀的发亮的点，称为亮点。其主要的产生原因是双合油油膜强度不足，或由轧辊辊面不均而引起的轧制不均匀变形，外观呈麻皮或异物压入状。选用合理的双合油，保持来料表面清洁和轧辊的辊面粗糙均匀是解决这类缺陷问题的有效措施。采用合理的轧制压下量和选择优良的铝箔坯料也是非常必要的。

5.5.2.5 厚差

厚度偏差难控制是铝箔轧制的一个特点，3%的厚差在板带材生产时不难控制，而在铝箔的生产中却较难控制。由于随着铝箔厚度的减薄，其微量条件均可造成影响，如温度、油膜、油气浓度等。铝箔轧制一卷可达几十万米，轧制时间长达10h左右，随着时间延长，测厚的误差易形成。而对铝箔厚度调整的手段仅有张力与速度。这些因素均造成了铝箔轧制的厚控困难。所以，真正控制铝箔的厚差在3%以内，需要用许多条件来保证：使用合格厚度的铝箔坯料；轧制时调整、控制好压下量和辊型，以及轧辊按规定的参数磨削；稳定轧制工艺；轧制过程中勤测量铝箔厚度，以免测厚系统出现故障时不被发现等。

5.5.2.6 油污

油污是指轧制后铝箔表面带油量过多，且带了除轧制油膜以外的多余的油，在分切生产及成品检查过程中肉眼可见的表面带油。这些油主要是由辊颈处或轧机出口上、下方甩、溅、滴在箔面上以及轧机清辊器出现异常、轧机测厚头滴油等造成，且往往较脏成分复杂。这种油污将给铝箱表面带来较大危害：一是由于铝箔成品大多作为装饰或包装材料，必须有一个洁净的表面；二是其厚度薄，在后续的退火时易形成泡状，而且由于油量较多在该处形成过多的残留物而影响使用。油污缺陷多少是评价铝箔质量的一项重要指标。在生产过程中，保持设备、工具和坯料表面干净，清除油污，可保证产品表面干净、光滑。

5.5.2.7 油斑

残留在箔材表面上的轧制油及其他油污，经退火后在箔材表面上形成的程度不同的黄褐色斑痕，称为油斑。产生油斑的主要原因是铝箔轧制油黏度偏高，或轧制油馏程不合适；铝箔轧制油中渗入机械油；退火工艺不当；轧制过程产品表面带油量过大；分切张力过大，造成铝箔卷过紧。其防止措施是保持各工序清洁操作，及时检查和清除设备、工具和坯料及产品上的油污，以防止油斑的产生。

5.5.2.8 除油不净

除油不净主要表现在O状态铝箔的表面，铝箔退火后，采用刷水方法检测，未达到刷水试验规定的级别。要求刷水检测的铝箔主要是用于印刷、与其他材料复合等，因此铝箔表面必须除油干净并达到刷水试验规定的级别方可。除油不净的主要原因是铝箔表面带油量过大；分切张力过大；退火工艺不合理。控制和清除铝箔表面多余的油，控制分切张力和工艺，合理执行退火工艺等可防止该缺陷的产生。

5.5.2.9 振痕

振痕是指铝箔表面周期性的横波，产生振痕的原因：一是在轧辊磨削时形成的，周期在10~20mm左右；二是在轧制时由于油膜不连续而形成振动，产生在一个速度区间，周期为5~10mm。其根本原因是油膜强度不足，通常可以采用改善润滑状态来消除振痕缺陷。

5.5.2.10 张力线

当厚度达到0.015mm以下时，在铝箔的纵向形成平行条纹，俗称张力线。张力线间距为5~20mm，张力愈小愈宽，条纹愈明显，当张力达到一定值时，张力线很轻微甚至消失。厚度愈小，产生张力线的可能性愈大，双合轧制产生的可能性较单张为大。增大张力和降低轧辊粗糙度是减轻、消除张力线的有效措施。而大的张力必须以良好的板形为基础。

5.5.2.11 开缝

铝箔经轧制后按纵向自然开裂的现象，称为开缝。开缝是箔材轧制特有的缺陷，在轧制时沿纵向平直地裂开，常伴有金属丝线。开缝产生的根本原因是入口侧打折，常发生在中间，主要由来料中间松、辊型控制不合理、坯料存在气道、轧制时后张力过小等引起。严重的开缝无法轧制，而轻微的开缝在以后的分切时裂开，这往往造成大量废品。严格控制来料质量，合理调整轧制时张力的大小等，可防止开缝缺陷的产生。

5.5.2.12 气道

在轧制时，间断出现条状压碎，边缘呈液滴状曲线，有一定宽度，轻度的气道未压碎，呈白色条状并有密集针孔。在压碎铝箔的前后端存在密集针孔是判断气道与其他缺陷的主要标志。产生的主要原因是熔体除气不净、氢含量偏高，使坯料产生气道。因此，选择含气量低的材料作为铝箔坯料是非常重要的。

5.5.2.13 暗纹、亮线

A 暗纹

这是铝箔表面沿轧制方向、宽窄不一的、与铝箔表面颜色相比稍暗的纵向条纹。它可纵贯铝箔的全长。具有这种暗纹的铝箔，在套色印刷时暗纹处有明显的色差，影响包装材料的美观。主要是由于坯料本身存在纵向条纹、坯料的条纹轧制时印在了轧辊上又重复印到了铝箔表面上造成的。解决暗纹的问题，最主要的防止措施是提高铸轧坯料的质量，提高熔体纯净度，成分均匀；使用软质且柔韧性好、不易掉渣的铸嘴材料，改善铸嘴的内腔结构，使铸嘴内腔铝液的分布均匀、流动畅通；轧制时不使用带有条纹的轧辊；提高轧辊磨削质量。

B 亮线

这是铝箔表面沿轧制方向，与铝箔颜色相比较亮的纵向条纹。产生亮线的主要原因是坯料表面有严重亮线；清辊器运转不正常，将轧辊划伤；轧机运转时有异物将轧辊划伤。其防止方法是铸轧、冷轧时控制铝箔坯料的表面质量；轧制时材料表面发现亮线应立即更换轧辊；提高轧辊研磨质量。

5.5.2.14 金属和非金属压入

A 金属压入

金属屑或金属碎片压入箔材表面。压入物刮掉后呈现大小不等的凹陷或孔洞，会破坏箔材表面的连续性。产生的主要原因是坯料表面有金属压入物或金属屑；坯料切边或分切产生的毛刺掉入料卷；轧辊或导辊粘铝；轧制过程中有金属屑落在箔材表面上。

B 非金属压入

非金属杂质压入箔材表面，使表面呈明显的点状或长条状黄黑色缺陷。产生的主要原因是各轧制工序设备和生产环境不洁净；轧制工艺润滑油不洁净；坯料表面有非金属压入物；铸锭及铸轧卷内含有非金属夹杂。

采用合格的坯料，保持设备、工具、坯料表面干净，保持润滑油和工作环境洁净，不粘铝或带入异物，可防止金属和非金属压入。

5.5.2.15 划伤、擦伤、碰伤

A 划伤

这是箔材表面呈现的断续或连续的单条沟状伤痕。一般是尖锐物与箔材表面接触后相对滑动时产生的。产生的主要原因是轧辊、导辊表面有尖状缺陷，或粘有硬杂物；剪切、合卷、分切的机械导辊、导路有尖状缺陷或粘有杂物。

B 擦伤

由于物体间棱与面，或面与面接触后发生相对滑动或错动而在箔材表面造成的成束（或组）分布的伤痕。产生的主要原因是箔材在加工生产过程中，与导路、设备接触时，产生相对摩擦而造成擦伤；坯料松卷、松层或有燕窝状端面缺陷；轧制时张力使用不当，开卷时产生层间错动而产生擦伤。

C 碰伤

这是铝箔卷与卷或卷与其他物体相撞后，在箔卷表面或端面产生的伤痕。其表现为铝箔表面或端面有部分凹陷，严重时，铝箔卷不易或无法打开。碰伤产生的主要原因是各生产工序吊运或存放不当；运输及搬运过程中碰伤；铝箔卷在退火料架或包装台上被其他突出物磕碰而产生伤痕。

保持生产过程中所有设备、工具、轧辊、辊道、工作台、料筐、料架以及工作环境的洁净，去除尖角、毛刺、粘铝和异物，严格执行操作规程，轻拿轻放，选用优质坯料，注意来料的表面质量等，可防止或消除划伤等缺陷。

5.5.2.16 横波（起棱）、横纹

A 横波（起棱）

垂直压延方向横贯铝箔表面的波纹及铝箔表面上的横向凸起，称横波（起棱）。产生横波（起棱）的主要原因是卷取张力控制不当，缠卷时先松后紧；套筒或管芯精度不够；分切时同一轴卷径大小不一样；生产工艺参数控制不合理。防止起棱废品产生的方法是不使用变形的套筒；轧机操作手在操作时应控制卷取张力，使之稳定、保持良好的辊型；打底和接头时认真操作，要既平又紧；分切时，打底层要薄，接头要平；分切后，由于中间出现废品需扒掉，接头时同轴的卷径要保持相同再接头；选定合理的分切张力梯度等。

B　横纹

铝箔表面横向有规律的细条纹，称为横纹。一般呈白色，无凹凸感，有时在卷材局部，有时布满整个表面。产生横纹的主要原因是轧制坯料表面有横纹；轧制道次压下量过大；轧辊粗糙度不合理；轧制油理化指标不合理。控制横纹缺陷的方法是合理选用轧制油和添加剂，使油膜厚度稳定；提高轧辊研磨质量，消除轧辊的研磨横纹，使轧辊在横向粗糙度均匀等。

5.5.2.17　粘连、粘油

A　粘连

铝箔卷单张不易打开，多张打开时呈板结状，产品自由垂落长度不能达到标准要求，严重时，单张无法打开。产生粘连的主要原因是轧制油理化指标不合理；分切张力过大；退火工艺不合理。

B　粘油

残留在箔卷内的轧制油及其他油污，在退火过程中氧化，聚合生成黏稠状沥青质，影响箔材的顺利展开。产生粘油的主要原因是退火制度不当，油未挥发完全；轧制油技术指标不合理，或混入了一定数量的设备润滑油。

5.5.2.18　板形不良

不均匀变形使箔材表面局部产生起伏不平的现象，称为板形不良。板形不良按缺陷产生的部位可分为中间波浪、边部波浪、二肋波浪及复合波浪。在边部称边部波浪，在中间称中间波浪，二者兼有则称复合波浪，既不在中间又不在边部称二肋波浪。产生板形不良的主要原因是来料板形质量不好，同板差超标；压力调整不平衡，辊型控制不合理；道次压下量分配不合理；轧辊辊形不合理；轧制油喷淋不正常。

5.5.2.19 起鼓

在铝箔表面纵向呈条状凸起，手触有明显凸凹感，有时除去外层铝箔后消失，有时贯穿整卷铝箔。产生起鼓的主要原因是铝箔板形控制不良；铝箔表面有亮线；退火冷却速度过快。

5.5.2.20 压折

铝箔表面形成互相折叠层，压过的皱褶。皱褶与轧制方向互呈一定角度，压折处呈亮道花纹。产生压折的主要原因是后张力小；辊型控制不良，厚度不均；轧制时送料不正；上道次存在起皱废品。

5.5.2.21 人字纹

箔材表面呈现有规律的人字形的花纹，称人字纹。一般呈白色，表面有明显的色差，但十分光滑。产生人字纹的主要原因是轧制时道次压下量过大，金属在轧辊间由于摩擦力大，流动速度慢，产生滑移；辊型不好，温度不均；轧辊粗糙度不合理；轧制油理化指标不合理。

5.5.2.22 毛刺

这是剪切后，箔材边部存在的大小不等的毛发状的刺状物。产生毛刺的主要原因是剪切时刀刃不锋利；剪刃润滑不当；剪刃间隙及重叠量调整不当。

5.5.2.23 卷取缺陷（松卷、窜层、塔形、翘边）

卷取缺陷主要指铝箔在成品卷取过程产生的松卷、窜层、塔形、翘边等。由于铝箔承受的张力有限，而足够的张力是形成一定张力梯度的条件。所以，卷取质量最终依赖于良好的板形、合理的工艺参数、精度适宜的套筒，且取得里紧外松的卷是最理想的。

A 松卷

这是由于缠卷不紧，沿管芯方向提取箔材时，箔材呈圆筒状自由脱落，或用手指按压箔材时产生局部凹陷的现象。产生松卷的主要原因是分切时张力过小或张力不均；分切速度过快；压平辊压力过小。

B 窜层

这是铝箔卷端面层与层之间不规则，造成端面不平整。产生窜层的主要原因是坯料不平整；卷取张力调整不当；压平辊调整不当；卷取时对中系统异常；轧制或分切时速度过快。

C 塔形

铝箔端面层与层之间的窜层造成塔状偏移，称为塔形。塔形是窜层的特例。产生塔形的主要原因是来料板形不好；卷取中调节系统异常；压平辊调整不当；卷取张力调整不当。

D 翘边

铝箔卷两端或一端向上翘起的现象，称为翘边。其特征为铝箔卷边向上部翘起，手触有明显凹凸感。产生翘边的主要原因是压下量过大，板形不良；润滑油分布不均；剪刃调整不当。

针对产生的原因，采取相应措施，可防止或消除上述卷取缺陷。

5.5.2.24 表面气泡

这是箔材表面不规则的圆形或条状空腔凸起，凸起的边缘圆滑，两面不对称，分布无规律。产生表面气泡的主要原因是退火温度过高，加热时间过长；金属氢含量偏高。

5.5.2.25 腐蚀

这是铝箔表面与周围介质接触，发生化学反应或电化学反应后，在铝箔表面产生的缺陷，被腐蚀的铝箔表面会失去光泽，严重时还会产生灰色腐蚀产物。产生腐蚀的主要原因是铝箔生产及运输、存放保管不当，由于气候潮湿或雨水浸入而引起腐蚀；轧制油中含有水分或呈碱性；测厚仪冷却系统滴水或高压风中含水；储运过程中，包装防腐层破损。

5.5.2.26 白条

这是铝箔表面整卷沿轧制方向、宽度间隔不等的白色条纹，一般对应铸轧下板面单面出现，条纹多集中在铝箔中间、两肋位置。随着铝箔的压延减薄，条纹呈明显加重的趋势。产生白条的主要原因是采用铸轧工艺生产铸轧带材时，因钛丝添加位置不合适或流槽过长等，导致铸轧板下板面 Ti/B 偏析和沉积等；铸轧带材中间及两肋位置冷却较差，结晶滞后造成该位置组织和其他位置不同；铸轧辊冷却强度不均，造成成分偏析、晶粒不均。

5.5.2.27 其他缺陷

在箔材的生产过程中，除产生上述的缺陷外，还有一些是由坯料自身所造成的、工序之间转运过程造成的、轧制和分切时产生的、退火时造成的缺陷，如印痕、裂边、箭头（燕窝）、端面花纹、暗面色差等。这些缺陷在实际生产中也时有产生，并影响着箔材的成品率，也应分析其产生的原因，采取相应的措施加以防止和控制。

6 铝合金锻件的缺陷分析与质量控制

锻件的质量直接关系到零部件的质量。铝合金锻件必须得到设计质量和制造质量的保证，同时，也必须经过严格的质量检验。在铝合金锻件生产过程中，如果铝合金锻件原材料质量不良和锻件生产各工序中操作不当，往往引起锻件产生各种缺陷。为了保证锻件质量，必须对其进行质量检验才能流入下道工序。对检验出有缺陷的锻件，根据设计图样、检验标准和缺陷的程度确定其合格、或报废、或经过修补后可使用。严禁废品流入下道工序。

6.1 铝合金锻件缺陷分析

6.1.1 铝合金锻件缺陷分类

锻件质量缺陷的分类方法很多，通常有以下三种方法：

（1）按产生缺陷的责任分类，可分为三种：第一种是由于工艺不合理所造成的质量缺陷；第二种是由于设备、工装或工艺操作方面的原因所造成的质量缺陷；第三种是由于管理方面的原因所造成的质量缺陷。

（2）按缺陷表现的形式分类，可分为表面缺陷、组织缺陷和性能缺陷及尺寸和形状缺陷等。

（3）按锻件缺陷产生的工序或生产过程分类，可分为原材料生产过程产生的缺陷、锻造过程产生的缺陷和热处理过程产生的缺陷。

按照锻造过程中各工序的顺序，还可将锻造过程中产生的缺陷细分为以下几类：由下料产生的缺陷；由加热产生的缺陷；由锻造产生的缺陷和由清理、精整等工序产生的缺陷等。不同工序可以产生不同形式的缺陷，但是，同一种形式的缺陷也可以来自不同的工序。由于产生锻件缺陷的原因往往与原材料生产过程和热处理过程有关，因此在分析锻件缺陷产生的原因时，应当从锻件生产的全过程入手。

本章按照锻件生产过程中各个工序的顺序概要地介绍铝合金锻件各种缺陷的主要特征、产生原因、影响因素和防止措施。

6.1.2 铝合金锻件原材料引起的锻件缺陷及控制

在铝合金锻件检验过程中，经常遇到由原材料带来的一些缺陷。虽然，铝合金锻件坯料在锻造生产前都经过严格的质量检验，但是由于缺陷的分散性、随机性，仍然可能有一部分缺陷遗留下来。

目前，供锻造和模锻的铝合金坯料，一般采用铸锭和挤压坯料，个别情况下也采用轧制坯料。一般来说，铸锭的内部缺陷或表面缺陷的出现有时是不可避免的。例如，铸锭坯料往往具有疏松、气孔、缩孔、裂纹、夹杂、成层、氧化膜和树枝状偏析等缺陷。挤压坯料一般具有粗晶环、成层、缩尾、夹杂、氧化膜和表皮气泡等缺陷。铝合金锻件坯料存在的上述缺陷，不仅在锻造时容易出现开裂，而且会直接影响锻件的最终质量。具体情况见表6-1。

表6-1 由原材料引起的锻件缺陷分析

缺陷名称	主要特征	产生原因及后果	预防措施
非金属夹杂	在铝合金锻件中的非金属夹杂物主要是以氧化铝和其他产物的粗大聚集物形式存在。在锻件宏观试片上呈凹下的、轮廓不清的、分布无规律的黑褐色点状或非定形缺陷。断口上有时可见夹杂物	非金属夹杂物一般是在铝合金熔炼铸造过程中产生的： （1）熔铸前原辅材料不清洁、潮湿、有油污等。 （2）熔炼炉膛、静置炉膛、虹吸箱及流槽等清理不净。 （3）熔剂质量差，含夹杂物多或熔体精炼温度低，精炼不彻底，熔渣分离不干净。 （4）熔炼时由于成分控制不当，反复补料、冲淡、搅拌，导致熔体表面氧化膜多次破坏，将氧化膜和渣子带入液体金属内。 （5）熔体转炉时冲击剧烈，金属没有满管流动或落差点太大，造成氧化渣增多。	提高熔体质量，提高铝合金熔炼工艺水平，确保原材料的质量。一般当铸锭低倍检查过程中发现有非金属夹杂物时，则判该熔次铸锭报废

续表 6-1

缺陷名称	主要特征	产生原因及后果	预防措施
非金属夹杂		(6) 铸造开始和终了时操作者配合不好或操作不良等。 非金属夹杂物的存在会破坏铝合金锻件内部的连续性，是应力集中处或疲劳裂纹源。非金属夹杂物能够显著降低铝合金锻件横向和高向的力学性能（尤其是高向的伸长率和抗拉强度）。它直接影响制件的寿命和强度，同时还破坏结构气密性，一般通过超声波探伤都可以发现	
氧化膜	氧化膜一般分布在锻件变形程度较大的部位，其排列方向与金属流线分布方向基本平行。断口呈白色、灰色、暗灰色或黄褐色，边界圆滑、表面平整而光滑的小平台，对称或对偶地分布在断裂面上，称为氧化膜。铝合金锻件中的氧化膜以2A70、2A50、2A14、2A11、7A09、7075等合金较为严重，而2A12、5A05、5A06等合金则相对较少。对于铝合金模锻件氧化膜一般位于其腹板上和分模面附	铝合金在熔铸过程中，铝及其他金属与氧作用生成细小的氧化物，并混入铝锭中即成氧化膜。在铝合金锻造变形过程中，氧化膜发生以下变化： (1) 沿锻件高度方向聚集，并沿其半径分散。 (2) 当氧化膜受到拉长和拉直时，发生无数局部断裂，因此氧化膜的面积和它们分布的范围剧增；而在断口上出现的氧化膜的数量和面积随变形程度的提高而增大。 铝合金锻件中的氧化膜缺陷对其纵向力学性能无明显影响，但对横向力学性能和高向力学性能有很大影响。尤其是对高向力学性能的影响最大，它显著降低了高向强度，特别是抗拉强度，	(1) 防止产生氧化膜是很困难的，铸锭被氧化膜污染的程度，取决于熔炼炉内液体金属的纯度、浇铸时过滤的效果以及取决于转炉过程中特别是从静置炉到连续铸造机上的结晶槽转注时，从液流表面卷入氧化膜的强烈程度。液体金属平静的转注，不产生从液流表面卷入氧化膜，以及浇铸时良好的过滤是提高金属纯度最重要的条件； (2) 在锻件及模锻件高度方面，氧化

续表 6-1

缺陷名称	主要特征	产生原因及后果	预防措施
氧化膜	近，对于自由锻件则一般位于截面面积发生急剧变化的部位。在低倍组织上氧化膜呈微细的裂口；在高倍组织上呈涡纹状；在断口组织上的特征可分两类：一是呈平整的片状，颜色从银灰色、浅黄色直至褐色、暗褐色；二是呈细小密集而带闪光的点状物	同时显著降低高向伸长率，比正常试样约降低50%。对冲击韧性、抗拉疲劳性能和高向抗腐蚀性能也有一定影响	膜的数目及分布波动很大，在变形大的地方波动更大。减少锻件及模锻件上金属变形流动时的不均匀程度，也能有助于减少氧化膜缺陷
金属间化合物夹杂	金属间化合物夹杂是铝合金在熔铸过程中，铝与铁、镍、铬、钛、锰等金属形成化合物一次晶聚集物。金属间化合物夹杂具有很高硬度，在锻造过程中没有很大的变化，锻造变形时，只是在延伸较大的部位被拉长，呈链状。在铝合金锻件中金属间化合物夹杂呈暗色，主要沿着金属流线分布。由显微组织观察可知：塑性金属化合物夹杂呈条状分布，而脆性金属化合物夹杂	金属间化合物夹杂一般是在铝合金熔炼铸造过程中产生的： （1）合金中含有高熔点的金属元素多，易产生高熔点的金属化合物，在2A70、7A04、5A06等合金铸锭中较为严重。 （2）铸造过程中漏斗导热不好、不光滑或漏斗预热不好，在漏斗底部容易出现金属间化合物偏析产生的一次晶。 （3）铸造速度慢，结晶面深度浅，与漏斗底部距离小，造成漏斗上、下温差加大，也会促使金属间化合物夹杂产生。 金属间化合物夹杂的存在会破坏铝合金锻件内部的连	金属间化合物夹杂是铝合金锻件锻造生产过程中无法消除的缺陷。为减少夹杂物缺陷的产生，首先要提高铝合金熔炼工艺水平，确保原材料的质量。当铸锭低倍检查过程中发现有粗大的金属间化合物夹杂时，便判该熔次铸锭报废

续表 6-1

缺陷名称	主要特征	产生原因及后果	预防措施
金属间化合物夹杂	呈链状分布；在锻件的宏观试片上，可见局部成堆或拉长，呈链状、暗色；在断口上有时却保持其最初的针状结构	续性。金属间化合物夹杂能够显著降低铝合金锻件横向和高向的力学性能（尤其是高向的伸长率和抗拉强度），从而增加了铝合金锻件的各向异性。当夹杂较为严重时，会显著降低铝合金材料的塑性，导致在锻造过程中出现裂纹。同时，在铝合金锻件淬火过程中夹杂物也可能成为疲劳源，引起淬火裂纹	
锻件的表面裂纹	锻件表面呈破坏金属连续的不规则开裂	采用半连续铸造方法铸造的铝合金铸锭，在其表面上存在一些偏析、冷隔、裂纹等缺陷，锻造前铸锭车皮量不够，侧表面的缺陷仍保留，在锻造过程中形成表面微裂纹。铸锭钠含量过高或存在宽而明显的树枝晶组织（扇形组织）时，铸造过程中会出现较大、较深的表面裂纹。导致在锻造过程中会出现较大而深的表面裂纹。在所有铝合金锻件上都有可能产生这种裂纹。 表面裂纹会破坏金属材料的连续性，不允许其残存在零件上	（1）保证车皮量，去除铝合金铸锭表面上的缺陷。 （2）采用电磁铸造可以有效地预防铸锭中形成树枝晶组织（扇形组织）

6.1.3　锻造过程中缺陷的产生原因及预防措施

锻造过程中的缺陷一般有以下几种形式，见表 6-2。

表 6-2 锻造过程中主要缺陷的特征、起因及预防措施

缺陷名称		主要特征	产生原因及后果	预防措施
尺寸类缺陷	自由锻件不成形	自由锻件尺寸不符合图纸要求	工艺余料太小或锻工技术差，导致锻件无法满足零件加工	合理预留锻造工艺余量，提高锻工工艺操作水平
	局部充填不足（未成形）	局部充填不足是指金属未能完全充满模具型腔。锻件凸起部分的顶端或棱角充填不足的现象，主要发生在模锻件的筋条、凸肩转角等处，使锻件轮廓不清晰，这是模锻件常见的一种缺陷	（1）模锻毛坯尺寸不合理（过小）。 （2）在模锻过程中毛坯加热不足，导致金属流动性不好。 （3）预锻模和制坯模设计不合理，设备吨位偏小。 （4）坯料在模具型腔中摆放的位置不当。 （5）模具型腔过于粗糙或模锻操作过程中润滑不足或过量。 （6）某些模锻件设计不合理，局部筋条过高、过窄。 （7）模膛磨损过大。 局部充填不足将直接导致模锻件无法满足零件加工要求	（1）合理设计预锻模和制坯模使之与终锻模匹配，合理设计毛料尺寸和形状。 （2）在保证正常的变形温度和润滑条件下，采用多火次模锻。 （3）当设备压力不足时，应利用压力机的一火多次模压（或在锻锤上多次打击）来模压模锻件，每次压缩后一定要润滑模具型腔的表面。 （4）锻造时合理操作。 （5）模膛出现较大磨损时，应适时修模
	模锻不足（欠压过大）	锻件在与分模面垂直方向上的所有尺寸都增大，即超过了图样上规定的尺寸。这种缺陷较容易出现在锤锻模锻件	飞边设计不合理，飞边桥部阻力过大；锻压设备吨位不足；毛坯体积或尺寸偏大；锻造温度偏低；模具型腔磨损过大等，引起欠压。 模锻件欠压超差，导致机械加工余量加大	在同一锻模内及最佳锻造变形条件下重新模锻。可在切边模内进行修正
	错移	模锻件上半部相对下半部沿分模面产生了错位，称为模锻件错移	（1）模具制作的精度不够，锻模上平衡错位的锁口或导柱精度不够。 （2）锻模安装不正或锤头与导轨之间间隙过大。 （3）导柱、导壁磨损过大或被啃坏。	严格控制模具制作的精度，保证锁口和导柱硬度，操作者操作时认真检查模具，严格执行规程

续表 6-2

缺陷名称		主要特征	产生原因及后果	预防措施
尺寸类缺陷	错移		(4) 操作者操作不当，在安装时模具装卡不紧，砧座窜动，或模具装反、上下模错 180°。 错移缺陷的直接后果是无法满足零件加工要求	
折叠	自由锻件折叠	在拔长、弯曲等加工过程中，如果金属变形流动不均匀，则锻件的一部分表皮可重叠在相邻的另一部分金属表面上，或者一部分金属整体重叠在另一部分金属上，称为折叠	自由锻件上的折叠，主要由拔长时送进量太小、压下量太大或砧块圆角半径太小引起；锻造过程中产生的尖角突起和较深凹坑没有及时修伤。 折叠破坏金属的连续化，是零件的裂纹源和疲劳源	合理控制拔长时的送进量与压下量之比，及时修伤
	模锻件折叠	在模锻件的筋下内圆弧等处，由局部金属对流（回流）产生的重叠或线状痕迹。 (1) 表面呈线条状或片层状（有的表面还呈凹陷粗糙），经蚀洗后呈黑色或褐色条纹，有时连续、有时不连续，其长短、深浅不一，用扁铲沿折叠方向铲除时分层开裂。 (2) 折叠与其周围金属流线方向一致。	(1) 模锻件设计时，腹板与筋交角处的连接圆角半径太小，筋太窄、太高，腹板太薄，筋间距太大。另外，模锻件各断面形状和大小变化太剧烈，难以选择坯料，使金属流动复杂。 (2) 坯料太大或太小，且形状不合理，使金属分配不当。 (3) 形状复杂的模锻件，没有制坯和预压模，或者制坯和预压模型槽设计不合理，与终锻模型槽配合不当，局部金属过多或过少。 (4) 工艺操作不当，摆料不正，润滑剂太多或润滑不	(1) 一定要保证坯料尺寸适当，坯料的尺寸不能过大，也不能过小。 (2) 锻件设计要合理，圆角半径不应太小，尤其是锻件的凹圆角半径不应太小。 (3) 模锻时坯料要放正。 (4) 为使坯料在变形过程中变形均匀，向坯料上抹油不宜过多，而且一定要涂抹均匀。 (5) 为保证坯料

续表 6-2

缺陷名称		主要特征	产生原因及后果	预防措施
折叠	模锻件折叠	(3)折叠尾端一般呈小圆角。有时，在折叠之前先有折皱，这时尾端一般呈枝杈形（或鸡爪形）。 (4)折缝与金属流线方向一致，是沿晶的，且断面处光滑，无凸凹不平，经氧化蚀洗后多呈黑色或褐色。 (5)折叠呈树枝状。 (6)折叠末端经淬火后多伴有裂纹产生	均，加压速度太快，一次压下量太大。 (5)供模锻用的自由锻坯棱角太尖，或模锻后修伤不彻底，在下一次模锻后就会发展成折叠。 在零件上，折叠是一种内患。它不仅会减小零件的承载面积，而且工作时此处产生应力集中，常常成为疲劳源。凡折叠处均伴有程度不同的流线不顺，折叠严重时容易导致穿流和粗晶，使锻件的高向性能、冲击性能、抗腐蚀性能下降。因此，技术条件规定锻件上一般不允许有折叠	在变形过程中金属流动阻力小、流动均匀，锻件棱角不宜太尖。 (6)模压后修伤要彻底。 (7)在预锻模膛上，应增大转角处的圆角半径及斜度（或厚度），可消除工字形部分的折叠。 (8)为了防止弯曲区断面面积减小，一般弯曲前在要弯的地方预先聚集金属，或者取断面尺寸稍大的原坯料，可消除折叠。 (9)为了消除冲孔制品的折叠，终锻时可以采用斜底连皮，或预锻时采用斜底连皮，而终锻时采用平底连皮，或带仓连皮，此时应使终锻时连皮部分的体积大于或等于预锻时该部分的体积，以便使终锻时多余的金属向中心流动

续表 6-2

缺陷名称		主要特征	产生原因及后果	预防措施
心部裂纹	心部十字裂纹	锻件内部出现的纵向十字裂纹，一般位于锻件的心部，沿锻件横断面对角线分布，其纵向扩展深度不一，严重的可以贯穿整个毛坯长度，低倍检查或超声波探伤可检查出此类缺陷	锻造时多次滚圆，当每次变形量较小（小于 15% ~ 20%）时，会产生内部中心裂纹。由于铝合金的锻造温度范围很窄，如果锻造工具和模具没有预热，或毛坯预热温度和保温时间不够，也会引起锻件产生内部裂纹。按照内部裂纹在锻件中的分布特点和形成机理，共有两种：一是用平砧锻造圆形坯料时产生的；二是在平砧上用每次压缩后翻转 90° 的方法来制造方形锻件时产生的。 拔长时，当相对送进量太小（$L/H<0.5$）时，坯料中心变形小，锻不透，并受轴向拉应力，易产生横向内部裂纹。当相对送进量太大（$L/H>1$）时，坯料横断面对角线两侧的金属产生剧烈相对运动，容易产生横向对角线裂纹；圆断面坯料在平砧上拔长，若压下量较小，接触面较窄、较长，金属主要横向流动，轴心受到较大拉应力，锻件心部易产生纵向裂纹，尤其在温度过低时更容易出现。 内部裂纹严重破坏锻件的连续性，对铝合金锻件的力学性能和使用均产生很大影响，直接结果是导致锻件报废	(1)锻造加热时，根据不同合金，选择最佳锻造温度范围，要保证在规定的加热温度进行加热并充分保温。 (2)铝合金由于流动性差，不宜采用变形剧烈的锻造工序（如滚挤），并且变形程度要适当，变形速度越低越好。 (3)锻造操作时要注意防止弯曲、压折，并要及时矫正或消除所产生的缺陷。滚圆时，压下量不能小于 20%，并且滚圆的次数不能太多。 (4)用于锻造和模锻的工具，要充分预热，加热温度最好接近锻造温度，一般为 200 ~ 400℃，以便提高金属的塑性和流动性

续表 6-2

缺陷名称		主要特征	产生原因及后果	预防措施
心部裂纹	纵向条状裂纹	主要出现在对圆棒料进行拔长由圆形压成方形时，或在拔长后将坯料倒棱、滚圆时。在横截面上，裂纹出现在中间部分呈条状，裂纹沿纵向的扩展深度不一，与锻造操作有关	在用平砧对毛坯进行倒棱或滚圆时，毛坯的水平方向有拉应力出现。此拉应力沿毛坯表面向中心增大，在中心处达最大值，在其超过材料强度后便形成纵向内裂	拔长圆断面压料时，最好先打四方，后打八方，最后滚圆。在拔长时采用V形砧，可利用工具的侧面压力限制金属的横向流动，迫使金属沿轴向伸长，以防止纵向裂纹。 严格控制坯料的凹坑、划痕、顶针孔及棱角太尖的表面缺陷
表面裂纹		锻件的表面裂纹由表皮向内部延伸，而且其宽度由边部向内部变得越来越细小。中心裂纹呈集中的孔洞形状，并且在其周围有很多微小的裂纹或者在锻件上呈长条形的裂缝。 纵向裂纹平行于压力方向，而横向裂纹垂直于压力方向，镦粗件的剪切方向的裂纹与压力方向呈45°角	产生表面裂纹的原因与坯料种类有关。以铸锭作为坯料，往往由于铸锭氢含量高，有严重的疏松、氧化膜夹渣、粗大的柱状晶，存在严重的内部偏析、高温均匀化处理不充分以及铸锭表面缺陷（凹坑、划痕、棱角等），都会在锻造时产生表面裂纹。另外，坯料加热不充分，保温时间不够，锻造温度过高或过低，变形程度太大，变形速度太快，锻造过程中产生的弯曲、折叠没有及时消除，再次进行锻造都可能产生表面裂纹。 挤压坯料表面的粗晶环、表面气泡等，也容易在锻造时产生开裂。 自由镦粗时，在毛坯的鼓肚表面上由于拉应力作用，	（1）选择高质量的原始坯料。坯料表面的各种缺陷要彻底清除干净。 （2）铸锭坯料要进行充分的高温均匀化处理，消除残余内应力和晶间偏析，以提高金属塑性。锻造加热时，要保证在规定的加热温度进行加热并充分保温。 （3）根据不同合金，选择最佳锻造温度范围。 （4）铝合金由于流动性差，不宜采用变形剧烈的锻造工序（如滚挤），并且变形程度要适当，

续表 6-2

缺陷名称	主要特征	产生原因及后果	预防措施
表面裂纹		产生不规则的纵向裂纹。 由于毛坯与砧块接触面间存在摩擦力，引起不均匀变形而出现鼓肚，若一次镦粗量过大就会产生纵裂。 裂纹对铝合金锻件的力学性能和使用均产生很大影响，严重时导致锻件报废	变形速度要越低越好。 （5）锻造操作时要注意防止弯曲、压折，并要及时矫正或消除所产生的缺陷。滚圆时，压下量不能小于20%，并且滚圆的次数不能太多。 （6）用于锻造和模锻的工具，要充分预热，加热温度最好接近锻造温度，一般为200～420℃，以便提高金属的塑性和流动性
角裂	矩形断面坯料在平砧上拔长时，由于变形及温度不均，在四个棱上零散出现的拉裂裂口。角裂多出现在低塑性合金（如 7A04、7A09、2A14 合金）铸造坯料的拔长工序中	坯料拔长成方后，棱角部分温度下降，棱角与本体部分的力学性能差异增大。棱角部分因金属流动困难产生拉应力而开裂	保证锻造温度，必要时可增加锻造火次
毛边裂纹	在模锻时，沿模锻件毛边出现的裂纹，切边后就暴露出来，主要出现在锤上模锻，在液压机上模锻极少出现	（1）坯料在高于锻造温度、低于合金固相线温度下模锻，或在锤上模锻采用连续快速打击，产生大量的变形热，导致模锻件温度高于锻造温度范围，而毛边处金属正处于剪应力区，会加剧毛边处的裂纹形成。	（1）严格控制锻造温度范围。 （2）避免连续快速打击。 （3）合理设计模具结构，加大筋根部的圆角半径。 （4）严格检查坯

续表 6-2

缺陷名称	主要特征	产生原因及后果	预防措施
毛边裂纹		(2) 模具设计不合理，模锻时筋根处相对静止的金属与以毛边挤压去的金属间存在较大的剪应力，促使形成水平直线状的裂纹。 (3) 模锻件所用坯料内部质量差。多位于毛边的边缘处，裂纹深入零件区将判锻件报废	料质量，采用优质坯料
应力腐蚀裂纹	在锻造后不能马上出现而是在零件使用过程中出现，是内部应力与腐蚀环境相互作用，经过一段时间后产生的晶界裂纹	这是铝合金处于腐蚀介质中由于电化学与拉应力同时作用的结果。 (1) 铝合金锻件的横向和高度方向抗腐蚀能力远比纵向的低。在潮湿的环境里，当主拉应力与流线方向垂直时，某些高强度合金很容易产生应力腐蚀裂纹。 (2) 这种横向和高向抗应力腐蚀能力的降低也与纤维露头有关。纤维露头处裸露在外的大量杂质，由于与基体的电极电位不一样，容易产生电化学腐蚀；有些杂质本身的抗腐蚀性能低，容易被腐蚀。纤维露头处原子排列很不规则，能量比较高，容易被腐蚀	(1) 减少零件内部的残余应力，对于大型锻件可采用热水或沸水淬火，或采用少量的压缩变形以及粗加工后淬火等方法。 (2) 设计模锻件时注意合理选择分模线位置。使短横向流线末端暴露在外的面积尽量减小
金属压入或非金属压入	在锻件表面压入与锻件金属有明显界限的外来金属或非金属	由坯料表面不干净，工模具不清洁，存在金属或非金属脏物，润滑剂不干净等造成。缺陷深度超过零件加工余量，该锻件报废	锻造前认真清理坯料表面毛刺和污物及工模具表面的氧化皮等

续表 6-2

缺陷名称	主要特征	产生原因及后果	预防措施
表面起皮	锻件表面呈小的薄片状起层或脱落	由于铝合金流动性较差，容易粘模，当工模具表面太粗糙，锻造变形过于剧烈，变形量太大，坯料变形温度太高，锻造时模具没有润滑或润滑效果不好时，容易造成锻件表面起皮。另外，铸锭表面不干净（有水、油污、毛刺等），挤压坯料表面有气泡等缺陷也是锻件起皮的重要原因	（1）提高模具表面硬度，并保证模具型槽表面粗糙度要达到 Ra3.2。 （2）对于容易起皮的锻件，装炉前清理干净坯料铸锭表面；变形温度和变形程度要适当，变形速度要缓慢一些，避免剧烈变形，并要均匀地润滑。 （3）严格控制挤压坯料分层与表面气泡
表面粗糙	锻件表面凹凸不平，呈麻面状	模膛表面不光滑，润滑剂配制不当、不干净或涂抹过多，模锻过程中没有完全挥发掉，残留在锻件表面上，蚀洗后在锻件表面上显现出不同的蚀洗深度。模锻件非加工面上不允许存在该缺陷	（1）提高模具表面硬度，并保证模具型槽表面粗糙度要达到 Ra3.2。 （2）采用优质的润滑剂并要均匀润滑
粗大晶粒	锻件上产生的粗大的再结晶晶粒称大晶粒。 在锻件低倍上出现满面粗晶组织；在锻件的横向低倍上出现交叉的粗晶组织；在模锻件腹板中心处出现粗晶；在模锻件整个外表面出现大晶粒。 大晶粒主要分布在锻件变形程度太小而	（1）锻件表面的大晶粒产生的原因有两种情况：一是采用有粗晶环的挤压坯料，挤压坯料表层粗晶环遗传到模锻件的表面上；二是模锻时模具型槽表面太粗糙，模具温度太低和坯料温度低，润滑不良，使表面接触层剧烈摩擦变形，因而产生大晶粒。 （2）产生在模锻件向毛边仓排出多余金属的流动区域（如腹板中心及筋与腹板的	（1）在锻造和模锻变形过程中，当金属与相邻各层或工具表面发生很大位移的情况下，变形程度对大晶粒的形成有特别明显的影响，因此，必须改进模具设计，合理选择坯料尺寸和形状，以保证锻件均匀变形。 （2）避免在高温下

续表 6-2

缺陷名称		主要特征	产生原因及后果	预防措施
粗大晶粒		尺寸较厚的部位；变形程度过大和变形剧烈的区域以及毛边区域附近。另外，对于 2A50、2A14、2A02、2A11 等合金，在锻件的表面也常常有一层大晶粒	交界处）。主要由金属单向变形量过大且变形剧烈不均造成。 （3）锻件的截面大晶粒由原材料粗晶或过热组织造成。在锻件变形程度小而厚度大的部位，往往由落入临界变形程度引起粗晶。在变形程度大、金属相对流动剧烈的区域，因晶粒位向基本趋于一致，且再结晶能量很高，在随后热处理时也可能因发生聚集再结晶而形成粗晶。例如在自由镦拔方形料的中心十字区或模锻件的毛边区附近容易产生粗晶。 （4）加热和模锻次数过多，加热温度过高，也会在铝合金锻件产生大晶粒。 粗大晶粒组织的强度通常比细晶组织的低；另外，由粗大晶粒向细晶组织急剧变化的过渡区，对铝合金的疲劳强度和抗振性能都有不良的影响，导致零件的使用寿命降低，尤其是对于受到交变载荷和振动作用的零件	长时间加热，对 LD2 合金等容易出现晶粒长大的合金，淬火加热温度取下限。 （3）减少模锻次数，力求一火锻成。 （4）选择最佳变形温度条件，确保锻件终锻温度。 （5）降低模具型槽表面粗糙度，采用良好的工艺润滑剂并保证均匀润滑
锻件流线分布不当	流线不顺	流线不顺是指模锻件流线某一部分流线比较紊乱，形成弯扭	凡模锻件表面折叠处经切取低倍检查，流线必不顺，只是程度不同。因此流线不顺的产生原因与折叠的产生原因相同。流线不顺会加剧组织的各向异性	模具设计时，要合理选择腹板厚度、筋的宽度、圆角半径和模锻斜度等。模具制造时应注意型槽表面粗糙度，筋与腹板交接处光滑

续表 6-2

<table>
<tr><th colspan="2">缺陷名称</th><th>主要特征</th><th>产生原因及后果</th><th>预防措施</th></tr>
<tr><td rowspan="2">锻件流线分布不当</td><td>涡流</td><td>涡流是指模锻件局部流线呈漩涡状或树木的年轮状，有时涡流还带有粗晶</td><td>具有L形、U形和H形截面的模锻件成形时，所用坯料过大，缘条（凸台和缘条）充满后，腹板仍有多余金属继续流向毛边，使缘条处的金属产生相对回流，形成涡流。严重的涡流将使零件的疲劳强度大大降低，是不允许的</td><td rowspan="2">过渡。制定工艺规程时，要确定合适的坯料尺寸、预锻的欠压量和半成品打磨要求。操作时，应注意锻模预热、锤击轻重及润滑条件等。另一个有效措施是改变分模线位置，即将单面分模改为筋顶分模，或将腹板中心分模改为筋顶分模。这样，模锻件腹板上多余金属就能顺利地沿着模膛从筋的顶部流入毛边槽，从而可大大改变筋与腹板交接处的线流，完全消除流线的回流、穿流、穿筋等缺陷</td></tr>
<tr><td>穿流</td><td>穿流是指局部金属流线横穿筋根部流出，既不连续也不封闭，且多伴有粗晶（即形成穿晶）。穿流导致开裂称为穿筋。它是与分模线平等的裂缝。在穿筋的初期，裂缝并未穿透筋的根部。穿筋处也常有粗晶</td><td>与涡流产生原因相同。它破坏流线的连续性，严重影响铝合金锻件的高向力学性能、冲击性能、耐腐蚀性和疲劳性能</td></tr>
<tr><td colspan="2">铸造组织残留</td><td>铝合金锻件宏观组织中的残留铸造组织为粗大的等轴晶粒，金属流线不很明显，并且有时还伴有疏松，显微组织中有骨骼状组织甚至可以见到枝晶网状组织，主要出现在用铸锭作坯料的锻件中</td><td>直接采用铝合金铸锭生产的锻件中的残留铸造组织，主要存在于圆饼类锻件的上、下端面的心部。
由锻造比不够大或锻造方法不当引起。存在这种缺陷锻件的伸长率和疲劳强度往往不合格，尤其是冲击韧性和疲劳性能下降更多</td><td>加大锻造变形程度</td></tr>
<tr><td colspan="2">表面“蛤蟆皮”</td><td>铝合金铸锭坯料在镦粗时表面形成“蛤蟆皮”，或者出现类似橘皮的粗糙表面，严重时还要开裂</td><td>由铸锭坯料过热导致晶粒粗大而引起，或挤压毛料有粗晶环，在镦粗时也会出现这种现象</td><td>严格控制锻造温度范围；
对于有粗晶环的挤压毛料可以采用车削方式去除</td></tr>
</table>

6.1.4 加热及热处理类缺陷及控制

锻件加热及热处理过程中产生的缺陷特征、起因和预防措施，见表6-3。

表6-3 锻件加热及热处理过程中产生的缺陷特征、起因和预防措施

缺陷名称	主要特征	产生原因及后果	预防措施
翘曲变形	锻件经淬火以后出现外形的不平，向上或向下弯曲，会改变锻件原来的形状	铝合金锻件在淬火加热和冷却中要发生相变，同时伴随体积变化，这种变化会使锻件产生内应力。另外，锻件由于各处厚薄不均，淬火冷却过程中也会产生内应力。上述内应力都会使锻件出现翘曲。如果摆放不当，特别是细长件更容易变形，也会引起翘曲。 翘曲严重时会使锻件不符合图纸的要求。通常在铝合金锻件淬火后应立即安排矫正工序，以消除翘曲对锻件形状的不良影响	（1）锻件在淬火后及时按工艺要求进行矫正。 （2）淬火时锻件要合理放置，不得相互压挤。 （3）为减小残余应力的产生，在保证力学性能的前提下，可适当提高淬火水温。 （4）在模锻起料时把料撬弯，未能及时矫平，造成后来矫正困难，甚至矫正不过来
淬火裂纹	一般在厚、大的锻件心部出现隐蔽性内部裂纹，以及在锻件的尖角等应力集中处开裂。与锻造裂纹不同，淬火裂纹的内侧壁表面上没有氧化现象	厚、大锻件淬火时，由于温度梯度很大，内应力也大，当内应力值超过锻件材料的强度极限时，就会产生内部裂纹；冷却速度过快、在尖角处和锻件内部有夹杂物缺陷，出现应力集中所致。超声波探伤可以发现这种裂纹，发现后即报废	（1）选择适当的淬火加热温度和保温时间。 （2）选择适当的淬火介质
力学性能不合格	锻件的强度、塑性过低	（1）锻件坯料的化学成分不符合技术标准。 （2）锻造时变形程度不足，变形温度不当。	（1）严格检查原始坯料质量。 （2）制定合理的锻造变形工艺与

续表 6-3

缺陷名称	主要特征	产生原因及后果	预防措施
力学性能不合格		(3) 锻件力学性能不合格，一般是淬火加热温度偏低或保温时间过短，或淬火的冷却速度慢。如果淬火加热温度过高使材料产生严重过烧时，力学性能也显著降低。人工时效的锻件发生过时效时，也会使材料的强度降低。 (4) 热处理设备不正常，试验室试验方法、试样规格和表面质量不符合要求等。 力学性能不合格的属于废品	变形温度。 (3) 严格控制热处理工艺制度。 (4) 认真执行试验步骤
过烧	过烧初期仅伸长率降低，后期锻件表面发暗，呈黑色或暗黑色，有时表面还有鸡皮状气泡或裂纹，显微组织可看到晶界发毛、加粗，三角晶界甚至形成共晶复熔球之类的特殊形态	过烧组织是由于加热温度超过了该合金中低熔点共晶的熔化温度，晶界处的低熔点共晶物发生局部氧化和熔化后形成的组织。发现过烧不但被检查件判废，而且同热处理炉次的锻件均判废。铝合金锻件和模锻件的过烧是一种不允许的缺陷，因为它既降低合金的强度性能又使合金的耐腐蚀性能等降低	(1) 适当地选择铝合金锻件热处理的温度和保温时间。 (2) 确保仪表的灵敏度并使仪表经常处于正常工作状态。 (3) 热处理炉内的温度要均匀。 (4) 防止混入低熔点物，禁用镁合金毛料垫铝合金热处理制品，防止镁屑落在铝合金锻件上，且在装炉前应将锻件擦净。否则，这些低熔点物就会在加热过程中燃烧，从而放出大量热能，使制品过烧

续表 6-3

缺陷名称	主要特征	产生原因及后果	预防措施
表面气泡	在锻件表面出现的凸形的泡，气泡很薄，在水中扒开有气体逸出。气泡处有明显分层，内壁呈波纹状，有灰黑色的燃烧产物。气泡一般不是热处理本身造成的，但这种缺陷或废品通过淬火或退火加热才能显现出来	（1）外来有机物，如润滑油等挤压时进入棒料，形成皮下分层，在锻造或淬火加热时，有机物燃烧产生的气体发生膨胀，使分层鼓起成泡。 （2）在热处理或锻造加热时，由于温度过高，加热时间过长，铝合金锻件表面常因吸入气体而形成表面气泡。特别是镁含量高的铝合金与炉内水蒸气发生作用，容易在锻件表面产生气泡。 （3）锻件表面带有含硫的残留润滑剂，也能促使气泡的形成。 合金在熔炼时除气不净，在铸锭中含有较大的气泡，此气泡保留在半成品中，在热处理后才表现出来	（1）严格控制挤压坯料分层与表面气泡。 （2）在锻造和热处理前，将锻件先蚀洗干净，去除残留润滑剂。 （3）选用恰当的热处理制度，控制炉气中水蒸气的含量或改用盐浴炉进行淬火处理，可以消除这类表面气泡。 （4）加强熔炼时的精炼和除气操作
硬度不均（有软点）	在同一锻件上不同部位的硬度相差很大，局部地方的硬度偏低	由于热处理过程中一次装炉量太多，或时效时炉料摆放不当，过于集中，热处理时保温时间太短所致	合理控制装炉量，时效时炉料摆放不宜过于集中，采用合理的保温时间
片层状组织	在含锰的铝合金模锻件及挤压制品中，往往产生片层状组织缺陷	此类缺陷的产生，除了与合金中的锰含量有关外，也与热处理制度及操作有关。当淬火加热温度较高和冷却速度缓慢时，镁和硅从固溶体中发生分解，在被拉长的粗大晶界上析出 Mg_2Si 相质点，这样在制品的断口上常出现片层状组织。 片层状组织一般不影响材料或制品的纵向力学性能，但可使横向（垂直于片层状组织的方向）力学性能有某些降低，特别是横向塑性降低得更为显著	除合理调整锰含量外，采用合理的热处理制度、缩短淬火转移时间和加快冷却速度，都是有效措施

6.1.5 其他工序产生的缺陷及控制

其他工序产生的缺陷及控制见表6-4。

表6-4 其他工序过程中产生的缺陷及控制

<table>
<tr><th colspan="2">缺陷名称</th><th>主要特征</th><th>产生原因及后果</th><th>预防措施</th></tr>
<tr><td colspan="2">蚀洗过度</td><td>在锻件表面形成麻面和沿分模面流线露头的地方腐蚀，呈蜂窝状</td><td>酸洗时间过长，蚀洗时槽液浓度较高，蚀洗冲洗不净，未用压缩空气吹净导致酸液残留</td><td>蚀洗时要注意模锻件在料筐中的摆放，使槽液能顺利流出，不积存在制件内，以免蚀洗不净或残留槽液腐蚀模锻件</td></tr>
<tr><td colspan="2">碰伤</td><td>锻件因受外界机械损伤而造成的表面凹陷。凹陷的形状、部位各异，且表面粗糙，有的周边变形隆起</td><td>（1）上料、下料、起模、切边、修伤、运储过程中操作不当，使锻件与锻件、锻件与工具、模型与工具、锻件与铁地板之间碰撞，造成伤痕。
（2）运输和存放不当。
表面磕碰伤后影响锻件的加工和使用</td><td>（1）严格执行工艺操作规程。
（2）用目测宏观检查，采用修伤打磨法，借助于量具或样板检测磕碰伤的深度</td></tr>
<tr><td rowspan="2">下料产生的缺陷</td><td>切斜</td><td>坯料端面与坯料轴线倾斜，超过许可的规定值</td><td>这是锯切时棒料未压紧造成的。切斜的坯料镦粗时容易弯曲，模锻时不好定位，易形成折叠</td><td>严格执行操作规程</td></tr>
<tr><td>铸锭端部修伤不彻底</td><td>铸锭车皮时顶针孔修伤不好，其宽度未达到深度的5～10倍</td><td>这样的坯料锻造时容易产生折叠和裂纹</td><td>认真操作，严格检查</td></tr>
<tr><td>切边产生的缺陷</td><td>残留毛刺</td><td>切边后沿模锻件分模面四周留下大的毛刺，如果切边后尚需矫正，则残留毛刺将被压入锻件体内而形成折叠</td><td>切边模间隙过大，刃口磨损过度，或者切边模的安装与调整不精确；带锯切边时操作不当，均可以引起残留毛刺</td><td>重新安装调试切边模具，检查其是否与设备贴合紧密；修理切边模具；带锯切边时认真操作</td></tr>
</table>

续表 6-4

缺陷名称		主要特征	产生原因及后果	预防措施
切边产生的缺陷	轴类件直线度超差	轴类件切边时，轴的两端上翘，造成轴的直线度超差	原因是轴的两端离滑块的压力中心较远，切边时凸模受力较大并且磨损较严重	切边凸模两端头改成锥面；有意识地创造预先接触两端头；先切两端后切中间
	切偏	这是指切边的切痕与锻件分模面不垂直造成的壁厚度不均或一边侧切	切边模具与设备贴合不紧；上模固定板或凹模倾斜，楔铁松动	防止方法是检查切边模具与设备贴合是否紧密、上模固定板是否倾斜、楔铁是否松动以及凹模是否倾斜等，如有异常及时解决
环轧过程中产生的缺陷	凹坑	凹坑又称鱼尾，产生于环件的两个端面，是环件轧制中经常出现的缺陷	环件壁厚与接触弧长（环件与轧辊接触面的圆周方向弧长）的比值过大，使轧制变形集中于环件内、外表面，经过多转轧制累积导致心部产生周向伸长和轴向压缩，这类似于圆柱体镦粗时因高径比过大而产生双鼓形的情况。此外，轧制用毛坯端面在制坯中产生的原始凹痕对轧制凹坑的形成有较大的诱发作用	（1）增大轧制进给速度，亦即使每转轧制进给量增大，轧制接触弧长增大，塑性变形区穿透环件壁厚并分布均匀，从而使环件产生较为均匀的径向壁厚压缩、切向圆周伸长的轧制变形。 （2）适当减小轧比。 （3）避免制坯中产生端面原始凹痕。轧制进给速度的增大受到设备轧制力和环件轧制咬入条件限制，轧比减小使环件毛坯直径增大，它受到制坯工艺限制。防止环件轧制中产生端面凹坑，要综合考虑制坯能力、轧制设备能力和轧制咬入条件等因素

续表 6-4

缺陷名称		主要特征	产生原因及后果	预防措施
环轧过程中产生的缺陷	椭圆	这是指环件经轧制变形后本应为圆柱面的外表面和内表面偏离了圆柱面，使环件内、外表面出现了最大直径和最小直径。当椭圆度较大时，最大直径与最小直径的差值也较大，以致会出现平均直径合乎要求，而最大和最小直径超出规定范围的现象	一是导向辊位置不当，导向辊对环件作用力大小不合适以及导向辊支承机构的刚性不足；二是轧制变形结束前精轧整形不足；三是环件轧制过程不平稳	(1)通过轧制试验调整并固定导向辊位置（用于导向辊位置固定的立式轧环机），调整并稳定导向辊背压力（用于导向辊位置随动的卧式轧环机），同时保证导向辊支承机构具有足够的刚性。 (2)调整设备的精轧机构，保证轧制变形结束而环件有不少于一转的精轧整形。 (3)使轧制用毛坯壁厚均匀（制坯冲孔不偏心），轧制前毛坯加热均匀，轧制进给速度避免剧烈变化，以保证环件轧制过程平稳进行
	壁厚不均	壁厚不均是指环件经轧制变形后，内、外径壁厚差不一致	一是轧制用毛坯冲孔偏心；二是毛坯加热不均匀；三是轧制中轧辊的径向跳动或进给方向振动。其中，轧制用毛坯冲孔偏心（亦即环件毛坯壁厚不均）和毛坯加热不均（亦即毛坯变形抗力不均）又会加剧轧制中轧辊在进给方向的振动	(1)尽量减小环件毛坯冲孔偏心度。 (2)毛坯均匀加热，尤其是冷态环件毛坯的二次加热均匀。 (3)消除轧制过程振动，保证轧制过程平稳
	锥度	这是指轧制变形后环件本应为圆柱面	锥度产生的主要原因是轧制中驱动辊与芯辊轴线不平	消除锥度的主要措施是修改轧制孔型

续表6-4

缺陷名称		主要特征	产生原因及后果	预防措施
环轧过程中产生的缺陷	锥度	的内、外表面变成有一定锥度的圆锥面	行。此外，导致碟形的原因也会导致锥度的产生。轧制中驱动辊与芯辊轴线不平行是设备制造精度差、轧辊刚性差以及轧辊支承机构刚性差所致	的形状，在轧辊孔型上加工出反向锥度以补偿轧制锥度
	环件直径不扩大	环件直径不扩大是指环件连续咬入孔型进行轧制，但并不产生壁厚减小和直径扩大的塑性变形。环件直径不扩大的现象容易产生于轧制初始阶段	直径不扩大的原因是轧制中的进给速度过小，以致塑性区不能穿透环件壁厚，环件无法产生整体壁厚减小和直径扩大变形，而且还在环件孔缘处产生毛刺	其主要防止措施是增大进给速度。但进给速度不能大于环件咬入所允许的最大数值。当然，进给速度的增大还会受到设备能力的制约
	毛刺	毛刺缺陷主要产生在环件两端面的内孔缘处。毛刺是环件轧制中最常见的缺陷，而且其产生原因较多	对于完全封闭孔型轧制，毛刺产生的主要原因有两点：一是由于轧制用毛坯轴向尺寸过大，轧制开始时毛坯挤入孔型，其端面受孔型侧壁的刮削而形成毛刺；二是驱动辊与芯辊的轴向间隙过大，轧制中轴向流动金属进入这个间隙形成毛刺。对于半封闭式孔型轧制，除了以上毛刺形成原因外，还有以下几点：一是驱动辊进给速度过小亦即每转轧制进给量过小，使轧制变形集中于环件内外表面，产生轴向金属流动而造成毛刺；二是驱动辊轧制中轴向跳动过大，使环件产生较大轴向变形或使	各种毛刺产生原因经常交互作用，使得毛刺的成因变得复杂。但只要针对以上各种原因，采取相应的措施进行调整，仍然可以有效防止毛刺的产生和长大

续表6-4

缺陷名称		主要特征	产生原因及后果	预防措施
环轧过程中产生的缺陷	毛刺		环件端面产生刮削而造成毛刺；三是托料板位置过高或过低，使环件端面产生刮削而造成毛刺；四是轧制用毛坯孔缘圆角或倒角过小，不能充分容纳轴向流动金属而造成毛刺	
	碟形	指环件整个端面形状呈碟形，它常出现在复杂的台阶截面环件轧制中	毛坯形状不合理，在轧制过程中产生扭矩而形成碟形	(1)修改轧制用毛坯形状，避免产生扭矩而形成碟形。 (2)将环件毛坯预先做成反碟形。一旦产生了碟形缺陷，则应通过矫正模具对环件锻件进行热态矫正
	压扁	压扁现象很容易产生在轧制开始阶段。对于一定的轧辊、轧制用毛坯和轧制摩擦条件，有一个确定的最大轧制进给速度与之对比。若实际轧辊进给速度超过此值，则环件不能咬入孔型且产生压扁现象	压扁的原因是轧制中的进给速度过大，亦即每转进给量过大，以致环件不能咬入孔型，不仅在环件与轧辊接触面产生较大的压坑，而且使环件产生整体形状变化，即变成椭圆	其主要防止措施是减小进给速度，增大轧制摩擦系数，但进给速度不能小于环件锻透所要求的最小数值

6.2 铝合金锻件质量检验的内容和方法

锻件质量检验的目的在于保证锻件质量符合锻件的技术标准，以满足产品的设计和使用要求。铝合金锻件的检验可分为原材料进厂检验、过程检验、成品检验。检验与质量控制的项目主要有化学成分、内部组织、力学性能、表面质量、几何形状及尺寸。进厂检验及成品检验一般由专职检查人员进行，过程检验可采用“三检”制，即操作工人自检、互检和专职检查人员检验相结合的方式进行。化学成分、内部组织、力学性能目前基本上是随机取样进行理化检验。随着检测技术的发展，特殊情况下也可采用无损检测技术，百分之百地检查内部缺陷。表面质量、形状及尺寸要按工艺质量控制要求进行首件检查、中间抽检、尾件检查。成品检验时，则要按技术标准要求进行全面检验。

锻件质量检验的内容因锻件的等级不同，所需进行的具体检验项目和要求也不同。锻件的等级是按照零件的受力情况、工作条件、重要程度、材料种类和冶金工艺的不同来划分的。各工业部门对锻件等级的分类不尽相同，有些部门将锻件分为三类，有的分为四类或五类。对于铝合金锻件，一般分为三类。表6-5所示为铝合金锻件检验项目。对于某些有特殊要求的锻件，可按供需双方签订的专用技术条件文件中的规定进行检验。

表6-5 铝合金锻件各检验项目

<table>
<tr><th rowspan="2">检验项目</th><th colspan="4">检验数量</th></tr>
<tr><th colspan="2">Ⅰ类件</th><th>Ⅱ类件</th><th>Ⅲ类件</th></tr>
<tr><td>化学成分</td><td colspan="2">每熔次取一件</td><td>每熔次取一件</td><td>每熔次取一件</td></tr>
<tr><td>外观质量</td><td colspan="2">100%</td><td>100%</td><td>100%</td></tr>
<tr><td>形状、尺寸</td><td colspan="2">100%</td><td>100%</td><td>100%</td></tr>
<tr><td>力学性能</td><td>有试验余料的100%</td><td>无试验余料的每熔次取一件</td><td>每熔次取一件</td><td></td></tr>
<tr><td>硬度</td><td></td><td>100%</td><td>100%</td><td>100%</td></tr>
<tr><td>电导率</td><td colspan="2">100%</td><td>100%</td><td>100%</td></tr>
<tr><td>应力腐蚀性能</td><td colspan="2">首批或工艺有重大更改时取一件</td><td>首批或工艺有重大更改时取一件</td><td></td></tr>
</table>

续表 6-5

检验项目	检验数量		
	Ⅰ类件	Ⅱ类件	Ⅲ类件
剥落腐蚀	首批或工艺有重大更改时取一件	首批或工艺有重大更改时取一件	
断裂韧性	首批或工艺有重大更改时取一件	首批或工艺有重大更改时取一件	
超声波探伤	100%	100%	
宏观(低倍)组织	每批抽检一件	每批抽检一件	首批或工艺有重大更改时取一件
断口组织	每批抽检一件	每批抽检一件	
显微组织	每炉抽检一件	每炉抽检一件	每炉抽检一件

6.3　铝合金锻件检验及质量控制

锻件质量控制是对锻造生产过程中的各种工艺参数和锻件的几何尺寸、表面质量和力学性能进行的测定和检验，并将测得的结果与标准和技术条件要求进行比较，以便决定是否有必要去改变锻件生产过程中的某些因素，实现对锻件质量的控制。把质量保证的重点从最终检验的被动把关转移到生产过程中的质量控制上来，把锻件缺陷消灭在质量的形成过程中，保证锻件最终质量不超出订货单位技术条件的要求。

由于铝合金锻件的质量与锻件设计、原材料质量、锻造工艺及热处理工艺有关，所以要保证生产质量的稳定和锻件质量的一致，获得高质量的锻件，铝合金锻件的质量检验和控制必须从以上几个方面进行检验和控制。

6.3.1　锻件设计过程中的质量控制

锻件图是锻造生产过程中的基本技术文件，是生产和验收锻件的最主要和直接的依据。它不仅全面反映了产品图样对锻件的要求，而且也反映了选定的主要成形方法、其他工序（如热处理、表面清理等）、加工方法和检验方法。根据锻件图设计模具、确定锻造坯料的尺寸、制定锻造工艺过程和验收锻件等，机械加工车间也是根据锻件图来设计工卡具。锻件图的质量控制要点如下。

6.3.1.1 设计依据

锻件图是根据产品的零件图，在研究成品的锻造工艺性的基础上，考虑分模面的选择、加工余量、锻造公差、工艺余块、模锻斜度、圆角半径等而制定的。主要依据有以下几方面：

（1）产品零件图及其设计选材的主要技术要求。

（2）有关的锻造技术标准和质量控制文件。

（3）对机械加工有特殊要求的锻件，负责制定机械加工工艺的部门应提出的机械加工余量和加工基准面的要求。

（4）锻造车间现有的设备和工序能力。

（5）关于机械制图的国家标准和企业内部的通用标准。

6.3.1.2 锻件图基本内容的质量控制

（1）锻件图应标明锻件的标题、产品型号、图号、零件名称、合金牌号、热处理状态、每个锻件能加工的零件数、单机数量、图样比例及图号版次等，并应核对正确无误。

（2）选择合适分模面位置，并按零件图的要求标明流线方向。

（3）根据产品零件图上提出的特殊加工要求，确定余量、公差等结构要素和机械加工基准。审查其技术经济的合理性。

（4）检查是否已标出产品零件的轮廓形状，并在括号内标明最终的名义尺寸。

（5）按照零件图的技术要求或有关技术文件正确地确定锻件类别。

（6）根据确定的锻件类别在锻件图样上正确地标明需要进行的理化性能测试项目、取样部位和取样方向。

（7）是否正确地规定了打硬度、炉批号和检验印记的位置。

（8）在图样的文字标注中是否已注明了模锻斜度、圆角半径、垂直方向和水平方向的尺寸公差以及沿分模面上的允许错移量、允许的残余毛边量和翘曲量等。

6.3.1.3 锻件图样的协调、会签和审批

（1）各类锻件图样必须由设计、校对和审定的各级人员签名后方能生效。

（2）锻件蓝图需要更改时，应按工艺文件更改制度填写更改单，经过审批后才有效。

（3）如果需要修改锻件图样的图形、尺寸或公差及流线要求时，必须以更改零件设计的文件为依据。如果需要更改机械加工余量、辅料、加工基准面和供应的热处理状态时，必须由负责机械加工的部门会签后方能生效。

6.3.2　锻造坯料的质量检验和控制

锻造用坯料主要有三种：铸锭、挤压坯料和轧制坯料。

6.3.2.1　铸锭

铸锭主要用于生产大型锻件和模锻件。为了确保锻件质量，及时发现和防止不合格铸锭投入生产是至关重要的。用于锻件生产的铸锭，均须做如下检验：

（1）化学成分。对每一熔炼炉次的铸锭，都应逐个做化学成分分析，检验化学成分是否符合相应的技术标准要求。

（2）尺寸偏差。包括铸锭的直径和长度，锯切铸锭还要检查锯口的切斜度。

（3）表面质量。对每一炉批铸锭都应采用目视方法逐个检查其表面质量。其中包括以下几项要求：

1）车皮后的铸锭表面不允许有气孔、夹渣、成层、疏松、铝屑等缺陷，清除表面的油污及脏物，刀痕深度和机械碰伤要符合标准，铸锭两侧的毛刺必须刮净，表面粗糙度不低于 *Ra*12.5（▽3），对于进行多方锻造的铸锭，必须修掉顶针孔，修后须圆滑过渡，其深宽比在1∶5以上；

2）锯切铸锭的锯齿痕深度应符合标准规定，无锯屑和毛刺。

（4）高倍检查。均匀化退火后的铸锭应在其热端切取高倍试样，检查是否过烧。

（5）切取试片进行低倍和断口检查。低倍试片按根从铸锭头部和尾部切取。

（6）氧化膜检验。供锻造的铝合金铸锭均须检查氧化膜。

（7）对每一熔炼炉（批）的铸锭端面必须打上合金牌号、熔炼炉次号、根号、毛料号等。以便供下道工序作标记用，验收后的铸锭必须打上检印。

（8）锻件用铸锭在铸造时必须进行过滤（不要求过滤的铸锭应在提料单中注明）、测氢。其合金牌号、熔炼炉次号、尺寸规格、数量、均匀化处理状况以及氧化膜级别等必须符合提料单的规定。

6.3.2.2 挤压坯料

挤压坯料用于生产批量锻件和模锻件及低塑性锻件。挤压坯料主要有挤压棒材、带材和专用挤压型材三种。用于锻件生产的挤压坯料均须做如下检验。

A 低倍检验

（1）锻件用挤压坯料均须按挤压根取低倍（经切尾后切取厚度为 30mm + 5mm 的试片）检查成层、缩尾、粗晶环、氧化膜、裂纹、夹渣、羽毛状晶、光亮环等缺陷。

（2）对于 2A50、2B50、2A70、2A14、2A02、7A04、7A09、7A10 铝合金，均应用低倍试片补做十字断口检查，挤压矩形棒则做一字断口检查。

（3）对于直径小于 ϕ65mm 的棒材和厚度小于 35mm 的矩形棒不做断口检查。

B 下料检查

（1）下料在圆盘锯或带锯上进行。

（2）为保证锻件的组织与性能，所有挤压坯料下料前均须切除头、尾。挤压坯料的切头、尾长度按表 6-6 的规定选取。

表 6-6 锻件用挤压坯料切头、尾的长度

棒材直径 /mm	带材或型材的截面面积/cm^2	切去的头部长度 /mm	切去的尾部长度/mm	
			正向挤压棒材	反向挤压棒材
≤95	≤70	不小于挤压棒材直径或不小于带材、型材宽度	1000	400
100 ~ 160	75 ~ 200		700	500
165 ~ 245	210 ~ 470		500	500
250 ~ 300	490 ~ 700		350	500

（3）挤压圆棒如有粗晶环、成层、气泡等缺陷，且其深度超过锻件加工余量之半时，须进行车皮，待车皮的坯料应平直，弯曲度每米不超过3mm。车皮偏差：直径不大于 ϕ100mm 的为 $^{+1}_{-0.5}$mm，直径不小于 ϕ100mm 的为 $^{+2}_{-1}$mm。车皮后坯料表面应洁净无缺陷，表面粗糙度一般不大于 *Ra*12.5（▽3），但对于局部缺陷深度不大于2mm 的几何缺陷，允许圆滑过渡将其修掉。

6.3.2.3　轧制坯料

轧制坯料用于生产大批量或大型壁板类锻件和模锻件，生产效率高，但受轧制坯料厚度的限制，目前应用并不广泛。

6.3.3　备料工序检验与质量控制

6.3.3.1　铸锭锯切工序检验与质量控制

锻造用铸锭均须进行锯切加工。锯切按熔炼熔次进行。锯切从铸锭浇口部开始，毛料必须打上合金牌号、熔炼炉次号、根号、毛料号等印记。

（1）锯切前检查人员必须做到“三对照”，核对加工工艺卡片，检查随行卡片、铸锭实物，核对无误后方可进行加工。

（2）铸锭切头、切尾长度，毛料尺寸及公差，切斜度等应符合相关标准规定。铸锭车皮的尺寸公差见表6-7。

表6-7　铸锭车皮的尺寸公差

铸锭直径/mm	铸锭直径公差/mm	铸锭长度公差/mm	切斜度(不大于)/mm
80 ~ 124	±1	$^{+5}_{0}$	4
142 ~ 162	±2	$^{+5}_{0}$	4
192	±2	$^{+8}_{0}$	5
270	±2	$^{+8}_{0}$	7
290	±2	$^{+8}_{0}$	8
350	±2	$^{+8}_{0}$	10
405	±2	$^{+8}_{0}$	10
482	±3	$^{+8}_{0}$	10
680	±4	$^{+10}_{0}$	12
800	±4	$^{+10}_{0}$	15
1000	±5	$^{+10}_{0}$	15

6.3.3.2 铸锭车皮工序检验与质量控制

半连续铸造铸锭的表面常存在有偏析浮出物（偏析瘤）、夹杂、结疤和表面裂纹。因此，锻造用铸锭均须车皮。

（1）检验铸锭的规格及车皮量，铸锭的最小车皮量应符合相关标准的规定。

（2）检验铸锭车皮后的表面刀痕情况，刀痕深度不超过0.1mm。

（3）车皮后的铸锭要及时清理表面，保证铸锭表面光洁。

6.3.3.3 坯料下料工序检验与质量控制

（1）材料投产前应按工艺规程核实合金牌号、规格，按供应单核实熔炼炉号或批号、数量，并检查其表面质量；有要求时还应检查锭头、尾部标记。

（2）下料应按照锻件图号、合金牌号、规格和熔炼炉号或批号分批进行，不得混料。

（3）下料工艺方法和坯料尺寸应按工艺文件的要求，不允许采用影响材质的切割工艺。

（4）下料后锻件的坯料应按规定逐个标明合金牌号、熔炼炉号或批号、锭节号（有要求时）或其代号，并按批存储和周转。切好的坯料表面应干净，无锯屑和油污。

（5）下料后，将坯料个数、废品数量及废品代号填写在随行卡片上，并由检查人员检查和签字。

6.3.4 生产工艺编制过程的质量控制

锻件生产工艺制定是铝合金锻件生产中最重要的技术准备工作和保证锻件质量的主要环节。它包括制坯过程的设计、工艺参数的选择、工序的安排、检验程序的制定等。由于锻造过程的影响因素很多，涉及的工艺参数范围很广，工序安排的灵活性也很大，因此正确的制定锻造工艺，必须通过锻件的试制、必要项目的检验与试验、鉴定和定型程序，然后才能正式投入批量生产使用。

6.3.4.1 锻件生产工艺制定的依据

（1）锻件图（或锻件尺寸规格）、技术条件和产品的合金牌号及热处理状态。

(2) 锻造工艺说明书和通用工艺规程。

(3) 现场生产条件，如本企业现有的锻造和热处理设备、工模具和工人操作水平。

(4) 生产批量的大小决定生产类型，并直接影响工艺方法、设备和工具等的选择。

6.3.4.2 制定锻件生产工艺质量控制要点

(1) 检查是否标明锻件名称、合金牌号、热处理状态、左右件、每个锻件能加工的零件数量及坯料规格等。

(2) 检查下料工序中，是否根据需要标明毛坯的尺寸公差、表面粗糙度和倒圆棱角。锻造操作中，是否标明摆料位置、纤维方向和润滑等要求。切边、清理工序中，是否注明清理方法、酸洗液的成分浓度和温度，以及打磨修伤的要求，切边残余的要求等。

(3) 检查是否注明需检查的尺寸、硬度值，按锻件类别规定的理化试验项目及其他检验项目和数量等。

(4) 检查是否注明各工序操作所应遵循的通用工艺规程编号、规定各工序使用的设备型号和工模具编号等。

6.3.4.3 锻件生产工艺的编写、审批和更改

(1) 锻件生产工艺应用标准格式填写，内容应正确、完整、清晰和协调性好，检验工序要安排恰当。

(2) 锻件生产工艺必须由编写、校对和审定的有关人员签字后方能生效。

(3) 锻件生产工艺一旦生效后，如需更改，其手续与原稿相同。

6.3.5 锻造前加热工序的检验与质量控制

6.3.5.1 坯料加热工序装炉检验与质量控制

(1) 坯料装炉前按生产卡片对照坯料的合金牌号、熔炼炉次号、批号、规格、数量等，应与任务单上的相符，方可进行装炉。

(2) 装炉前应清除毛坯表面的油污、碎屑、毛刺和其他脏物以及由排气孔形成的凸台，装炉前必须清除炉膛内的杂物。

(3) 炉内气氛不允许有硫和水蒸气存在；当加热涂有防护润滑剂的坯料时，宜将坯料放入专用盘内装炉加热。

（4）不同加热制度的坯料，尽可能混装加热。如需要混装时，应合理安排先后顺序，采取相应措施，使坯料的加热温度达到要求。

（5）坯料按批次装炉，应放在有效区内加热，要摆放平稳，每个料盘内装入的数量要根据毛坯的规格和形状确定，大规格坯料之间应有一定间隔。批次与批次之间用空料盘隔开，防止混批。

（6）装炉温度、加热温度及保温时间应按工艺文件规定进行。

6.3.5.2 坯料加热工序的加热检验与质量控制

（1）铸锭在加热炉内的最长停留时间不能超过相关规定。

（2）毛坯加热时，其加热速度不受限制，可按一次定温进行加热。坯料在加热保温阶段，每隔 30min 由加热工测试料温一次，并将炉号、料盘数、每盘件数、仪表定温、炉温、实测温度、保温时间、开锻温度、终锻温度和模具温度记录在随行卡片上，并由检查人员监督，否则不得进入下道工序。

（3）仪表工人应严格遵守巡回检查制，校对测温仪表，毛坯的加热记录应予保存、造册归档备查。

（4）坯料加热时的料温应采用光学高温计或其他测量器具进行辅助测量监控。

（5）出炉前应按相应的加热制度检查加热炉的定温和保温时间。

（6）出炉时需要检查坯料表面是否有异物，防止锻造时杂物压入。

（7）加热温度高的铝合金毛坯出炉锻造或模锻时，允许加热温度低的铝合金锭装入，但两者之间必须以空料盘隔开，保温阶段仍按加热温度低的合金定温，但毛坯加热温度必须符合相关工艺规程的规定。

（8）铝合金铸锭加热到所需温度后必须保温，以保证组织中的强化相充分溶解；锻坯和挤压棒是否需要保温，则根据锻造时是否出现裂纹而定。

（9）锻压过程中因设备故障而需停工时，应按工艺文件规定降温或将坯料出炉。

(10) 出炉锻造前核对装炉顺序，保持上、下工序质量信息畅通。

6.3.5.3 锻造前工、模具加热检验与质量控制

为了确保终锻温度，提高铝合金的流动性和锻造变形的均匀性，模具和锻造工具在工作前必须进行预热。预热制度见表6-8。

表6-8 工模具预热制度

模具厚度/mm	加热时间(大于)/h	炉子定温/℃	模具预热温度/℃
≤300	8	450~500	250~420
301~400	12		
401~500	16		
501~600	24		

模具加热质量控制要点：

(1) 模具装炉加热前，模膛内部不得有脏物，模具温度要在0℃以上。

(2) 模具装炉加热时，将上、下模具（一套）分开装入或中间垫上40~60mm的铝块。每套模具相互间隔距离应大于100mm。模具总质量不得超过模具加热炉负荷。

(3) 模具加热时至少每隔4h检查一次模具的加热情况，并将检查情况记录在工艺卡片上。

(4) 模具和锻造工具的出炉温度按表6-8中的规定执行。

6.3.6 锻模的检验及质量控制

6.3.6.1 模块的检验

模具钢的质量对锻模的加工和使用有很大影响，对模具钢进行检验是确保锻模质量的重要环节。铝合金模锻件用锻模一般为小批量生产，加工工艺复杂，制造周期长，模具钢的质量检验更应予以重视。

A 模块检验的内容及方法

模块在进行机械加工前，必须做好检验（见表6-9）。

表 6-9 模块检验的内容及方法

检验内容	检验方法
材料牌号	用验钢镜或光电析钢仪、分光镜等仪器，对模块进行光谱分析或火花鉴别
内部冶金质量	用超声波探伤仪等仪器，对模块进行探伤，检查其内部质量是否符合技术要求
尺寸	用钢卷尺（或钢板尺）、游标卡尺等量具，测量其尺寸是否在规定的公差范围内

B 模块的表面质量要求

(1) 非加工表面不应有裂纹、压折等缺陷，缺陷清除深度不超过30mm，并应圆滑过渡到表面。

(2) 加工表面应探明缺陷深度，在燕尾部分和模面单面清理深度不应大于锻模长度偏差的三分之二。

(3) 模具钢在相应的钢锭尾端应有订货号、钢号、熔炼号等印记。

C 整体锻模模块尺寸公差

其尺寸公差应符合表 6-10 的规定。

表 6-10 整体锻模模块尺寸公差

模具钢长度/mm	公差（边长的百分数）/%
≤800	$^{+5}_{-2}$
801～2000	$^{+4}_{-3}$
2001～4000	$^{+4}_{-2}$

D 硬度测定

模具钢在加工之前，要进行硬度测定。其退火状态下 HB197～241，热处理状态下 HRC30～37；对于质量大于 5t 的、经正火和回火处理的模具钢，其硬度值应不小于 HRC28。

E 超声波检验

模具钢在热处理前及热处理后都应进行超声波检验，其表面粗糙度要达到 $Ra6.3$（▽5），具体标准如下：

(1) 不允许有白点、裂纹和缩孔等冶金缺陷。

(2) 不允许有当量直径大于 8mm 的缺陷存在。

（3）当量直径不大于3mm的单个缺陷不计。

（4）当量直径大于3mm、不大于8mm的缺陷，指示中心间距必须大于100mm。

（5）长条形缺陷：当量直径大于3mm、不大于8mm的长条形缺陷，其长度应小于100mm。

（6）密集缺陷：当量直径不小于3mm的密集缺陷，其面积不应大于10cm×10cm。密集区的间距不应小于200mm。一次底波反射不小于正常材料的50%。

6.3.6.2 锻模检验

模锻件的几何形状及尺寸主要是靠锻模来保证的。提高锻模的精度就可提高模锻件的尺寸精度。因此，加强锻模的检验，对于提高锻模的制造质量是非常必要的。

A 模块几何形状的检验

（1）锻模模块外形尺寸及基准面、分模面间的相对位置，可用万能量具进行测量，其尺寸精度及形位公差应符合图纸和专用技术条件的规定。

（2）将上、下模合上检验角对齐，检查曲线分模面局部不密合程度和锁扣间隙的大小。

B 锻模型槽的检验

a 样板的检验

（1）普通锻模样板，一般按对图板线方法检查，也可采用万能量具结合图板线的方法进行检验。

（2）比较严的样板，可在投影仪上用放大图进行检验。

（3）精密样板，可采用万能工具显微镜进行检验。

b 用样板检验锻模型槽

样板经检验合格后方可使用。样板放在锻模指定的位置线上，其基准面应与锻模分模面紧靠。检查样板型面与锻模型面的透光间隙，应小于型槽相应尺寸偏差的3/5。

锻模型槽的有些部位，如圆柱面、圆锥面等，可用标准研具进行着色检查。

c 浇样件检验锻模的型槽

由于锻模样板不能完全反映型槽的全部尺寸和形状，可通过浇样件（蜡样、铅样或低熔点合金样等）进一步检查。样件用万能量具测量或划线检查，以确定锻模型槽错移量和全部几何尺寸是否符合图纸要求。锻模经浇样件检查，确认符合图纸和技术条件后，转锻造车间试锻。

d 试模件的检验

试模件的检验主要采用划线的方法。

（1）形状简单的试模件，可按图纸所标注的尺寸，直接将各部位尺寸划出，再测量其是否符合图纸及专用技术条件的规定。

（2）形状复杂的试模件，按图纸所标注的尺寸，不能直接将各部位尺寸划出时，可采用作图法及坐标点测量法。坐标点测量法的具体方法与步骤如下：

1）根据图纸选取理想点（一般该点处于特殊位置）作为坐标原点，建立一直角坐标系。

2）按图纸所示尺寸计算，或按平面图测量锻件各测量点在该坐标系中的坐标值，一般测量点取得越多越准确。

3）锻件按直角坐标系找正，并将各测量点的坐标值画出。将理论坐标值与锻件实际尺寸进行比较，看其差值是否在公差范围内，这样便可判断试模件是否合格。

e 对试模件进行试加工鉴定锻模

为防止锻件成批超差和报废，除按上述方法进行检验外，还应对试模件进行试加工和试装配。待完全满足使用要求后，锻模方可转入批量生产。

f 精密锻模的检验

精密锻模一般采用数控铣、电火花等精密设备加工。精密锻模的检验是在三坐标测量仪、光学跟踪仪等精密仪器上进行的。

（1）用三坐标测量仪检验锻模。用三坐标测量仪检验锻模，首先应按图纸尺寸及图纸已给出的坐标点，换算出各测量点的坐标值（根据仪器测量头球形直径进行坐标值换算）。然后用三坐标测量仪对锻模各测量点进行测量。对实际测量数据与理论数据的差值，根据尺寸公差判断其是否合格。通常，数据的处理采用电子计算机进行。

（2）用光学跟踪仪检验锻模。首先用数控绘图仪，根据图纸尺寸绘制锻模不同截面上的放大图（放大倍数可根据锻模精度选择，一般选用10~20倍）。然后在仪器上对锻模型槽每一截面进行检验。

g　锻模型槽表面粗糙度的检验

锻模型槽表面粗糙度的检验方法如下：

（1）比较判别法。将被检验的锻模型槽与表面粗糙度标准块进行比较。比较方法一般为目视检查或手感判断。粗糙度 $Ra > 2.5 \sim 1.6\mu m$ 的可借助放大镜检验。当锻模型槽的表面纹路深度小于或等于标准块纹路深度时，则认为锻模型槽表面粗糙度是合格的。

这种方法简单易行，判别误差一般不会超过一级。

（2）用计量仪器进行测量。用仪器测量有两种方法：一种是非接触测量法；另一种是接触测量法。非接触测量法所用的仪器有双管显微镜、干涉显微镜。接触测量法通常用电动轮廓仪。

6.3.6.3　锻模热处理检验

锻模热处理检验的内容和要求见表6-11。

表6-11　锻模热处理检验的内容和要求

序号	名　称	检验内容和技术要求
1	淬火前检验	(1)是否符合加工工艺过程； (2)锻模有无裂纹、碰伤、变形等缺陷； (3)材料牌号是否符合图纸要求； (4)对关键锻模、重要锻模及易变形锻模进行测量，记录有关部位尺寸
2	淬火，回火后的外观检验	不允许有裂纹、碰伤、腐蚀和严重氧化等缺陷
3	淬火、回火后的硬度检查	将锻模氧化层去掉，按图纸及有关文件规定，用硬度计检查锻模硬度
4	淬火、回火后的变形量检验	用万能量具测量淬火、回火后有关部位的尺寸，检查是否符合允许的变形量
5	淬火、回火后的金相组织检验	一般不进行此项检验，特殊情况下进行下列检验： (1)马氏体等级； (2)晶粒度等级； (3)网状碳化物检验，要求高的锻模不允许存在网状碳化物； (4)残余奥氏体检验，精度高的锻模必要时测量残余奥氏体量

6.3.6.4 锻模的质量控制

锻模制造过程的质量控制是一个综合系统，它依赖于各工序设备仪器的质量、工人操作的熟练程度、锻模设计的质量、检验人员的技术水平和检验制度等。

锻模生产的特点是制造周期长，而且工艺过程复杂。对于复杂的锻模，应在完好的设备上，由经考核确认能胜任的熟练工人进行加工。对于关键工序，应编写作业指导书（工艺规程的补充和详细说明）。检验人员应对每道工序进行巡回抽查，并对每道工序进行严格终检。待产品完全符合图纸及资料要求后，方可转入下道工序。

锻模的质量控制要点：

(1) 锻模的设计与制造必须按照有关技术规范和标准进行。

(2) 锻模应符合设计图样的要求。锻模的最终检验是在经最终热处理后进行的。最终检验应对模块和型槽做全面检查。

(3) 形状简单的非精锻模，型槽尺寸可用样板和浇样划线检验。

(4) 型槽复杂的锻模和精密锻模，型槽尺寸除用上述方法检验外，还必须按照试模制度进行试模检验。试模是对设计、工艺、制模的综合性检验。试模需严格按生产工艺规范进行。试模件尺寸公差应符合技术文件规定。

(5) 锻模由锻模检验员按图纸和专用技术条件检验。检验合格后涂防锈油入库。

(6) 入库的新锻模，必须附有模具说明书（合格证）一份。模具说明书包括以下内容：图号、模具号、材料牌号、轮廓尺寸、重量、燕尾尺寸、热处理制度和硬度、检验结果、制模日期和检验员签名。

(7) 在连续批次生产时，班前、班后及生产过程中必须对锻模进行必要的检查和维护，若发现异常现象应及时返修。在用锻模的型槽经过修理后应重新试模。

(8) 每批生产的最后一件应打标记并检查尺寸，检查合格后锻模方能返库。

(9) 锻造厂（车间）必须有严格的锻模管理制度。每套锻模应有履历卡，记录制造时间、检测结果、使用时间和生产数量以及翻修的基本情况。

（10）生产一定数量模锻件后，需要对锻模进行必要的检查。一般情况下，普通模锻件，每生产500件检查一次；精密模锻件，每生产200件检查一次。每次的检查结论，由检查人员填写在模具说明书上。没有合格结论的模具，不得继续使用。

（11）库存模具应按下述办法处理：

1）对长期不用的模具，合模前其模膛必须涂以防腐油脂。

2）每年至少要检查一次模具的防腐情况，发现有腐蚀现象时要及时处理并应重新涂油。

3）模具库内应做到地面平整、清洁、干燥。

（12）长期库存模具投产时，要除油、除锈并进行如下检查：

1）按模具实物对照模具说明书、锻件图、模具卡进行检查，一旦发现缺陷，就应在投产前予以消除。

2）模膛的表面质量（应无碰伤、裂纹）、表面粗糙度和硬度。

6.3.7 锻造过程各工序的检验与质量控制

锻造质量的好坏直接影响最终成品锻件质量，生产中必须严格按工艺规程操作，认真按产品标准检验，确保锻件的质量。锻造过程中按工艺要求进行操作。自由锻造时应根据工步图要求进行操作和形状转换，当多火次锻造时，应确保每一火次所必须完成的变形量，不得超过规定的总火次，并严格控制锻造温度和冷却方式。

（1）锻造生产开工前，操作人员应按工艺文件进行锻前准备，确认正常后方可投入生产：

1）熟悉工艺文件，根据设备使用规程和安全规程检查设备运转状态。

2）根据锻件的材料、形状、尺寸及工艺要求，选择相应的锻造设备。设备的特性必须满足工艺要求。

3）选择合适的加热设备，制定合理的加热规范，严格控制加热温度、加热速度和保温时间，保证毛坯热透，防止过热、过烧等加热缺陷。

4）安装调整好锻模或有关工具，选择合适的通用工具，并检查生产中所用工、模具。如发现锻模、设备异常或锻件有缺陷，应采取有效措施予以排除。

5）锻模及各种锻造工具在开锻前必须进行预热，以保证锻件质量及工锻模寿命。

6）根据锻件的材料、精度和工艺要求选用合适的防护润滑剂。

7）毛坯在模锻前和模锻过程中必须清除油污。

8）所有模锻件必须经试模、划线检查，当确认符合锻件图要求时，方能进行试制或正式投入生产。

9）毛坯与随行卡片的合金牌号、批号、规格、数量要一致。确认模具与随行卡片或工艺卡片以及模具与锻件图完全一致后，方可投产。

（2）按照工艺规范控制开锻和终锻温度：

1）同一料盘的首、尾件必须检测其开锻温度、终锻温度和锻模温度符合相关工艺操作规程规定。

2）每批必须测出炉的第一个料盘的首件和最后料盘首件的开锻温度和终锻温度。

3）炉前加热工负责测量毛坯和模锻件的温度，如实地记录在随行卡片上，并由检查人员签字。

（3）应严格执行在终锻温度下停锻，温度不可过高和过低。对于一般的锻件也应在不低于终锻温度下停锻。凡低于规定终锻温度的判为最终废品，须打上废印并与成品锻件分开，严禁混料。

（4）对大批生产的模锻件需按工艺要求进行首件检验，确认符合锻件图要求后，方可进行生产：

1）每批的首件，检查其合金牌号、批号、规格是否与随行卡片一致。

2）操作工人和检查人员共同检查对照：模锻中间工序（制坯、预锻、终锻、矫正）是否正确；模锻件的表面质量、欠压、翘曲、错移以及成形情况和打印位置等。

3）对于H型断面或压入成形的槽型断面的模锻件以及精化件和精密模锻件的首件，经蚀洗后进行检查，在确保质量的情况下，方可继续生产。

（5）对有锻造变形程度和锻造方向要求的锻件，严格按工艺执行，避免锻错方向，保证各工步的锻造变形量。特别是在代用了材料规格后，必须在工艺中采取措施（如加入拔长）以达到要求锻造变形程度。

（6）自由锻制坯工序必须严格按照工步图要求进行操作，并按固定的样板进行检验，预制坯的几何形状和冶金质量对预锻件和终锻件的质量有重大影响，它是保证锻件成形和流线方向的重要环节。

（7）对纤维方向有要求的锻件，应记清纤维方向并在锻后标注在锻件上。

（8）生产中应严格按工艺规定的锻造次数执行，检查人员负责监督检查。

（9）自由锻造时，要逐件检查表面质量、尺寸偏差、形状及锻造方案，当发现有不符合工艺要求时，必须及时改正。

（10）检测锻件的有关尺寸和形状，对于形状复杂的锻件可使用样板检验。

（11）生产中要做到首、尾件必检，中间按批量件数的10%抽检。检验锻件的成形情况、欠压量以及表面质量应符合锻件图或工艺要求。

（12）凡有上、下模的，必须检查错移。

（13）对合格的产品，应分清品种、材质，有顺序号要求的要注意分清顺序号，最后打上要求的印记（合金牌号、批号、制件号等）。

（14）锻造操作时，应根据材料和锻件形状的不同，正确控制金属的变形程度和变形速度。在保证质量的前提下，应尽量减少锻造火次。

6.3.8 模锻件切边、洗修及淬火前工序检验与质量控制

6.3.8.1 模锻件切边和冲孔工序检验与质量控制

（1）工作前应检查设备，确认运转正常后，方可进行生产。

（2）工作前，操作者应熟悉工艺程序，对照模锻件的欠压、成形情况，确定是按成品或按中间工序进行切边。

（3）若模锻件上有由于排气孔形成的凸台时，切边前必须清除干净。操作中必须轻拿轻放，避免模锻件表面碰伤。

（4）切边和冲孔后要进行首件检查，确认质量合格后方可继续生产。生产中注意凸凹模刃口和卸料板是否正常，以保证切口处光洁。

（5）对中间工序的切边，毛边残留量为10～30mm；对局部成形

差的部位，毛边要多留些，以便下次模锻成形。

（6）中间工序不需切边时，需要在工艺卡片上注明。

（7）成品切边：毛边残留量应符合技术条件或锻件图上的规定。一般情况下，对于质量不大于30kg的模锻件，其毛边残留量不大于3mm；质量大于30kg的模锻件，其毛边残留量不大于6mm，形状复杂部分，其毛边残留量不大于15mm。

（8）对于一模多件的模锻件，中间工序或成品工序是否切开，要根据工艺卡片的规定进行操作。

（9）成品切边时严禁倒料，应注意轻拿轻放，避免表面碰伤。

（10）需要在立式车床上车边的圆形模锻件，应在工艺卡片上注明。

（11）切边结束后，操作者应填写随行工艺卡片。切下的毛边应按合金废料的分级、分组标准送往废料箱内，不得混料。

6.3.8.2 锻件洗修工序检验与质量控制

（1）酸洗溶液和其他化学溶液应按相应的技术文件配制，经化验认定合格后，方可使用。在用溶液应定期进行化验和更换。

（2）模锻件蚀洗前，应稳妥地把模锻件摆放在不锈钢料筐内，摆放的方向应有利于槽液的流出。装筐和卸筐都应注意避免碰伤。蚀洗后要用压缩空气将模锻件表面吹干净。

（3）修伤应将毛坯和锻件表面上的折叠、起皮、裂纹等缺陷彻底修掉，并将未成形的棱角打圆滑。模锻后和矫正前的模锻件上由于排气孔形成的凸台也应修掉。

（4）修伤处必须圆滑过渡。其展开宽度应不小于修伤深度的5～10倍。对于局部有粗糙表面的模锻件，可用磨头及砂纸修光。

（5）缺陷修伤深度的规定：

1）加工表面检验修伤的深度，不得超过加工余量之半与欠压之半的和。

2）非加工表面修伤的深度不大于负公差之半。

3）特殊要求按专用技术条件和锻件图的规定执行，并应在随行卡片或工艺卡片上注明。

（6）经修伤后的模锻件，需根据情况再次进行蚀洗，以便检查缺陷是否修掉。如缺陷没有彻底修掉，还要继续修伤，直至缺陷完全修净为止。

（7）修伤时先由生产人员自检，后由检查人员检查，并标明标记。中间工序毛坯加热前必须检查，合格后方可装炉。

（8）修伤后的毛坯或锻件，用压缩空气将碎屑和脏物吹干净。

6.3.8.3　待热处理锻件的验收和质量控制

淬火前的检查是锻件成形工序结束后，对其表面质量、外形尺寸是否符合技术条件、锻件图和工艺卡片规定的成品的预先检查工序。为了确保热处理质量，锻件进入热处理车间前应对锻件外观、形状及尺寸进行核查或验收。通过对外观、形状、尺寸的核查，便于采取有效热处理措施，减少热处理畸变，避免淬火开裂。通常这些检验项目都标注在相应的工艺技术文件或质量管理文件中，经验收合格后，才能进行热处理。

质量控制要点：

（1）外观应无裂纹，无影响热处理质量的锈斑、氧化皮及碰伤等缺陷。

（2）锻件简图应注明主要尺寸、特殊形状部位、截面悬殊部位、孔的形状和位置。

（3）待热处理件的尺寸与精度应注明加工余量、表面粗糙度、尺寸精度、位置精度及形状精度等。

（4）检查人员按模锻件批量件数的10%抽查欠压量，当该批抽查量的80%件数符合图纸时，方可进入检查工序。经淬火前检查合格的锻件，应单独存放。

（5）在淬火前检查成品的料架上，应放入供取样用的锻件（折叠、裂纹废品不能供取样用）1～2件，并应在此料上标识“取样”字样，以示区别。

（6）检查后，应将成品数量、可修废品数量、最终废品数量及缺陷代号准确地填写在随行卡片上，并由检查人员签字。

6.3.9　热处理工序检验与质量控制

热处理是铝合金锻件生产过程中一种特殊工序。热处理质量控制的主要内容是常用热处理设备及仪表控制、工艺材料及槽液控制、工艺过程控制、质量检验和产品缺陷及其控制等。

6.3.9.1 常用热处理设备控制

为了对锻件热处理的质量进行控制，车间应采用配套措施，其中包括打热处理炉（批）号、抽查硬度、定期检查炉温、校核仪表等。作为参考，下面列举了若干基本项目：

（1）加热炉的结构要合理。炉膛尺寸、炉温及炉膛内温度的均匀性能满足热处理的需要。

（2）每台加热炉都要有注明炉温均匀性检验日期和下次检验日期的合格标牌和禁用标牌。

（3）加热炉的每个加热区至少要有两个热电偶：一个接温度自动控制仪表和报警装置固定在炉子的加热器附近；另一个接温度指示自动记录仪表，必须安装在炉子的有效工作区内。

（4）淬火槽尺寸要足够大。保证实现快速、均匀的冷却。为了控制淬火槽液的温度，还应配有热交换器。

（5）电位计要定期校核。加热炉应配备控制温度和记录温度的电位计，由专人检查记录。

（6）铝合金锻件加热时，炉内气氛中不允许含硫和水蒸气。

（7）炉温均匀性的质量控制。

保证热处理质量的一个重要环节是锻件加热温度的均匀性：

1）新炉投产前和加热炉大修或加热部件更换后，均应进行炉温均匀性检验。

2）炉温均匀性检验时的温度测试点数和布置，应按有关规定进行。

3）炉温升到检验温度后，保持1h后开始测量，在开始测量后5min内至少记录一套数据，以后每15min记录一次，直到各测试点连续出现3个以上在控温精度范围内的读数后，测量终止。若到达检验温度下的保温时间超过2h，个别测试点的温度仍不合格，说明该加热炉不合格。

4）加热炉在使用状态下至少应每周进行一次随炉检验。

5）控温和指示热电偶在炉内的插入深度应有明显标记，并应处于固定位置。这个位置在炉温均匀性检验合格后和下次均匀性检验前，不得变更。

6）每台加热炉经均匀性检验后确定有效工作区，将已填写的表格报主管部门，签发有效工作区合格证，一份贴在加热炉的合格标牌上，另一份归档。

7）热电偶、控温仪表和测温仪表等的检定合格证均应归档。多种合格证和表格的存档期限为10年。

6.3.9.2 淬火工序检验与质量控制

淬火工序检验与质量控制如下：

（1）加热炉温控系统误差不超过±2℃。

（2）淬火必须按批次进行。根据装料量和锻件规格、形状不同，每批可分为几炉淬火。批量少的而淬火制度又相同的锻件，可多批组成同一炉淬火。锻件的印记、数量要与随行卡片相符合。

（3）同种牌号不同种规格的锻件，在淬火保温时间相近的情况下，保温时间按较长的时间计算，但相差不得大于30min。

（4）为保证淬火加热过程中循环空气在炉内畅通，在装炉时，应将锻件整齐地摆放在专用料筐内。锻件之间应保持一定的间隙，可用铝材垫开，禁止使用镁材作垫片。长轴形的锻件（例如螺旋桨桨叶模锻件）为避免淬火加热过程中合金软化造成弯曲，应竖立着摆放在料筐内或在取样部位钻孔，吊挂着加热淬火。

（5）锻件的吊挂与装筐，热处理锻件与筐架、夹具或间隔物应呈点或线接触，不允许有面接触。其排列应能供加热介质和冷却介质在各个锻件之间自由循环流动，捆扎、吊挂锻件可采用铁丝。固溶处理时，锻件之间的间距应不小于表6-12中的规定。

表6-12 固溶处理时锻件之间的最小间距 (mm)

零件厚度	盐浴槽	空气炉
≤6.5	25	50
>6.5	25+锻件厚度	50+锻件厚度

（6）当工作室温度达到锻件淬火要求的加热温度时，方可装炉加热。

(7) 锻件入炉后，须做好有关记录。炉温达到定温时开始计算保温时间。

(8) 带料测温热电偶有两只，一只固定在制品最上端，一只固定在制品最下端。

(9) 铝合金锻件应以最快速度浸入水中，淬火转移时间应不超过25s（注：淬火转移时间的计算，对于空气炉，自炉门打开时开始到锻件最后一角浸入到水中为止；对于盐浴槽，按锻件从硝盐浴中露出第一角开始到锻件最后一角浸入到水中为止）。为获得良好的淬火效果，使锻件迅速冷却，出炉料在水中升降3～5次，但锻件上端均不得露出水面，当锻件温度与水温相同时，方可将料筐从水中提出。

(10) 淬火后的锻件应逐件在规定位置（即在合金牌号、批号下面）清晰地打上淬火炉号。

(11) 装炉量的控制，每台铝合金热处理设备均应有最大装炉量的明确规定。

(12) 淬火后，操作者应在随行卡片上填写该批淬火炉次，每炉装炉、保温、出炉的时间、淬火炉号和装炉数量，并签字，做好记录。必须使热处理炉的记录与锻件的热处理炉（批）号相对应。热处理炉（批）号最好是打在锻件上熔炼炉号的旁边。

(13) 锻件在盐浴槽中热处理后，要在有循环水的洗涤槽中清洗，以保证锻件表面上残余的盐迹被完全洗净，洗涤槽水温为40～60℃，停留时间不超过2min。

(14) 为保证锻件的力学性能和处理其他故障的需要，除桨叶模锻件外，所有其他锻件均允许进行首次热处理之外的两次重复热处理，补充时效不算重复热处理。

(15) 热处理测温记录要填写在随行卡片上，卡片不得撕毁和丢失。仪表记录由仪表工按时间、班次更换和保存，每月按日期编好目录装订成册存档，其保存期在7年以上。

(16) 淬火水槽每半年必须换水一次，并彻底清理落下的铝材及脏物。

6.3.9.3 矫正工序检验与质量控制

一般锻件和模锻件在矫正机上进行矫正，形状复杂的模锻件在液压机上用矫正模具进行，或两者互相配合。具体要求按随行卡片或工艺卡片上的规定执行。

(1) 矫正前，矫正工应首先熟悉锻件图、随行卡片或工艺卡片对翘曲的要求，选择合适的矫正工具和量具、卡具。

(2) 若模锻件上有由于排气孔形成的凸台影响矫正时，应先将凸台铲除后再进行矫正。

(3) 矫正用的垫块，只能用铝合金挤压坯料作垫块，严禁使用铝合金铸锭或镁合金坯料作垫块，以防压裂飞出伤人。

(4) 一般情况下，当班淬火的锻件，必须当班矫正。对于2A11 (LY11)、2A12 (LY12)、2A14 (LD10) 合金自然时效的锻件，淬火后应立即矫正，最大间隔时间不得超过3h。其余合金，从淬火出炉到矫正完了其最大间隔期不得超过8h，超过规定时间则需重新淬火。为减少螺旋桨桨叶模锻件翘曲，其矫正应在淬火出炉后2~3h内完成。

(5) 矫正必须按批次、炉次逐件进行，并逐件检查翘曲量。

(6) 要认真执行首件检查制，允许对同一炉（批）料的前三件进行矫正方法的试验。在锻件翘曲完全合格后，方可进行正式矫正。

(7) 在液压机上矫正模锻件，如翘曲超过标准要求，可用矫正机配合矫正。对只进行液压机矫正的模锻件，要在矫正平台上复查锻件的翘曲量，合格后打上矫正工号。

(8) 在液压机上矫正的铝合金模锻件，其终锻模或矫正模、模锻件均为室温。

(9) 分模线为曲线的模锻件和形状复杂的模锻件，如螺旋桨桨叶模锻件等，必须用专用样板架来鉴定其翘曲量。具体要求按随行工艺卡片上的规定执行。

(10) 在液压机上模内矫正，其终锻模或矫正模与模锻件以及批号、数量和随行工艺卡片完全一致时，方可进行矫正。矫正前要彻底清理模膛，用纯锭子油润滑，严禁使用汽缸油和石墨。矫正完的模锻件其表面油污必须擦净或用热水洗净。

(11) 对淬火后不易翘曲的锻件可不进行矫正，但需要随机抽检不少于10%的锻件的翘曲量。具体要求按随行工艺卡片上的规定执行。

（12）矫正合格的模锻件应按批次规整地摆放在专用料筐内，应注意避免在人工时效过程中或放置时可能造成的弯曲。

（13）为保证人工时效炉内空气流通，摆放矫正后的模锻件时可用铝块隔开，并将试料放在料筐的上面，以便取样。

（14）每个模锻件矫正合格后必须打上矫正工号。矫正工号要打在淬火炉号或批号下面。

（15）矫正结束后，矫正工在随行卡片上填写好矫正数量、成品和废品数量、日期、班次，并由矫正工和检查员签字。

6.3.9.4 时效工序检验与质量控制

时效是铝合金锻件热处理的重要阶段之一。它是把淬火后的铝合金锻件置于某一温度保持一定时间，使过饱和固溶体发生分解，从而使合金的强度和硬度大幅度提高。时效分为人工时效和自然时效。人工时效的效果主要取决于时效温度和保温时间。

铝合金锻件时效工序检验与质量控制如下：

（1）时效炉测温系统匹配误差不超过 ±3℃，空炉温差不高于 10℃。

（2）人工时效炉的烘炉温度可按所要时效的合金温度一次定温，当炉温升至定温温度并在此温度下保持 30min 后即可装炉，连续生产时可不烘炉预热。

（3）装炉前，应按生产卡片认真核对时效锻件的合金、状态、规格、批号、数量及取样试料（件）数量，符合要求后方可装炉时效。同一批锻件尽量不分炉时效。按时检验时效炉的定温、改定温及加热时间，发现异常及时处理。

（4）需要进行时效的锻件，应按批次整齐地摆放在时效料筐内，锻件之间的间隙应大于 20mm。对于细长杆（轴）类模锻件，则应竖立摆放，不得互相压挤，以免发生弯曲。取样试料（件）要放在料筐上层，以便取样。相同时效制度不同规格的锻件可同炉时效。

（5）按不同合金相对应的时效制度，检验其加热温度和保温时间。

（6）停炉 24h 以上再装炉时，靠近工作室空气循环出口和入口处的锻件，要绑好测温热电偶。操作者应在装炉后每 30min 测温一次，其结果要记录在随行卡片上，并签字。

（7）生产中对人工时效须注意控制从淬火到时效之间的停放时间，因为超过允许的停放时间对合金的强化效果有影响。

（8）在时效加热过程中，因时效炉故障停电时，总加热时间按各段加热保温时间累计，并要求符合该合金总加热时间的规定。

（9）为保证锻件的力学性能，允许进行补充时效。补充时效工艺由主管技术人员规定。

（10）仪表工要坚守工作岗位，经常检查炉子各部位仪表运行情况，及时更换仪表记录纸，填写日期、班次并签字。

（11）2A11（LY11）、2A12（LY12）、2A14（LD10）合金自然时效的时间为 4 昼夜以上。允许在 48h 后进行力学性能试验。

（12）每热处理炉次的时效数据要详细记录，并要存档保管 7 年以上。

（13）时效完的锻件应及时打上状态标记，避免混淆。

6.3.10 组织、性能检验和取样规定及审查处理

铝合金锻件组织、性能质量检验要求见表 6-13。

表 6-13 铝合金锻件组织、性能质量检验要求

<table>
<tr><th rowspan="3">类别</th><th colspan="6">检验项目和数量</th></tr>
<tr><th colspan="2">力学性能</th><th rowspan="2">显微组织</th><th rowspan="2">断口</th><th rowspan="2">低 倍</th><th rowspan="2">超声波探伤</th></tr>
<tr><th>抗拉性能</th><th>硬度</th></tr>
<tr><td>Ⅰ</td><td>余料部位 100%检验和每批（炉）抽检 1 件</td><td>不检验</td><td rowspan="3">每批（炉）抽检 1 件</td><td rowspan="2">需方有要求时每批抽检 1 件</td><td rowspan="2">每批抽检 1 件</td><td rowspan="3">需方有要求时，每批做 100%探伤检验</td></tr>
<tr><td>Ⅱ</td><td>每批（炉）抽检 1 件</td><td>100%检验</td></tr>
<tr><td>Ⅲ</td><td>不检验</td><td>100%检验</td><td>不检验</td><td>首批或工艺改变时抽检 1 件</td></tr>
</table>

注：对于多批组成同一炉淬火的锻件，要按批次取样。具体取样数目和尺寸按表 6-14 中及随行卡片或工艺卡片上的规定执行。

6.3.10.1 力学性能

A 取样部位

拉伸试样选取位置按需要确定，以具有代表性为原则。

确定取样位置的原则是：

（1）试样应取自零件工作时受力最大、最危险的部位。

（2）一般沿主流线方向取样。弦向或横向取样只在需要时才采用，特别重要的锻件可同时在多个方向取样。

（3）取样方便和数量足够，以便复验、复查时使用。

（4）不破坏或少破坏锻件：

1）在锻件的附加工艺试料余块上切取；

2）在与锻件本身相同的材料与锻件等比例锻制而成，并与锻件一起进行热处理的单独样坯上切取。

形状简单的自由锻件，可按以下位置取样：圆形实心件在距表面1/3半径处；矩形实心件在1/6对角线处；空心件在1/2壁厚处；直径不大于50mm的锻件试样取自中心部位。

形状复杂的锻件，应在锻件图和其他技术文件规定试样的取样位置。

B 取样数量及尺寸

取样数量应根据有关产品技术标准或双方协议选取。试样长度应满足检验标准规定，可参考表6-14。

表6-14 铝合金拉伸试样的基本尺寸

试样种类（短试样）		1	2	3	4	5
基本尺寸/mm	*D*	6	8	10	12	14
	L	65	90	90	118	115

C 拉力试样的方向规定

（1）圆盘形锻件（直径不小于厚度）其径向方向为纵向，切向方向为横向，轴向方向为短横向。

（2）环形锻件，其切向方向为纵向，径向方向为横向，轴向方向为短横向。

(3) 其他形状的锻件，一般最大尺寸方向为纵向，次者为横向，最小尺寸方向为短横向。

(4) 特殊情况按锻件图和随行卡片或工艺卡片上的规定执行。

D 审查与处理

锻件的力学性能试验结果是否合格，应根据相关技术标准、合同要求来判别，出现不合格试样时，允许进行如下处理：

(1) 从该炉（批）制品中另取双倍数量的试样进行复验。双倍合格，认为全炉（批）料合格。如仍不合格，则该炉（批）报废或100%取样检验，合格后交货。

(2) 对100%取样的锻件，允许在本件双倍复验，双倍合格，则该件合格。

(3) 对力学性能不合格的制品可进行重复热处理，重复热处理后的取样数量仍按原标准的规定。

(4) 力学性能试样上发现有成层、夹渣、裂纹等缺陷时，按试样有缺陷处理，该试样报废，另取同等数量的试样进行检验。

(5) 力学性能试样在断头、断标点时，如性能合格可以不重新取样；如不合格，应重取单倍试样检验，合格者交货。

6.3.10.2 显微组织（高倍组织）

A 取样部位

取样数量应根据锻件图、标准或技术协议的规定以及试验的要求确定。切取显微组织试样时，应保留一个面是锻件的锻造表面。

B 高倍试样数量及试样尺寸

按技术标准规定，如一炉多批，则按批计算，如一批多炉，则按炉计算，试样尺寸为 (25 ~ 30)mm × 15mm × 15mm。

C 审查处理

高倍组织检验报告单上，如发现过烧，则整炉热处理锻件全部报废，未过烧则视为合格，可交货。

6.3.10.3 低倍、断口组织

锻件低倍组织检查的目的是为了检查锻件内部和低倍断面上的各种缺陷。表6-15所列为常规低倍组织检查的内容。

表 6-15 常规低倍组织检查内容

类型	放大倍数	检 查 内 容
断口	(1) 肉眼； (2) 10 倍	(1) 原材料中的夹杂、分层和白点等； (2) 锻造过程中发生的过烧或低倍粗晶
低倍		流线、夹杂、疏松、偏析、枝晶、裂纹、折叠和粗晶等

A 取样部位

一般锻件（自由件、模锻件）试样，应按各自的技术图纸规定的部位切取。需检查断口的自由锻件、模锻件检查试样应按技术图纸规定的部位取样。所有低倍试片的被检查面经铣削加工，其表面粗糙度应不低于 *Ra*3.2。

B 取样数量及试样尺寸

按锻件图和技术标准规定，试样长度为 25 ~ 30mm。

C 审查与处理

(1) 如果低倍检查报告为合格，则判制品为合格交货；

(2) 如在低倍试片上发现有裂纹、夹渣、气孔、疏松、金属间化合物及其他破坏金属连续性的缺陷，则判该批制品报废。

6.3.10.4 物理工艺性能

按技术标准、合同要求进行取样、检验、审查与处理，可与力学性能处理相同。

(1) 化学成分可由原材料保证。

(2) 在确保质量的前提下，Ⅲ类件的硬度每批可抽检 5%，且不少于 5 件。

(3) 低倍和断口组织检查不允许重复试验。

6.3.10.5 取样的打印规定

(1) 100% 取样的Ⅰ类模锻件按自然顺序编号。切取试样后，应在模锻件上打好与试样号相同的编号，做到一一对应，以便区别。

(2) Ⅱ、Ⅲ类模锻件按淬火炉次取样时，试样上打淬火炉次和试样代号；按批次取样的锻件，在试样上打批号和试样代号。如批号数位多时，可以另行编号，但其编号必须注明在随行卡片上，以示区别。

6.3.10.6 其他规定

(1) 取样后的试样余料应打好淬火炉次号、批号和合金牌号，保留一周以便补充取样。

（2）取样结束后，取样工应填写好随行卡片，注明试样项目、数量、试样编号及班次、日期，并签字。

6.3.11 锻件成品检验与质量控制

6.3.11.1 成品检查程序及一般要求

锻件成品检查主要包括锻件化学成分、组织、性能、尺寸和形状、表面及标识等项目，按批进行检查验收。检查程序如下：

（1）所有铝合金模锻件均应经蚀洗后方可进行成品验收。自由锻件可不蚀洗。

（2）成品验收前，对提交检查验收锻件，应对照随行卡片逐件核对批号、合金、状态、规格、热处理炉次号及投入量与生产随行卡片的对照是否相符。然后按合同规定的技术标准进行逐项检查。

（3）锻件最终检验要求、验收规则应按照锻件图、工艺规程、技术条件和随行工艺卡片的具体要求进行。理化检验的取样部位、方向和数量应符合技术标准和取样图的要求。检验的全过程应有详细的记录。

（4）审查组织、性能等各项理化检查报告是否齐全、清楚，逐项审查，对不合格项要进行处理。

（5）锻件终检合格后，检验员应按合同、协议或有关文件的要求填写锻件合格证。

（6）经检验不合格的锻件，应有明显标识，并隔离保管。

（7）在锻件指定的部位打检验印记以及其他标记（或挂标签）。

6.3.11.2 锻件表面质量检验

（1）应逐个检查锻件的表面质量，模锻件表面应在蚀洗后检查。

（2）模锻件表面应光滑、洁净，不应有裂纹、折叠、起皮、压伤、过蚀洗斑点等缺陷。对折叠、起皮等其他缺陷要进行打磨；对于非加工表面的缺陷应清除干净，并要圆滑过渡；对于加工表面的缺陷则应检验修伤，清除缺陷的部位，均应保证锻件留有加工余量。检验后的锻件应做好标示以便区别是否合格。

（3）当自由锻件未标注零件尺寸时，允许有深度不大于其负偏差之半的压折、压入等缺陷。非加工表面上的裂纹、腐蚀痕迹及其他影响使用的缺陷必须全部清除。清除缺陷后的部位必须保证锻件的单面最小极限尺寸（孔槽处为单面最大极限尺寸），保证锻件留有冷加工余量。

6.3.11.3 锻件外形尺寸及允许偏差检验

首批投产的模锻件，要逐个检查其尺寸偏差和加工余量，并应符合供需双方签订的锻件图（欠压、翘曲、错移、局部表面缺陷深度、毛边残留量等）和技术协议的要求。自由锻件应逐个检查，具体检验规则如下。

A 锻件尺寸检验

该检验可用直尺、卡钳或游标卡尺等通用量具进行测量。对于生产批量大的锻件，可用专用样板测量。

B 锻件圆柱形与圆角半径检验

该检验可用半径样板或外半径、内半径极限样板测量，如图6-1所示。

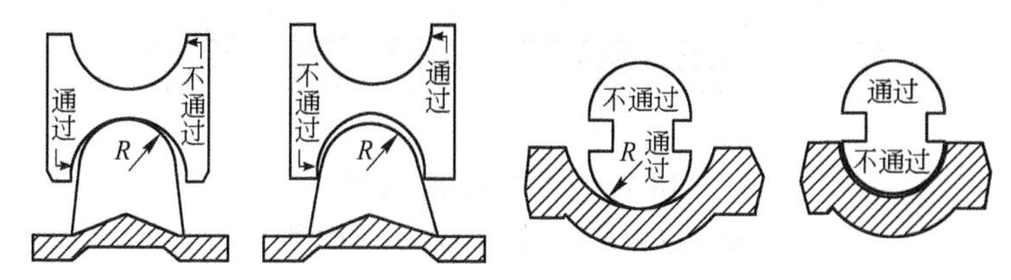

图6-1 内、外半径极限样板

C 锻件上角度的检验

锻件上的倾斜角度，可用测角仪来测量，如图6-2所示。

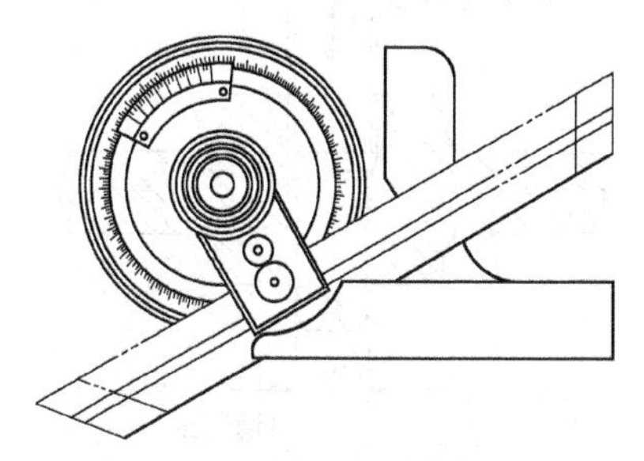

图6-2 测量倾斜角度的测角仪

D　锻件孔径检测

（1）如果孔没有斜度，则用直尺或游标尺测量，也可用卡钳来测量，如图6-3和图6-4所示。

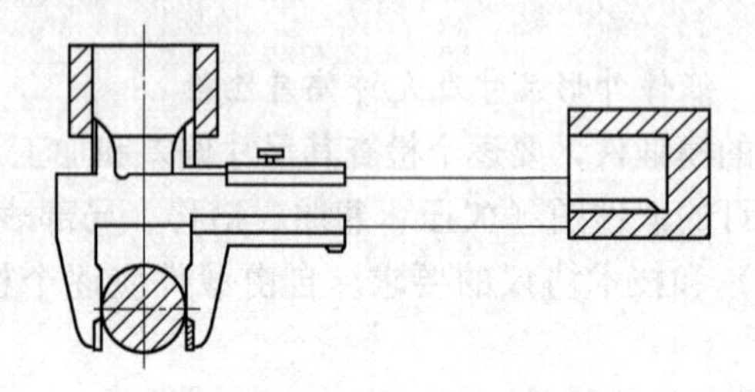

图6-3　用内测量爪测量孔径

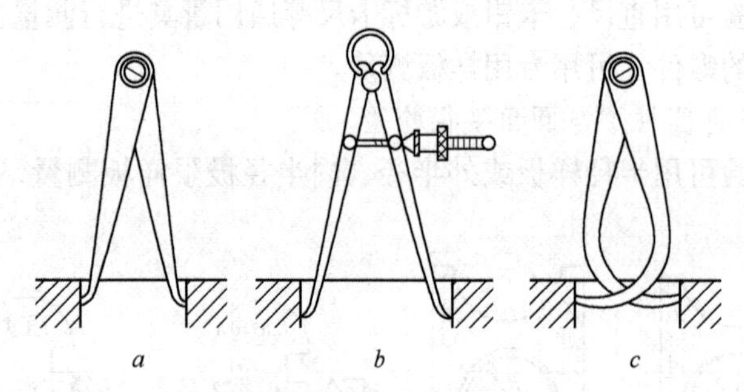

图6-4　用卡钳测量孔径

a— 内卡钳；*b*— 弹簧内卡钳；*c*— 外卡钳

（2）如果孔有斜度，生产批量又大，则可用极限塞规测量，如图6-5所示。

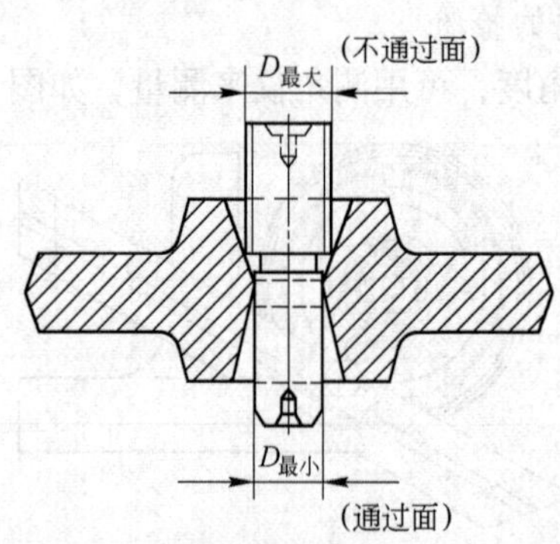

图6-5　用极限塞规检验锻件孔径

（3）如果孔径很大，则可用大刻度的游标卡尺或用样板检验，如图6-6所示。

E 锻件错移检验

（1）如果锻件分模面的位置在锻件本体中间，即可在切边时观察到锻件是否有错移，如图6-7所示。

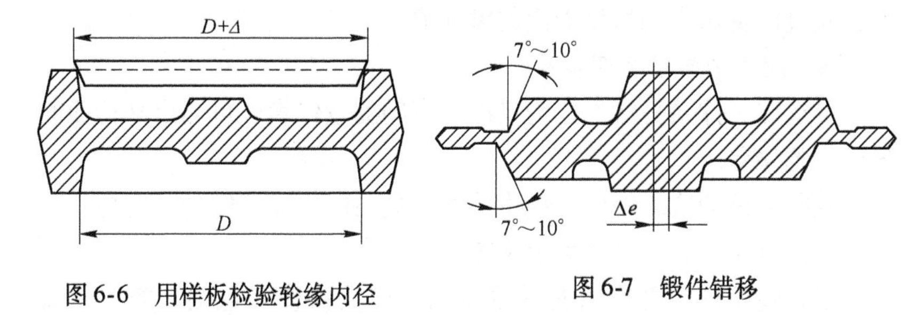

图6-6 用样板检验轮缘内径

图6-7 锻件错移

（2）如错移不易观察到，则可将锻件进行划线检验，或者用专用样板检验，如图6-8所示。

（3）横截面为圆形的锻件，如杆类、轴类件，有横向错位时，可用游标卡尺测量分模线的直径误差，标出错移量大小，并确定它是否超过了允许的错移量，如图6-9所示。

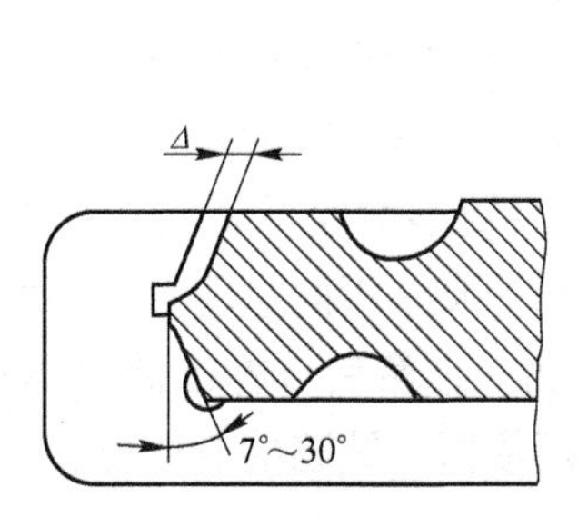

图6-8 用样板检验错移

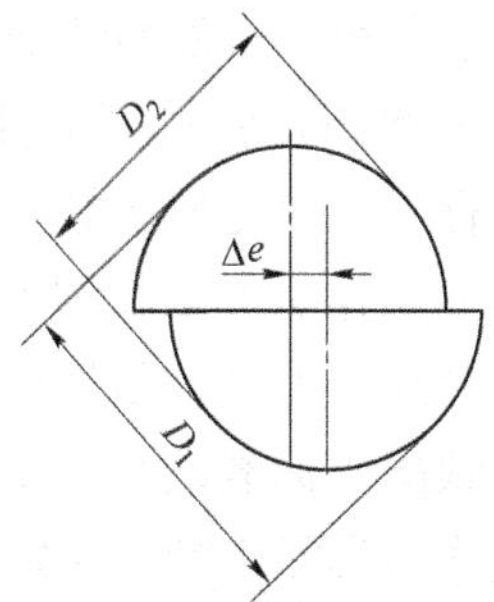

图6-9 杆类或轴类锻件错移检验
($D_1-D_2\approx 2\Delta e$)

F 锻件翘曲检验

（1）对于等截面的长轴类锻件，在平板上，慢慢地反复旋转锻件，即可测出轴线的最大翘曲量。

(2) 将锻件两端支放在专门数据的V形块或滚棒上，旋转锻件，通过仪表即可测出锻件两支点间的最大翘曲量。

G 锻件平面垂直度检验

形状简单的锻件可用弯尺检查。如果要检验锻件上某个端面（如突缘）与锻件中心线的垂直度，则可将锻件放置在两个V形块上，通过测量仪表测量该端面的跳动值。

H 锻件平面平行度检验

可选定锻件某一端面作为基准，借助测量仪表即可测出平行面间平行度的误差。

验收合格的成品锻件，应由检查人员在锻件的打印处打上检印。

6.3.11.4 锻件内部质量检验

铝合金锻件内部质量检验主要以超声波探伤和低倍、断口检验为主。

A 超声波探伤注意事项

(1) 超声波探伤前要求锻件表面粗糙度小于 *Ra*3.2。如果表面太粗糙，探头与被检件接触不良，则在示波器上可能会在主脉冲波之间出现一些小而不定位的脉冲波，这样就很难判断是锻件内的缺陷的反射波，还是由于表面粗糙而产生的假反射讯号。

(2) 超声检验的模锻件必须有双方签订的探伤要求图纸。探伤方法、标准、对比试块等要符合国家标准 GB6519 的规定。

(3) 缺陷大小、位置和形状的确定。缺陷大小的确定，主要根据经验判断。也可以预先制作好各种不同性质、不同深度、不同大小的人为缺陷的标准试块，反复进行试验比较，然后作标准波形图片，并以此作为实际生产中对缺陷大小的判断依据。缺陷的具体位置与形状的确定与探头的数目和位置有关。

(4) 按随行卡片或工艺卡片和探伤图纸逐件进行探伤，探伤合格件在打印处打上探伤检印，不合格件打上报废印记。探伤人员在随行卡片上填写探伤合格及报废数量，并签字。

(5) 需要进行超声波检验的锻件，应先进行成品验收，然后再探伤。对探伤后的锻件要清除表面上的耦合剂。

B 低倍、断口检验

低倍、断口检验见有关章节。

6.3.12 技术文件的控制

6.3.12.1 必备的技术文件

锻件生产时应有零件图样、锻件图样、锻模图样、模线样板图样、技术标准、锻造工艺等现行有效的技术文件。

6.3.12.2 技术文件的要求

（1）技术文件内容应做到正确、完整、协调、清晰。

（2）技术文件的文字表达要准确、简明、通俗易懂和有逻辑性，并应符合标准化要求。

（3）技术文件应按规定的程序审批后方能生效。

6.3.12.3 技术文件的更改

技术文件的更改应符合技术状态管理的要求。

6.3.12.4 技术文件的保存

（1）技术文件均应分类存档。

（2）锻造工艺过程的原始记录和检测报告等技术资料均应归档，其保存期应符合有关文件的规定。

7 铝合金加工材热处理、精整和检查工序的缺陷分析与质量控制

热处理、精整和检查都是铝合金加工材料生产过程中不可或缺的重要工序。本章重点讨论这三个工序中常见的缺陷或问题以及质量控制的主要方法。

检查工序是产品质量控制的关键工序，检查也是保证产品质量的主要手段之一。检查的规则、检查项目和检查的方法在前面章节中都有较详细的论述，本章只重点讨论一下检查工序常出现的质量问题（缺陷）——错检和漏检。

7.1 常见的缺陷（废品）或问题及防止的方法

7.1.1 热处理过程中常见的缺陷（废品）及控制方法

7.1.1.1 粗大晶粒

有些变形铝合金制品在退火或者淬火处理后，有时会发现整体或者局部的晶粒粗大现象，造成这种晶粒过分长大的原因可能是热处理工艺本身掌握不当，也可能是材料加工过程中的问题。它会降低制品的力学性能，深冲或弯曲成形时，使表面粗糙或者容易产生裂纹，因此应弄清产生原因并设法消除。

热处理时，退火或者淬火温度过高，保温时间过长，特别是长时间缓慢加热，容易造成粗晶。在不能热处理强化的变形铝合金中，3A21 最易发生粗晶。锰的扩散速度慢，铸锭中往往就存在严重晶内偏析，而锰含量对铝的再结晶温度影响很大。这样，因成分不均而使材料组织内部各处的再结晶温度不同，低锰处再结晶温度低，退火时先发生再结晶；相反，高锰处后发生再结晶，甚至不发生再结晶。这样，退火过程中形成的再结晶晶核数目少，最后成长的晶粒尺寸必然会大。如果退火时加热速度又慢，这一现象会更加明显，更易产生粗

晶。生产中为了解决这一问题通常采取下面的措施：

(1) 在铸锭生产中把杂质元素铁的含量控制在0.4%以上，并加入0.1%～0.2%钛，因铁和钛有细化晶粒的作用。

(2) 进行铸锭均匀化退火，以减少锰偏析的影响。

(3) 在硝盐槽中退火，以提高退火加热速度。采用高温快速退火对各种铝合金的晶粒细化都是有利的。

某些铝合金在淬火加热时，如温度过高也易产生粗晶。例如，6A02合金加热温度超过540℃，晶粒长大倾向十分明显，因此，尽管该合金的过烧温度高达595℃，而淬火加热温度仍应该控制在540℃以下，一般为(520±10)℃。

铝材加工过程中的工艺参数（主要是变形温度和变形量）对制品热处理后的晶粒度也有十分明显的影响。变形温度不宜过低，否则变形很不均匀，热处理后各处的晶粒尺寸就会有所差异，造成局部粗晶。若轧制变形量小，轧板时主要变形集中在表层。这部分退火后形成细晶而板材内层因变形量小，仍保留着原先的铸态组织，只是沿变形方向拉长了。所以一般采用较高的变形温度和较大的变形量，使变形比较均匀，且退火后板材表里均可获得比较细小的晶粒组织。

挤压和锻压加工更容易造成不均匀变形，例如挤压棒材或者型材，中心金属流动比较容易，而表层由于受到挤压筒壁摩擦阻滞，变形很困难，因此造成整个截面变形极不均匀。热处理后，因表层发生聚集而再结晶形成粗大的晶粒或粗晶环。

7.1.1.2 过烧

铝合金在加热温度超过金属内部低熔点组成相的熔点而造成的局部熔化，称为过烧。由于在熔化及冷却时的重新凝固期间，金属的体积、化学成分及物理状态都会发生变化，常常导致在过烧部位形成裂纹、空洞、氧化及杂质富集等，对合金力学性能及耐腐蚀性能有严重的影响，因此热处理过程中的过烧问题一向受到广泛重视。

过烧以后合金的力学性能及耐蚀性会发生明显的变化，但变化的幅度与合金性质、产品类型及过烧程度等因素有关。在轻微过烧时，除2A14合金锻件外，其他合金产品的强度均不降低，有的还略有提高，这是由于高温淬火增加了合金的过饱和程度及时效强化能力的缘故。拉伸塑性除锻件略有降低外，其他产品的伸长率没有明显变化。但是在明显过烧特别是严重过烧的情况下，强度及塑性都急剧下降。拉伸性能在轻微过烧时尚变化不大，而铝合金的弯曲性能、疲劳强度及耐蚀性对过烧比较敏感，轻微过烧也能导致这些性能的恶化。例如，2mm 厚的 2A12 板材，在 500℃ 正常淬火后反复弯曲次数可达 7 次。若分别在 507℃、510℃ 及 520℃ 淬火，因过烧使反复弯曲次数相应降到 6 次、4 次和 2 次。在生产中，铝合金一旦过烧，整炉零件均报废，特别是对承受动载的重要零件是不能投入使用的。但对只承受静载荷且载荷不大的次要零件，过烧又很轻微时，生产厂可以根据具体情况予以处理。

为了避免产生过烧，首先应掌握不同铝合金的实际过烧温度，其次是严格执行淬火加热工艺规程和准确控制炉温。实际生产中大多数过烧是由于对铝合金过烧性质和加热炉的工作情况缺少了解而造成的。不同牌号的铝合金，其过烧倾向是不同的。例如常用硬铝、2A02、2A11 及 2A12，同属 Al-Cu-Mg-Mn 系合金，淬火加热温度均为 (500 ± 5)℃，但它们实际的过烧温度并不一样，2A02 合金中的低熔点共晶体为 $\alpha + S$（Al_2CuMg），熔点为 518℃；2A11 为 $\alpha + CuAl_2 + Mg_2Si$，熔点为 517℃，而 2A12 合金中的三元共晶体 $\alpha + CuAl_2 + S$（Al_2CuMg），熔点为 507℃，相比之下，2A12 的过烧温度最低，过烧倾向最大，因此处理时应更加谨慎。

另外，对于同一牌号的合金，实际过烧倾向还会受生产加工工艺的影响。例如 7A04 合金的铸锭，过烧温度为 490℃，它的加工制品的过烧温度却提高到 520℃，2A70 合金的情况也类似，分别在 520℃ 和 545℃ 过烧。造成这种差异的主要原因是铝合金中的一些低熔点共晶体有时是一种非平衡组织，也就是说按照相图这些合金中不应出现这类共晶体，但因为铸锭的实际冷凝速度较快，使结晶组织偏离相图规律而形成的。如果随后在低于其熔点的温度下充分加热，非平衡相是可以逐步溶入铝基体而使组织趋于平衡时，相应合金的过烧温度就会提高。铝合金铸锭的均匀化处理及随后的变形加工就可以起到这种作用。均匀化是一种高温长期加热的工序，有助于使非平衡相溶入基体。塑性变形加工使共晶体破碎，也有利于上述固溶过程。因此，铝合金制品在生产加工中经受的变形量大，合金的过烧倾向就会适当减小，这就是小截面制品选用淬火温度的上限，大截面制品选用淬火温度下限的道理。

由于在大多数生产条件下并不能保证全部的非平衡相溶于铝基体，因此为妥善起见，技术条件中所规定的成品淬火温度均低于最低的第二相熔化温度，执行中不应随便改动。另外，对用于淬火加热的硝盐槽或者空气循环电炉的实际炉温均匀性和控温仪表的可靠性，必须定期检查，做到这几点，过烧问题是完全可以避免的。

7.1.1.3 淬火变形与开裂

铝合金绝大多数情况是用水作淬火介质，其优点是明显的：操作简单、成本低廉，冷却快，能保证合金的性能要求。但从避免和减少工件变形和开裂倾向的角度来看，水又不是一种理想的淬火介质。由于冷却过激，工件表面和心部以及不同壁厚之间出现很大的温差，引起相当高的内应力。在高温下，铝合金十分柔软，故极易造成变形，在低温下内应力却可能导致工件开裂，特别是大型工件，如大锻件。铝合金淬火过程中不发生相变，因此只存在热应力，冷却后一般表层为压应力，中心为拉应力。采用适当浓度的聚合物水溶液作淬火剂，不仅能保证合金的力学性能和耐蚀性，而且可以大大降低工件内部的残余应力和变形。这主要是因为它具有逆溶性，一般的无机或有机物质在水中的溶解度是随温度提高而增加的，但是聚合物在低温可溶于水，而温度高于一定值后（称逆溶温度，一般为 60 ~ 80℃，它与浓度有关），聚合物反而从水中析出。因此，当赤热工件淬入聚合物水溶剂中时，与工件表面接触的液体迅速升温到逆溶温度以上，聚合物立即从水中离析出来附着工件表面，形成一层均匀连续的液态隔离膜，只有当工件冷却到逆溶温度以下时，聚合物重新溶入水中，隔离膜才逐渐消失。由于隔离膜的形成与工件表面状态无关，从而消除了因表面粗糙度和几何形状差异而造成的不均匀冷却，这样使工件内部的残余应力显著降低，达到低变形或无变形淬火。

从国内一些工厂实际应用的情况来看，对铝合金钣金采用聚合物水溶液淬火，可减少矫形工作量50% ~60%。铝板淬火变形主要是鼓肚和扭曲，前者是因气膜破裂和气泡冲击造成的，扭曲则与冷却不均匀产生的热应力有直接的关系，聚合物淬火剂在控制这两方面均有成效。

与水相比，用聚合物作淬火剂的缺点是成本较高，批量生产中要考虑淬火剂的浓度和温度控制、净化与回收、清洗等问题，但这些问题都不难解决。形状复杂和大型工件，水淬不能满足要求时，选用聚合物淬火是适宜的。对黑色金属工件，此淬火剂同样可以应用。

消除铝合金内部的残余应力的另一个办法是，淬火后使工件承受一定量的塑性变形，既可以是拉伸变形也可以是压缩变形，变形量为1% ~5%，在变形过程中残余应力因工件变形松弛而得以减小。这种办法已经列入材料标准，如美国铝合金的 T651 状态表示淬火后拉伸变形 1% ~3%，随后进行人工时效；T652 状态表示压缩变形，变形量为 1% ~5%。此法对形状复杂的模锻件应用有困难。对大截面型材及厚板，也需要大型拉伸机才能使工件变形。

铝合金工件的热处理变形开裂还与工件外形尺寸设计是否合理，热处理操作是否正确有关。形状复杂零件的装炉方式、加热速度及淬火方法均需特别注意，应选择专用夹具或底盘，降低加热速度，以减小变形。

7.1.1.4 力学性能不合格

影响成品力学性能的因素很多，首先应检查材料的冶金质量和加工质量是否符合要求。变形铝合金的化学成分通常由冶金厂进行检验，一般不会有问题，但对半成品的加工质量，如铸造组织消除是否彻底、晶粒度和组织均匀性是否适当、有无加工缺陷等因素则需注意。铸造铝合金由于是生产厂本身配置和熔炼的，因此应对化学成分、变质效果及金相组织进行检查。

在冶金质量合格的情况下，需考虑热处理本身的问题。退火产品塑性偏低，大多是由退火温度偏低或者保温时间不足、冷却过快引起的，这就需要补充退火。

淬火时效工件强度不足，主要是由淬火温度偏低、保温时间不够、转移和冷却过慢造成的。人工时效的过时效制度也会使制品的强度下降。出现上述情况也需要进行重复淬火，以恢复合金的性能。

7.1.1.5 腐蚀与高温氧化

盐浴槽中淬火与退火有可能引起工件表面的腐蚀，产生的主要原因是盐浴槽中氯化物含量过高及淬火后工件表面的残盐清洗不彻底。为此，用于盐浴槽的硝盐要事先进行分析，氯化物含量大于0.5%的硝盐不能使用。热处理后要立即将工件在热水中清洗。特别是铸锻件，因表面粗糙、形状复杂，很容易遗留硝盐，如清洗不彻底，必然在使用过程中造成腐蚀。清洗用的水不应含有酸和碱。

在空气炉内进行高温加热，如炉膛内湿度较大或含有其他有害物质，如硫化物等，将加剧铝制品的高温氧化，其特征是在金属表面形成气泡或在金属内形成空洞。气泡的外观和铝材生产过程中因熔炼过程不当使铝锭含气量过高或挤压及轧制工艺不当形成的气泡是非常相似的，但后者在加工过程中有时会沿变形方向成串排列，前者则是分散的。

7.1.1.6 铜扩散

铝合金包铝板材在热处理过程中，合金中的铜原子扩散到包铝层中，称为铜扩散。严重的铜扩散可穿透整个包铝层，因而大大降低板材的耐腐蚀性能。

A 主要的产生原因

（1）违反热处理制度，如延长加热保温时间或提高加热温度；

（2）退火、淬火次数太多；

（3）热处理设备或仪表不正常，操作失误；

（4）错用了包铝板；

（5）预剪时两边切得不均匀。

B 防止方法

（1）选用合理的包铝板材；

（2）严格遵守热处理工艺规程，并认真监督执行；

（3）定期检查、修理、调整热处理设备和仪表，加强温控等。

7.1.1.7 表面气泡

铝材在热处理过程中出现局部表皮金属与基体金属呈连续或非连续分离，而呈圆形单个或条状空腔凸起的缺陷，称表面气泡。

A 主要的产生原因

（1）制品中氢含量过高；

（2）热处理温度过高，保温时间过长；

（3）炉内气氛湿度大。

B　防止与控制的措施

（1）加强熔铸工序的质量控制，减少铸锭氢含量，提供优质铸锭；

（2）制定合理的热处理制度，并严格执行；

（3）加强设备检查和仪表校核，严格测温与控温；

（4）保持炉内干燥和正常气氛等。

7.1.1.8　淬火不充分或淬不透

对于大型锻件、大直径棒材和厚度过大的型材或超厚板材，经淬火后其中心部分的组织和性能未达到淬火产品的规定或保持未淬火前的性能与组织形态，称为淬火不充分或未淬透。

A　主要的产生原因

（1）制品的直径或厚度过大，超出淬火材的标准；

（2）加热温度过低或保温时间过短；

（3）淬火设备选择不当，热容量过小或水温过高；

（4）制品在淬火前变形不充分等。

B　防止与控制措施

（1）直径过大或厚度过厚的制品不宜淬火强化处理；

（2）制品在淬火前应充分变形；

（3）适当提高淬火温度和延长保温时间，淬火水温不宜过高；

（4）合理选择淬火方式和淬火设备等。

7.1.2　制品精整矫直工序中常见的缺陷及防止与控制措施

7.1.2.1　划伤

在精整、矫直、锯切、运输、检查和包装过程中，因尖锐物与制品表面接触，在相对滑动时所造成的呈条状分布的伤痕，称为划伤。这是一种机械损伤，只要清除这些尖锐物，在产品流动和运输过程中不与尖锐物接触，就可防止划伤。

7.1.2.2　磕碰伤

制品间或制品与其他物品间发生碰撞而形成的伤痕，称为磕碰伤。

A 主要的产生原因

（1）设备、工具、运输辊道、工作台、料架等结构不合理；

（2）料筐、料架等对制品保护不当；

（3）精整、锯切等工序操作不当；

（4）操作时没有注意轻拿轻放，或有外来物与制品相碰撞等。

B 防止的方法

（1）精心操作，轻拿轻放，防止外来物碰撞制品；

（2）打磨掉设备、工具、矫直辊面和运输辊道及工作台、料筐、料架上的尖锐部分，用垫木和软质材料包覆料筐、料架。

7.1.2.3 表面腐蚀

未经表面处理的制品与外界介质发生化学或电化学反应后，引起表面局部破坏而产生的缺陷，称为表面腐蚀。被腐蚀的制品其表面失去金属光泽，严重的可产生灰色或白色粉末的腐蚀产物。

A 主要的产生原因

（1）制品在生产（矫直、精整、锯切等）和运输过程中，其表面与水、酸、盐、碱等腐蚀介质直接接触过；

（2）制品的合金成分配比不当；

（3）产品放置、保管、储存在气氛潮湿或有污染的环境中。

B 防止与控制的方法

（1）保持制品表面清洁和干燥；

（2）控制好合金中的元素含量及配比；

（3）制品保存、储放的环境良好。

7.1.2.4 矫直痕

铝合金加工材料上辊矫直时产生的螺旋状条纹，称为矫直痕。凡上辊矫直的制品都无法避免出现矫直痕，但应尽可能减轻。很轻微的矫直痕是允许交付使用的。

A 主要的产生原因

（1）矫直辊辊面不光滑、不平整，有小棱；

（2）制品弯曲度过大，难以实施均匀矫直；

（3）矫直辊配置不合理，有时角度过大；

（4）矫直压力过大；

(5) 制品椭圆度或壁厚不均匀。

B 防止和控制的措施

(1) 采用辊面光洁、平滑的辊子;

(2) 合理设计辊子结构并合理配置;

(3) 提高产品的平直度和均匀度;

(4) 制定并实施合理的矫直工艺规范。

7.1.2.5 滑移线

铝合金板、带材在拉伸矫直时，因拉伸量过大或拉伸钳口局部滑动；产品拉前波浪大，钳口夹不齐；经多次拉矫等，在板、带材表面形成与拉伸方向呈45°~60°角的有规律的明显条纹。消除的措施是：严格控制拉矫度变形率，一般应在3%以下；使钳口夹紧、夹齐，不打滑；避免多次反复拉伸矫直。

7.1.2.6 橘皮（拉矫痕）

铝合金挤压制品在拉伸矫直后表面出现像橘子皮一样凹凸不平的皱褶，称为橘皮或拉矫痕。

A 主要的产生原因

(1) 拉伸矫直时，拉矫率过大，超过了3%;

(2) 铸锭均匀化不充分或生产工艺不合理，造成制品晶粒粗大。

B 防止与控制的措施

(1) 严格控制拉矫率（0.5%~3%），直到制品拉直为止;

(2) 严格执行生产工艺，提高制品的均匀度，防止粗大晶粒产生。

7.1.2.7 波浪（不平度）

铝合金板、带材在长度方向或宽度方向呈现高低起伏的波浪形弯曲，称为波浪。

A 主要的产生原因

(1) 压光机辊型调整不好或送料不正;

(2) 多辊矫直机调整不好;

(3) 来料表面有油或压光辊有油污。

B 防止与控制的措施

(1) 保持来料表面和辊面清洁、光滑;

（2）调整好压光机和多辊矫直机，并按工艺规程操作。

7.1.2.8 印痕

产品表面在外力作用下，呈现单个的或有规律性的凹陷，凹陷处表面光滑。

A 主要的产生原因

（1）压光机的各给料辊、多辊矫直机的辊面上粘有金属残屑或有缺陷，产生有规律的印痕；

（2）产品表面上有金属物带入辊面，造成印痕；

（3）包装涂油辊也可能造成印痕。

B 防止与控制的措施

保持产品、辊面的清洁、光滑，杜绝金属屑和其他硬物进入辊系。

7.1.2.9 粘伤

铝合金板、带材在精整、矫直时，在板面上呈现大面积同一方向的点状或条状的粘伤。

A 主要的产生原因

（1）经退火的卷筒，在温度较高进行剪切时，在开卷时易产生粘伤；

（2）多辊矫直机等辊面粗糙或粘铝，易产生粘伤；

（3）铝卷卡子打得过紧，在铝材边部产生局部粘伤；

（4）板垛上压有重物（在高温时），片与片之间易粘伤。

B 防止与控制的措施

精整、矫直、锯切、堆垛等作业应在低温下进行，保持产品和辊面的清洁，严格按工艺规范操作。

7.1.2.10 横波

垂直压延方向横贯板、带材表面的波纹，称横波。在精整、矫直等工序产生横波的主要原因是：精整时多辊矫直机等在较大的压力和压下量矫直过程中，中间停顿，易产生横波。防止的方法是：多辊矫直机等在矫直时不得中间停机。

7.1.2.11 麻皮

铝合金板、带材在拉伸矫直时，因拉伸量过大，引起表面粗糙，类似于亚麻皮的缺陷。合理控制拉伸量，即可防止产生麻皮。

7.1.2.12 折伤

铝合金板材表面呈现局部不规则的皱纹或波浪形褶皱纹，称为折伤。折伤严重时可使整张板折在一起。

A 主要的产生原因

（1）多辊矫直机矫直时送料不正；

（2）在搬运过程中操作失误；

（3）上片、垛片、翻片配合不好。

B 防止与控制的措施

按工艺规程要求，精心操作，认真负责，增强质量意识。

7.1.2.13 螺旋线

铝合金管材和棒材在用辊式矫直机矫正时产生一种表面呈螺旋形规律变化的痕纹，称螺旋线或螺旋纹。

A 主要的产生原因

（1）制品原来的弯曲度过大或料头有局部弯曲；

（2）矫直辊辊子角度太小；

（3）矫直压力过大；

（4）管材椭圆度大。

B 防止与控制的措施

针对产生螺旋线的原因，对症下药，采取相应措施，即可大大减少或消除该缺陷。

7.1.2.14 椭圆不直

这是用辊式矫直机矫正铝合金管材椭圆度时，管材的椭圆呈现出不平直、不均匀的缺陷。

A 主要的产生原因

（1）被矫直的管材弯曲度过大，矫直压力不均；

（2）矫直压力过大，角度调整不均或压力调整不当。

B 防止与控制的措施

（1）对管材进行预拉矫，减小来料的弯曲度，使矫直时压力均匀；

（2）调整矫直辊的角度，采用合适的矫直压力并不断调整。

7.1.2.15 矫后椭圆

这是用辊式矫直机矫直管材后产生的椭圆。其主要的产生原因是压力太大，压力不均，角度调整不均。其消除办法基本与7.1.2.14节内容相同。

7.1.2.16 间隙（平面间隙）

将直尺横向叠合在制品某一平面上，直尺和该平面之间呈现的缝隙，称为间隙或平面间隙。

A 主要的产生原因

除挤压时金属流速不均外，与精整矫直时操作不当也有很大关系：

（1）矫直设备选择不当；

（2）配辊不合理；

（3）操作者技术不熟练或不认真；

（4）矫直压力和矫直变形量等工艺参数控制不当等。

B 防止和控制的措施

（1）提高来料的质量；

（2）选择合适的矫直设备并合理配辊；

（3）制订合理的矫直工艺参数，并认真执行。

7.1.2.17 矫直时产生的金属压入

这是铝合金加工制品在精整矫直时产生的金属压入缺陷。

A 主要的产生原因

（1）产品上有锯屑，有毛刺；

（2）产品内、外表面有划伤；

（3）矫直辊面有金属屑或异物；

（4）送料槽内有金属；

（5）矫直、锯切用润滑油或冷却液不干净，有金属屑或异物。

B 防止和控制的措施

（1）加强管理，保证产品、辊面和润滑液干净；

（2）保证产品质量，去除表面划伤、毛刺和锯屑。

7.1.2.18 模锻件翘曲过大

这是铝合金模锻件精整矫直后出现的外形不平，向上或向下弯曲，可改变锻件成品形状的缺陷。

A　主要的产生原因

(1) 淬火后未能马上安排矫直工序；

(2) 矫直前的模锻和热处理工序，模锻件已产生严重翘曲，导致矫直工序很难矫正过来；

(3) 矫直用的设备压力不足或模具设计不合理；

(4) 矫直时的操作不合理或料没有摆平；

(5) 运输或放置不当。

B　防止与控制的措施

(1) 提高模锻件的质量，尽量减少模锻与热处理工序中产生的翘曲；

(2) 合理切除飞边；

(3) 淬火后马上安排矫直工序；

(4) 合理选择矫直设备和工模具及矫直压力；

(5) 精心操作；

(6) 运输、放置和储存时一定按形状摆平。

7.1.2.19　模锻件残留毛刺

切边后沿模锻件分模面四周留下大的毛边，称残留毛刺。这种残留毛刺是不允许的，在以后的矫直工序中会被压入锻件体内而形成折叠。

A　主要的产生原因

(1) 切边模设计不合理，间隙过大；

(2) 刃口磨损过度；

(3) 切边模的安装与调整不精确；

(4) 带锯切边时操作不当等。

B　防止与控制的措施

(1) 合理设计、安装与调整切边模具；

(2) 使用新的或打磨刃口；

(3) 加强操作训练，按图纸尺寸切边。

7.1.3　检查工序常出现的质量问题及控制方法

7.1.3.1　错检

这是在铝合金加工材料生产过程中，由于检查人员的错误判断，使不合格在制品流入下道工序，导致不合格制品流入用户；或者将合格品误判为废品。错检是检查工序的重大质量事故，会给企业或社会造成很大的损失，甚至危害。错检事故是必须杜绝的，而且通过采取相应措施也是完全可以杜绝的。

7.1.3.2 漏检

这是在铝合金加工材料生产过程中，由于生产管理和质量管理不善，或检查人员的疏忽和不负责任，对产品的某些批次或产品质量的某些项目没有进行检查和判断就流入用户或社会。漏检也是检查工序的重大质量事故，会给企业或社会造成很大损失，甚至危害。漏检事故是必须杜绝的，而且通过采取相应措施也是完全可以杜绝的。

7.1.3.3 错检和漏检产生的原因及控制措施

A 错检和漏检产生的主要原因

（1）企业的质量管理体系和质量保证体系不健全、不完善，或没有认真贯彻执行；质量意识淡薄，TQC 活动未深入开展；质量监督体系形同虚设。

（2）检查人员或整个检查系统的质量意识差，工作不负责任，粗心大意，缺乏严谨的工作作风。

（3）检查人员的技术水平低，对产品的工艺流程、工艺操作规程、技术标准以及对产品的性能、用途和重要性了解不够，或根本不了解，不熟悉。

（4）企业的检测中心不完善，检测设备或仪表不齐全、不精确。

（5）生产设备（如淬火炉、时效炉等）、工模具（如挤压模、轧辊、量卡具、刃具等）、仪器仪表（如热电偶、温度计等）未定期检测、调整和校核，使检测结果产生误差。

B 杜绝错检与漏检的措施

（1）加强质量管理体系和质量保证体系，广泛开展 TQC 活动，强化质量监督系统，并切实按 ISO9000 系标准执行。

（2）加强质量意识教育，特别是要提高检查人员的质量意识、质量责任感，认真负责，严把产品质量关。

（3）提高检查人员的技术水平，加强工艺流程、工艺规程、技术标准方面的培训，提高使用检测设备、仪表和工、卡、量、刃具的操作能力，做到精益求精，减少误测和误判。

（4）完善检测中心，配备先进的、门类齐全的检测设备、仪器、仪表与工、卡、量、刃具。

（5）对生产设备、工模具和卡具、量具等应定期检测、调整和校核，以避免产生检测误差。

7.2 质量控制举例（以铝合金热轧中厚板为例）

铝合金加工材料的质量控制，在以上有关章节中已介绍一些，本节仅以热轧中厚板为例，对其热处理、精整和检查工序的质量控制进行较详细的讨论。其他轧制产品在这几道工序的质量控制方法基本相近。

7.2.1 中厚板热处理工序检验与质量控制

7.2.1.1 退火工序检验与质量控制

中厚板退火分为坯料退火、中间退火和成品退火。

铝合金退火工序检验与质量控制要点：

（1）按生产卡片对照退火板材的合金、规格、批号、数量进行核对，防止有误。

（2）对不同合金板材，须按其相应的退火制度进行退火。

（3）冷炉应进行预热，预热定温应与板材退火第一次定温相同，达到定温后保持30min再装炉。

（4）热处理炉温控系统误差：盐浴炉不超过±2℃，退火炉不超过±5℃，空炉时不超过15℃。

（5）按批组织装炉，装炉量及装炉方式应符合不同退火炉相应工艺规程的要求。

（6）退火过程中，按时对炉子的定温、改定温及加热时间进行检验，发现异常，及时处理。

（7）高镁铝合金退火后，必须及时出炉冷却。

（8）退火时炉内料垛的高度差不大于200mm，料垛高最大不超过700mm。对于不同热处理制度的板材，不能同炉退火；同垛板材长宽不一致，不可同炉退火。凡退火板材，当温度达到200℃时，须进行排烟，每次排烟时间需10min以上。退火保温阶段均停电不停风。

（9）箱式退火炉的最大装炉量为8t。

（10）可热处理强化的铝合金板材经中间退火出炉后，须立即盖好石棉布，不得裸露。

（11）装炉退火时要检验试样情况，试样应与板材一致，如无试样或试样与板材不符，不能进行退火。

（12）有晶粒度要求的板材须在盐浴炉内退火。

（13）除盐浴炉外，其他退火炉在退火过程中因故停电时，对于中间退火板材，补足退火时间；半硬状态板材，如停电不超过1h，可送电继续按照制度加热；停电超过1h，需将板材出炉冷却到室温后重新装炉退火。

7.2.1.2 淬火工序检验与质量控制

铝合金板材淬火是为了得到过饱和固溶体，为以后的时效强化创造必要的条件。

淬火工序检验与质量控制要点：

（1）盐浴炉温控系统误差不超过±2℃。

（2）盐液液面高度应比板材的上边高出150mm，加热器露出液面的高度不超过350mm。

（3）换合金、改定温或补充硝盐时，盐液达到定温后须保持30min以上，经测温符合要求后再生产。按时检查炉子的定温、改定温及加热时间。

（4）按淬火工艺要求，按时检验盐浴炉定温及加热时间，发现异常应及时处理。

（5）盐浴炉淬火须按批按合金组织生产。不同合金或同一合金但包铝层厚度不同时，不可装在同一炉内淬火。

（6）镁合金及镁含量高的高镁铝合金严禁在盐浴炉中进行热处理。

（7）淬火变断面及冷作硬化等板材时，须使油膜在炉外面燃烧完再加入炉内。

（8）带水的板材绝对不许加入炉内。淬火板材不能靠在加热元件上。板材入炉后，须做好有关记录。炉子达到定温时开始计算保温时间。

(9) 保证淬火转移时间：高锌铝合金淬火转移时间不超过 25s，其他合金不超过 30s。

(10) 凡经酸碱洗的板材，酸碱洗时都要上下提升 3 ~5 次，每次碱洗时间 2 ~5min，以板材表面清洁、颜色均一为准。

(11) 对中厚板材，允许重复淬火一次。

(12) 凡需碱洗的板材，每个夹持器必须夹单片。淬火后的 2A12 和 7A09 合金淬火蒙皮板及变断面板必须碱洗。

7.2.1.3 时效工序检验与质量控制

时效是铝合金板材热处理的重要阶段之一。它是把淬火后的铝合金板材置于某一温度保持一定时间，使过饱和固溶体发生分解，从而使合金的强度和硬度大幅度提高。时效分为人工时效和自然时效。人工时效的效果主要取决于时效温度和保温时间。

铝合金时效工序检验与质量控制要点：

(1) 时效炉测温系统匹配误差不超过 ±3℃，空炉温差不高于 10℃。

(2) 时效炉应预热到炉子的第一次定温温度保持 30min 后装炉，连续生产可不预热。

(3) 装炉前，认真核对时效板材的合金、规格、批号、数量及试样数量，同一批板材，不得分炉时效。按时检验炉子的定温、改定温及加热时间，发现异常应及时处理。

(4) 需要时效的板材，应整齐地放在底盘上，叠放高度不超过规定，板材间要垫上干燥无灰尘的硬纸板。

(5) 按不同合金相对应的时效制度，检验其加热温度和保温时间。

(6) 生产中对人工时效须注意控制从淬火到时效之间的停放时间，因为超过允许的停放时间对合金的强化效果有影响。

(7) 时效完的板材垛应有明显标记，避免与非时效板材混淆。

7.2.2 中厚板精整工序检验与质量控制

精整是指板材经过压力加工或热处理后进行宽度/长度方向的定

尺剪切并消除波浪，从而得到几何尺寸、不平度和表面质量符合标准的板材之前的清理工作。中厚板材精整工序包括剪切工序、辊式矫直工序、压光矫直工序和预拉伸矫直工序。

7.2.2.1 中厚板锯切、剪切工序检验与质量控制

以块片供货的铝合金板材，矫直精整前主要是在锯床（剪切机）上锯（剪）切成成品定尺宽度/长度。

A 锯切工序的检验与质量控制

锯切工序的检验与质量控制应注意以下事项：

（1）板材温度为室温锯切。

（2）垛料前，查看工序记录，对存在的不合格品，应在垛片时挑出，必要时，通知技术部门处理。

（3）垛料时，应及时清除板面上的铝屑，避免产生铝屑印痕。应在每张板片上写上顺序号，并在侧边画上锯切标线，检查并保证钳口和缺陷部位被切除。

（4）成垛锯切时，应使用专用卡具卡紧，防止板片窜动。锯切淬火拉伸板时，应对称切掉钳口附近的死区（每侧锯切掉钳口外200mm以上）。

（5）锯切时检查定尺并确认无误方可锯切。锯切速度可根据合金、厚度适当选择，一般为0.5～1.0m/min。

（6）因板片边部缺陷在淬火/拉伸前需先切边的板材，在宽度余量允许的情况下，应留出二次锯切余量。

（7）检查板材锯切后的实物尺寸和外观质量，应符合板材质量标准的规定，在料垛的端面注明合金、批号和板顺序号范围。

（8）铝屑刮板机导路应畅通，除铝屑以外，不准存放其他物料。生产时应及时清除废铝屑。

（9）锯切时，应适当控制锯切进给量，确保锯切端面光滑、无毛刺，锯切刀痕不超过0.5mm。

（10）锯片粘铝、掉齿或出现其他问题时，必须停机，及时处理，保证锯床处于良好的工作状态。

B 剪切工序的检验与质量控制

剪切工序的检验与质量控制应注意以下事项：

（1）按成品板材长度尺寸调整好双列剪距离和挡尺位置，并固定牢靠。

（2）在板材的规定位置处做好剪切工序的相应标记并保持板面洁净。

（3）禁止两张板材重叠剪切，检测板材的剪切长度是否满足产品标准的规定。

（4）根据板材厚度规格变化，准确调整剪刃间隙，使剪切后的板材无毛刺。板材剪切后不能有折角、挡板磕边等，并保证下表面不能有划伤。

（5）经盐浴炉淬火和退火的板材、二重轧机加工的板材、出口板材及特殊用途的板材须两端切头；箱式炉退火板材及其他板材可只用单剪在板材不齐的一端切取试样。

（6）按工艺规程要求及时清理废料头，防止混料。

（7）注意板材剪切时上、下剪切机的运行情况，防止板材出现磕、碰、擦、划伤质量问题。

（8）根据板材厚度，调整剪刃间隙，防止剪切撕裂，避免切口上出现毛刺。

（9）检测剪切后板材长度，短尺板材的数量及表面质量状况应符合产品标准的规定。

（10）经压光机、二重轧机加工及盐浴炉淬火的板材须两端切头，其余一端切头即可。切斜度不超过板材长度偏差范围。板材边部的毛刺用刮刀刮除。

（11）7A04、7A09 合金板材人工时效时，淬火/矫直后先在剪切机上检验一次，在板材间垫干燥硬纸板以备人工时效。按产品标准要求，定量切取试样，编号与同批板材标记一致并同炉时效。

（12）2A14、2A16 合金等人工时效板材，人工时效后从板材上直接切取试样。

（13）尺寸要求精确、边部要求规整、对角线要求严格的厚板或厚度大于 40mm 的厚板可在龙门锯床锯切。

（14）检验剪切板材的印记，其位置须在距一端边部 15mm 以内。军品须 100% 打印记，民品每垛的上下三张打上印记即可。放置板材的底盘宽度需比板材宽100～200mm，防止在吊运过程中板材被钢丝绳勒伤。

7.2.2.2 中厚板辊式矫直工序检验与质量控制

采用多辊矫直机矫直板材的过程是使板材通过反复弯曲作用产生一种弯曲弹塑性变形，减少板材内部残余应力，消除板材的波浪和不平度。

中厚板辊式矫直工序检验与质量控制要点：

（1）矫直前，应按生产卡片核对待矫直板材的合金、状态、规格、批号和数量符合要求后再矫直。

（2）矫直时要求运输皮带、矫直辊表面洁净、无异物。

（3）板材进入矫直机前，用压缩空气吹净表面上的金属屑、灰尘和脏物。淬火后板片矫直时须吹掉板材表面上的残留水，精矫前板材表面不能有浮油。

（4）工作前要将上下辊调平，沿辊身长度方向倾斜度小于1.0mm，再将上辊调整一定角度，使进口间隙小于出口间隙，出口间隙大于板材的实际厚度，进口处的间隙应小于板材的实际厚度，矫直机的压下量根据板材的实际厚度进行调整。

（5）板材有折角折边须修平后矫直。板材在矫直过程中不允许重叠、搭头，更不允许重叠搭头的板材进入矫直机。进入矫直机的板材应对准矫直辊的中心。

（6）逐张检验矫直后板材波浪的消除情况，同时检验板材上下表面的质量，如划伤、印痕、粘铝等。矫直后板材的质量须达到产品标准要求。

（7）矫直时矫直机不允许漏油，矫直辊表面不允许掉铬。

（8）2A11T4、2A12T4合金板材须在淬火后4h内矫直完，2A06T6、2A16T6、7A04T6、7A09T6合金板材须在淬火后6h内矫直完。需要人工时效的板材在板片间应垫上硬纸板，时效后进行二次检验。

（9）随时检验矫直辊表面状态情况，及时清除辊面上出现的粘铝及其他影响板材表面质量的有害物。注意观察矫直的质量动态，防止运输、导路及传动部位可能造成的擦划伤。机组内产生的质量问题，在机组内消除。

7.2.2.3 中厚板压光矫直工序检验与质量控制

淬火后的板材常出现很大的波浪，欲使板材表面光亮平直，消除边部弯曲和波浪，一般均利用压光机进行平整矫直。

中厚板压光矫直工序检验与质量控制要点：

(1) 保持运输皮带表面洁净无异物，保证压光辊表面质量符合要求。

(2) 待压光的板材，应表面光洁，每淬火炉次的首片须检测厚度，中间抽测，以保证板材的厚度。

(3) 每张板材可压光3~7个道次，总压下量不得超过2%。

(4) 检验板材的外观质量，防止折角或重叠的板片通过压光机。板材送入压光机时一定要对准辊中心；变断面板材压光时，要选择好轧制速度，防止改变压光前的板材楔形度。

(5) 淬火后须冷作硬化的板材，压光后板材间需垫白纸。

(6) 盐浴炉热处理的板材，凡需压光机压光的，均须清除板材上的水。生产中要特别注意检查压光辊的表面及板材表面的变化，发现问题应及时处理。

(7) 淬火板材必须在30min内压光完。

7.2.2.4 中厚板预拉伸工序检验与质量控制

生产中，当板材的波浪和残余应力太大，用辊式矫直机无法矫直时，可采用拉伸矫直机进行拉伸矫直。拉伸矫直是通过对板材的两端给予一定的拉力，使板材产生一定的塑性变形。拉伸量应在2%左右。拉伸变形量过大易产生滑移线，而且有可能使板材内部产生新的变形应力，也可能发生断裂。

铝合金中厚板预拉伸检验与质量控制要点：

(1) 板材应按批拉伸，板材的标记须清楚、完整，并与生产卡片一致。

(2) 放置拉伸板材的底垫盘不平度不大于30mm。

(3) 检验使用的量具应符合要求，并在有效检定期内。

(4) 为了准确控制和测量拉伸量，预拉伸前，要在板材上画好测量线。

（5）拉伸后，要分别在不同标记位置上标出实测拉伸量及有关标记，同时检验板材的纵/横向不平度。

（6）测量板材拉伸前/后的厚度，准确控制拉伸量，防止板材拉伸后尺寸超差。板材厚度不大于25mm时，应辊矫后再拉伸。

（7）板材边部有裂边时，要经锯床锯边后拉伸，锯边宽度公差按+10mm控制。

（8）拉伸上片要对准中心线，板材伸入拉伸机两端钳口长度要控制均匀。板材的实际拉伸量一般控制在（2.0±0.5）%，局部区域不大于3%。

（9）仪表指示的拉伸量应比实际控制的拉伸量多拉伸0.5%～0.8%，并根据淬火出炉到拉伸的时间间隔，在此范围内增加或减少拉伸量。

（10）淬火后硬合金间隔时间不得超过4h，超硬合金不得超过6h，超过时间的板材不许拉伸，但允许重新淬火后再拉伸。

（11）板材所需的拉伸量只能一次拉成，不允许二次拉伸。

（12）对需进行人工时效的板材，拉伸后板材间需垫上硬纸板，同时要整齐地垛放在平直的底垫盘上。

（13）拉伸后成品板材的表面质量、几何尺寸须符合相应产品标准要求，并做好产品标记。

7.2.3 中厚板材成品验收工序检验与质量控制

成品检验是板材生产的关键工序。根据板材产品标准要求，须对板材的表面质量、几何尺寸进行检验，确保出厂板材表面质量及几何尺寸质量满足用户要求。

7.2.3.1 中厚板材成品验收工序检验的一般规定

一般规定是：

（1）成品检验依据是产品标准、工艺操作规程及检查验收规程等。

（2）全面核对生产卡片上各项要求是否符合相应产品标准规定。

（3）核对板材、金属牌、生产卡片三者须一致，每批板材须全部剪切完后再检验。

（4）凡报废的板材均应写上废品号，标明缺陷位置。

（5）废品的划分以生产流程中产生废品的先后为依据。

（6）一批板材存在军品、民品合检时，按先高级后结构、先军品后民品的原则检验。

（7）板材的长度尺寸除检查员对每批首/尾件检查、中间抽查外，主要靠摞片人员将板片摞齐，发现长短尺应及时通知剪切工和检查员处理。

（8）经盐浴炉热处理、花纹板及出口板等板材，必须切两端，其余可切一端。

（9）板材的标记需正确、清楚，即合金牌号、状态、厚度、批号、顺序号及检印等依次排列。

（10）产品标记位置距短边角不得大于25mm。

（11）经盐浴炉淬火及退火的板材，到检查台时不准有水。

（12）检验人工时效板材时，对板垛中间插热电偶的废板材，应用蜡笔写上“废片”字样，包装时挑出。

（13）放成品的底垫盘一定先放一张废板材并铺纸。成品最上面也要铺纸并放一张废板材。一个底垫盘放两批或两批以上成品时，批与批之间要铺纸并放有带正确标志的金属牌。

（14）成品板材，不允许大规格板材放在小规格板材上，也不允许底垫盘的长和宽小于板材的长和宽，以避免吊运时钢丝绳勒伤板材。

（15）对无性能检验要求的产品（由工艺保证），由成品验收检查员检验签字后即可在生产卡片上注明“可以包装”字样。

（16）在软/硬片机列上片处不得任意扔掉板材。如有明显大批废品时，必须经检查人员逐张检验，并记好废品号及废品量。同时应在生产卡片上注明机列通过的张数。

（17）凡不做力学性能及其他试验项目的板材，检验后须在生产卡片内注明“可以包装”字样并签字转包装。

（18）凡是需要在检查台上进行两面检验的板材，在翻过来检验另一面时，检查台小轮必须落下后再检验。

（19）所有板材，不论产品标准和生产卡片是否有要求，都必须按正常工艺流程进行生产，不得简化工艺。如产品标准对波浪没有要求时，也必须按正常工艺矫直，不得简化。

（20）对全批报废、过烧、混料等质量事故，必须按规定由检查员填写质量事故报告。

7.2.3.2 中厚板材尺寸检验

板材尺寸检验应执行每批首/尾件必检，中间抽检，在偏差边缘勤检的原则。

板材尺寸检验包括板材厚度、长度、宽度、不平度、侧面弯曲及对角线长度差的检验。

A 厚度的检验

用精度为0.01mm的千分尺（或相同精度的测量工具）进行测量。板材的厚度应在长边距板角不小于115mm，距板材边缘不小于25mm的范围内进行测量。

B 长度、宽度的检验

用精度为1mm的钢卷尺或相应精度的工具测量。检验板材长度时，卷尺须和板材宽度方向垂直。检验板材宽度时，卷尺须和板材长度方向垂直。

C 不平度的检验

将板材自由置于平台上，待其平衡稳定时，测量板与平台的最大间隙，即不平度值。当一张板片同时存在几个波浪时，应测量其中最大的一个。边缘波浪可用塞尺进行测量。板材不平度仲裁检测宜用测波仪进行。

D 侧边弯曲度的检验

沿板材侧边头、尾两端点之间拉一直线，再用直尺（或三角尺）测量板材侧边到直线之间的最大垂直距离。

E 对角线偏差的检验

用精度为1mm的钢卷尺测量对角线的差值。检验板材对角线长度差时，用卷尺测量板材两条对角线的长度，两长度之差即为对角线长度差。

F 尺寸测量

尺寸测量值不允许修约，板材尺寸偏差不合格时，判该板材不合格，其余板材逐张检验，合格者交货。

7.2.3.3 表面质量检验与质量控制

A 板材表面质量检验的一般规定

一般规定是：

（1）成品板材表面应光洁，板材的表面不允许有硝盐痕、裂纹、裂边、腐蚀、折角、磕边、穿通气孔、起皮、毛刺、扩散斑点等缺陷。

（2）板材表面允许有压过划痕、擦伤、划伤、粘伤、印痕、松枝状花纹、金属及非金属压入物、矫直辊印、油污、乳液痕、色差、顺压延方向的暗条、油痕等轻微缺陷。

（3）铝合金板材表面缺陷深度不允许超出板材厚度的允许负偏差之半，并不应使板材的厚度偏差超出允许范围，纯铝、热轧板材表面缺陷深度不应超出板材厚度的允许负偏差值，并不应使板材的厚度偏差超出允许范围。

（4）板材表面缺陷允许用400号砂纸进行检验性修磨，其修磨深度不应超出板材厚度允许负偏差值，并不应使板材的厚度偏差超出允许范围。

B 中厚板表面检验质量控制

控制要点：

（1）“H112”状态的成品厚板，当热轧到成品道次后在辊道上停留时，即可检验其上表面。剪切后摞片前抽查检验下表面，对从辊道上直接吊下的厚板应在安全架下检验下表面。

（2）检验剪切机剪切及在龙门锯床上锯切后的厚板时，检查人员应有分工。主检负责检验上表面，副检负责检验下表面。

（3）板材边部有缺陷但符合短尺条件的，按标准规定短尺条件处理。

（4）花纹板只检验花纹面，无花纹面不检验。

（5）按GB/T3880产品标准检验的板材及按GBn167、GBn168、GBn169和GBn170检验的纯铝板材，可在检查台上检验一面，再翻到检查台侧面检验另一面。

（6）按GBn167、GBn169产品标准，试制标准检验的板材及按GBn168、GBn170检验的合金板材，应在检查台上两面检验。在生产过程中，对板材表面有特殊要求的及上述检验方法没包括的可按具体签署意见检验。

（7）对于划伤、擦伤、揉擦伤，各种厚度的板材上均允许有个别的、深度不超过包铝层厚度的小划伤和划痕。高级板的划伤、划道深度正面不得超过0.02mm，反面不得超过0.06mm；结构板任何一面都不得超过0.06mm。

（8）涂漆蒙皮板。涂漆蒙皮板的表面质量可按结构板检验，不平度和折伤按蒙皮板检验。

（9）对于各种合金板材表面允许存在的伤痕深度，根据产品的相应标准，按负偏差或负偏差之半控制，并保证板材最小厚度。

（10）变断面板材。此种板材沿轧制方向每米的平均楔形度为0.42mm/m，检验时应沿长边方向每隔1m测量一次厚度。

（11）成品检验要百分之百做记录。

（12）表面质量不合格时，判该张板材不合格。

7.2.4 中厚板材组织性能检验取样规定与审查处理

为了检验成品板材力学性能、内部组织、工艺性能等，须对生产的每批板材按产品标准和工艺规定的项目切取一定数量的试样进行试验，以确保板材质量符合产品标准，满足用户的使用要求。

7.2.4.1 中厚板材取样的一般规定

一般规定是：

（1）取样项目按相应产品标准及工艺要求切取。

（2）试样毛坯表面避免有擦伤、划伤、压过划痕、分层、气泡、硝盐痕和腐蚀等缺陷。

（3）淬火板材，按批（热处理炉）次取高倍试样。标准或工艺有特殊要求的，按其具体要求切取高倍试样。检验显微组织出现过烧时，该批（热处理炉）次板材报废，不允许重取高倍试样复验。

（4）对于3A21、2A14等合金厚板，需按工艺规程要求切取低倍试样。

（5）杜绝切取、拒绝检验无代表性试样。

7.2.4.2 高倍组织（显微组织）

一般规定是：

（1）取样部位：在板材两端切取。

（2）高倍试样数量：2A12、2A14、2024、2014合金淬火板长度不超过4500mm的，按每炉10%取显微组织试样，检查过烧，试样不少于2个；长度超过4500mm的100%取显微组织试样检查过烧。按技术标准规定，板材厚度小于40mm的，高倍数量为10%（热处理每炉），板材厚度不小于40mm的，高倍数量为100%（热处理每炉）。试样规格为30mm×30mm。

（3）审查处理：高倍组织检验报告单上，如发现过烧，产品能区分热处理炉次的判该炉次不合格，不能区分炉次的判该批不合格。未过烧则视为合格，可发货。

7.2.4.3 低倍组织

一般规定是：

（1）取样部位：热轧尾部将每块料板头、尾各切取一条试样，做低倍检查分层。取样方法，在板材横向切取宽30.0～35.0mm板条，板片宽1000～1200mm的截成3段，宽1500mm的截成4段。一般在板材的头尾部位切取。

（2）取样数量：按投入的铸块数量取样，要求每个铸块的板材头尾100%取样。

（3）审查与处理：

1）如果低倍检查报告为合格，则判断制品为合格交货。

2）如果低倍检查报告为不合格，则从余下板片取双倍数量进行检查，双倍合格则认为该批合格；如双倍不合格，则板材100%取样检查低倍，合格者交货，不合格者作废。

7.2.4.4 力学性能

一般规定是：

（1）取样位置：试样在垂直于板片轧制方向（横向）上切取，先从板片侧边纵向切掉40～60mm后再切试样。力学性能试样一般在板材的端部横向切取。

（2）取样数量及规格：取样的数量应符合技术标准或合同规定，试样的规格应满足检验标准的规定。

（3）审查与处理：力学性能试验后制品是否合格，应根据技术标准、合同要求来判断，出现不合格试样时，允许进行以下处理：

1）当力学性能试验结果不合格时，应从不合格试样的板材上重取双倍数量的试样进行重复试验。如复验后仍有一个试样不合格时，该张板材应予报废，这时应对不合格试样所代表的板材区间逐张进行检验，合格者交货，不合格者作废。

2）允许对板材进行重复热处理，重新取样检验。

3）力学性能试样上发现有成层、夹渣、裂纹等缺陷时，按试样有缺陷处理，则该试样板材报废，另取同等数量的试样进行检验。因试样缺陷或拉伸断头等造成不合格的，应按原号重取。

4）力学性能试样断头时，如性能合格，可以不重取，如不合格，应重取试样进行检验，合格者交货。

7.2.4.5 工艺性能

按技术标准、合同要求进行取样、检验、审查与处理，具体方法与力学性能处理方法相同。

7.2.5 中厚板板材成品检查程序

中厚板材成品检查主要包括板材化学成分、组织、性能、尺寸和形状、表面及标识等项目，按批进行检查验收，检查程序如下：

(1) 对提交检查验收板材的批号、合金、状态、规格与加工生产卡片的对照是否相符，然后按合同规定的技术标准进行逐项检查。

(2) 审查组织、性能等各项理化检查报告是否齐全、清楚、逐项审查，对不合格项要进行处理。

(3) 进行尺寸外形及表面质量检查，检查质量标准要严格执行成品技术标准的相应规定。检查应在专门的检查平台上，用量具或专用样板进行，其量具精度应达到规定精度，尺寸外形检查按相应技术标准来检查厚度、宽度、长度、不平度、侧边弯曲度、对角线偏差等。

表面质量检查，目前绝大部分制品仍靠目视进行100%检查，其检查项目主要是板材的硝盐痕、裂纹、裂边、腐蚀、折角、磕边、穿通气孔、起皮、毛刺、扩散斑点、压过划痕、擦伤、划伤、粘伤、印痕、松枝状花纹、金属及非金属压入物、矫直辊印、油污、乳液痕、色差、顺压延方向的暗条、油痕等缺陷。

8 其他铝合金加工材料的缺陷分析与质量控制举例

铝合金加工材料的种类很多，如轧制加工材、挤压加工材、锻造加工材、粉材、复合材料、粉末冶金产品等。但轧制材和挤压材及锻压材占整个加工材料总数的95%以上。前面有关章节已做了详细介绍。深加工材的种类也很多，如表面处理材、接合材和冷加工材等。但绝大多数深加工产品都要经过表面处理。因此，本章仅举铝及铝基合金粉材和铝合金表面处理材为例，来讨论其他铝合金加工材的缺陷分析与质量控制。

8.1 铝及铝基合金粉材的主要缺陷及质量控制

8.1.1 铝及铝基合金粉材的生产工艺流程

A 喷铝粉生产工艺流程（FLP、FLG）

铝锭 → 熔炼 → 喷粉 → 沉降器 → 活底漏斗 → 地中衡 → 电梯 → 料仓 → 摆式给料机 → 双层振动筛 → 装桶过磅 → 取样检查 → 入库交货

B 球磨铝粉生产工艺流程（FLX、FL11）

a 流程一

毛料 → 电梯 → 过磅 → 料仓 → 圆盘式给料机 → 通风机 → 球磨机 → 旋风分离器 → 集尘器 → 装桶过磅 → 取样检查 → 入库交货

b 流程二

毛料 → 电梯 → 过磅 → 料仓 → 圆盘式给料机 → 通风机 → 球磨机 → 旋风分离器 → 集尘器 → 中间产品罐 → 电梯 → 料架 → 抛光机 → 装桶过磅 → 取样检查 → 入库交货

C 铝镁粉材生产工艺流程（FM）

吊车 → 平台 → 手破碎 → 料仓 → 锤式破碎机 → 活底漏斗 → 电梯 → 球磨料仓 → 圆盘式给料机 → 鼓风机 → 球磨机 → 旋风分离器 → 集尘器 → 筛分料仓 → 给料机 → 双层振动筛 → 中间产品罐 → U 形搅拌机 → 装桶过磅 → 取样检查 → 入库

8.1.2 粉材废品（缺陷）分类及产生原因与控制方法

8.1.2.1 外观缺陷

A 异类杂质

异类杂质是粉体在制备或处理过程中，落入粉体中的外来异物，如树叶、草末、木屑或毛发等杂物。产生异类杂质的主要原因有：

（1）生产系统内异物脱落；

（2）成品桶上盖时外来异物落入；

（3）贮运不当，异物落入成品桶中。

B 结团

结团也叫结块，它是指粉体在贮存或运输中由于包装物气密性不良或管理不当粉体沾湿或受潮所造成的板结或团聚现象。通常铝粉结团的原因主要有：

（1）包装物气密性不良，粉体吸潮；

（2）包装物潮湿盛入粉体，如包装桶内有雨水或湿气；

（3）贮运不当，如阴雨天不关闭库房的门窗，梅雨季不注意库房的通风，库房漏雨，没有适当的防范措施，雨雪天运输车辆无棚等。

8.1.2.2 物理缺陷

A 粒度超标

粒度超标主要是指粉体的粒度分布或平均粒径不符合产品标准或客户的要求。通常，粒度超标主要是由分级不当造成的。

（1）筛分分级不当造成粒度超标的主要原因有：筛网破损；工作筛与检查筛网孔尺寸误差过大；操作不当，如配网不合理、给料不均或筛子倾角不当等。

（2）气流分级不当造成粒度超标的主要原因有：分离器或集尘器因磨损泄漏；磨机或分离器出、入口堵料；给料不均或主分阀门突然大幅度地开闭；分离器挡板（叶片）或调整杆调整不当；混料操作不当。

粒度超标的主要特征是粒度不均、分散度过大或是粒度出现多峰分布。粒度缺陷主要通过筛分析或各种粒度分布测试仪来检测。防止方法应针对某一具体原因采取相应的措施。通常，由筛分分级造成的粒度超标可采用过筛的方法来解决；而由气流分级造成的粒度超标可采用混均的方法来解决。

B　松装密度（ρ_b）偏低

松装密度缺陷主要是指松装密度低于标准的规定值。因为松装密度不单是粒度特性的函数，而且与制备方法及工艺条件有直接关系，因此易燃铝粉（FLP）与易燃细铝粉（FLX）松装密度超标的原因也各不相同。

（1）FLPρ_b 超标的原因。FLP 是典型的雾化铝粉，决定其 ρ_b 值高低的主要因素是粒度形状，球形度越好，其 ρ_b 值越高。因此，当喷粉温度低于700℃时，易产生纺锤状的颗粒，故其 ρ_b 值偏低。解决的方法是适当提高喷粉温度，使之凝固速度降低，以增加雾滴表面张力作用的时间，使球形度增加。通常喷粉温度以750～780℃为宜。

（2）FLXρ_b 超标的原因。FLX 是典型的球磨铝粉，其颗粒形状为鳞片状。该产品 ρ_b 值的高低主要取决于颗粒的大小和径厚比，颗粒越大，径厚比越小，其 ρ_b 值越高，反之则越低。因此，造成FLXρ_b 偏低的主要原因有：毛料粒度粗，磨细比增大，研磨时间延长，从而径厚比增大，ρ_b 则偏低；系统堵料，干研磨不出料，导致颗粒变细，径厚比增大，松紧密度偏低；主阀门开度小，物料循环速度降低，故滞留于球磨中的时间延长，导致粒度细、径厚比大，故 ρ_b 值偏低。

解决 FLXρ_b 超标的最好方法是降低磨细比或者是增大物料在系统中循环的速度。

C　附着率低

附着率也称漂浮百分率。它是表征（浮型）涂料铝粉漂浮性的一个重要的工艺性能指标。这一指标的高或低，在某种程度上反映了其质量的优劣。实际上，涂料铝粉的漂浮现象是球磨工艺中所加入的硬脂酸造成的。通常，在球磨铝粉时，为了保证研磨，需要加入一种既有分散润滑作用，又有助磨功能的表面活性剂，硬脂酸正是具有这种双重功能的表面活性物质。在球磨机中，由于研磨体的机械力和化学作用，在铝粉颗粒的表面上可以生成一层薄薄的硬脂酸铝包覆膜，电镜下观察其膜厚约为0.5nm。正是这种近似于单分子层排列的硬脂酸铝覆膜造成涂料铝粉的漂浮特性。实质上附着率是一个与研磨状态、粒度特性、油脂的质量以及测试条件和测试方法都有关的、复杂的多值函数。因此其影响因素很多，也很复杂，但从工艺上考虑主要有：

（1）油脂的质量。油脂（硬脂酸）是造成其浮性的根本原因，故油脂的质与量是造成附着率低的首要原因。实践表明，油脂采用以动物油和植物油为原料制造的低碘值硬脂酸比用石油化工产品合成的高碘值硬脂酸效果好；油脂的加入量以3.2% ~3.5%为宜。

（2）粒度形状。粒度形状以鳞片状或花瓣状为理想，径厚比越大，附着率越高。

（3）粒度大小。粒度大小和附着率成反比，粒度越细，附着率值越高。通常，涂料铝粉的粒径不应超过80μm，否则附着率要降低。

（4）毛料粒度。毛料粒度影响研磨状态和研磨时间。实践表明，毛料以200 ~2500μm级别的雾化铝粉为好，最好选用500 ~2500μm级别的毛料，否则附着率会降低。

（5）恒定料量。恒定料量是系统状态稳定的根本保证。它是各工艺参数都达到较理想状态的体现。也是操纵者能力的体现，通常系统料量应控制在（500 ±50）kg范围内，否则附着率会降低。

除了以上工艺因素外，测试条件和测试方法对附着率都有较大的影响，但这种影响可以通过改变条件和方法得以消除，而工艺因素造成的附着率降低，浮性恶化，通常是无法处理的。

D　盖水面积超标

盖水面积也称水面覆盖率，它是评估浮型鳞片状铝粉表面积最简单、最直接的方法。因此，盖水面积主要是粒度特征的函数，它和附着率指标相关。粉体的粒度越小，径厚比越大，盖水面积越大。凡是影响附着率、恶化浮性的因素大都影响盖水面积。应针对产生的原因加以解决。

8.1.2.3 化学缺陷

化学缺陷主要指铝粉的化学成分超标或超出客户要求的成分范围。通常化学缺陷主要有活性金属超标和杂质超标两大类。

A 活性金属超标

活性金属超标是指粉体中主要金属或合金的活性值低于标准值。活性金属指的是没有与氧化合的纯金属或合金。通常导致铝粉活性超标的主要原因有：

（1）原料的品位低；

（2）温度过高；

（3）过粉碎或过磨；

（4）湿度过高。

B 杂质超标

杂质是指粉体在制备或处理过程中，难以去除、对粉体的工艺性能或使用性能有害的微量元素或化合物。通常，铝粉的杂质主要有铁、硅、铜、锌、锰和氯等。

（1）铁和硅。铁和硅是铝粉中最常见、最难以控制的杂质。

（2）铜、锌与锰。铜、锌、锰也是铝粉中较常见的金属杂质，除了锰可通过衬板的磨损进入粉体外，其余主要来自于原料。

（3）氯元素。氯元素是铝-镁合金粉中最常见、最易超标且危害最大的元素。

C 杂质的危害及其预防

a 铁和硅的危害及其预防

铁和硅可以大大地降低铝粉的活性和抗蚀性；影响其燃烧和热稳定性。防止铁和硅对产品的危害，可以采取以下措施：

（1）对于熔炼和铸造工艺，铁制工具或坩埚应涂刷耐火涂料，以减少或防止铁的溶解。

（2）对于雾化工艺，电阻式反射炉炉体要采用高铝砖，以减少或防止耐火材料中铁或硅的氧化物被还原出铁或硅。

（3）研磨筒体或衬板可采用高耐磨合金的材质，以减少磨损，降低铁和锰的含量。

（4）卸料口要增设电磁除铁装置，以最大限度地降低铁的含量。

（5）要防止脏污的铝锭带沙石进入熔体，以降低硅的含量。

（6）采用适当的沉降剂，如锰、锆、硼和钛等化合物，在熔炼过程中使铁、硅、铜等杂质形成高熔点化合物沉淀使之除去。但这种方法应慎用，否则非但不能除去原有杂质，还会带入新的杂质。

b 铜、锌、锰的危害与预防

铜元素主要影响特细铝粉的稳定性，通常它和铁元素都对特细铝粉的燃速有催化作用，而铜元素的作用比铁元素的影响要更明显一些。锌元素在铝粉中有一定的吸湿性，尤其在有微量铜存在的条件下，其吸湿性会更强。锰元素主要会恶化铝粉涂料的颜色，哪怕只有微量的锰也会大大地影响铝粉颜料的光泽。这几种杂质元素通常都是非外来元素，唯有靠提高铝锭的品位来预防其超标。

c 氯离子的危害与预防

氯元素主要以离子态存在于铝-镁合金粉中。通常，它的存在会增加烟火剂的吸湿性，使其感度增大，甚至会造成燃烧或爆炸。通常氯离子主要是熔炼铸造时由熔剂带入的，故可采取以下措施预防：

（1）熔炼铝镁合金时在熔体不燃烧的条件下应尽量少撒熔剂，所加入熔剂的总量不应超过熔体的1%。

（2）精炼时温度不得低于750℃，搅拌时间不少于20min；静止时熔体温度不得低于700℃。

（3）静止时间应不少于60min，最好要保证在90min以上，浇注时要平稳缓慢，绝不允许浇注中撒熔剂粉阻燃。

（4）最好采用无氯熔炼工艺，如用六氟化硫与二氧化碳的混合气体熔炼。

d 其他杂质的危害

除上述一些主要杂质元素外，还有一些化合物杂质，如油脂和水等。油脂是为了分散和助磨而加入的，加入量过多会降低铝粉的活性。另外，油脂有阻燃和钝化作用，它能降低烟火剂的燃烧性能。水通常是贮存或使用过程中从环境中吸附的湿气，湿气过重会造成铝粉的严重氧化，降低其活性，恶化铝粉的颜色。

应根据这些杂质的来源，设法防止其进入铝粉中。

8.2　铝及铝基合金粉材的检查与质量控制

8.2.1　粉材的检查规则

（1）接到产品交货单，看其是否填写清楚。交货单上要求的项目与实物对照，符合技术标准要求可验收。

（2）产品必须成批提交，每批只能是一种牌号的产品，质量不可超过3000kg（钢粉不超过5000kg）。

（3）每批产品要分开放置，摆放整齐，商标向外，字迹端正、清楚。

（4）第一次验收粒度、假密度不合格，则退回工段处理。第二次提交由段长在交货单上签字，验收不合格时，再退回工段处理。第三次提交由车间主任签字，验收仍不合格时，该批产品为废品，按质量事故处理。

（5）验收不合格的产品，退回工段及时处理。不合乎要求的产品，混入好产品中提交，拒绝验收，并按质量事故处理。

（6）对异类杂质报废的产品，不允许和其他产品相混，应由白班处理，待合格后，可随本批产品交货。

（7）化学分析单回来后，要按标准逐项审核。把筛分析、假密度的数据填写在分析单上，经全面检查一切都符合要求后，在交货单盖上检印，通知工段向成品库交货。

注：特细粉的粒度，由工段逐桶取样，送化验室分析，合格的桶数编成批，提交检查员验收。

8.2.2　粉材取样规定

（1）每批产品，要逐桶进行外观检查，在保证产品质量的基础上，可以任意抽查数桶。

（2）用取样工具从桶中取出粉，放在试料盘内观看，也可用其他方法检查，如发现桶中有结团和异类杂质，则该批产品报废。

（3）经检查外观合格的桶数中，抽取10%以上的桶数（小批不少于两桶）进行取样，做筛分析，假密度、化学成分分析。

（4）取样方法，在保证产品质量的情况下，用取样工具在桶内任意取样。

（5）将所取的试样，在试料盘中采用圆锥法、象棋法或其他方法，以搅拌均匀为原则。如圆锥法搅拌是将取的粉反复进行搅拌两三次后，再用四分法分开，将相对的两份混在一起，一份供物理分析用，另一份供化学分析和仲裁分析用。圆锥法搅拌示意图见图8-1。

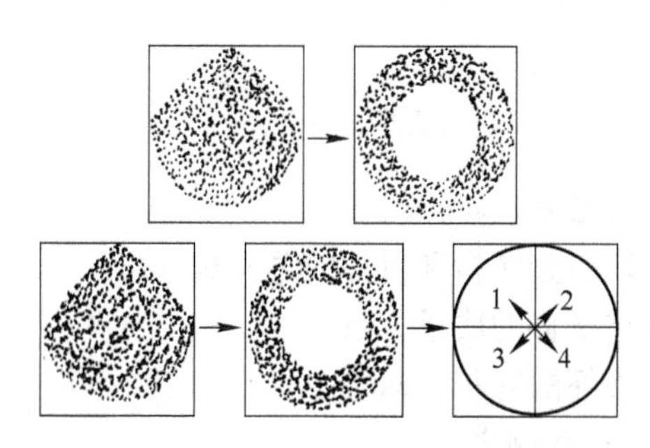

图8-1 圆锥法搅拌示意图

（6）取样总质量约在300g左右，但必须保证物理分析、化学分析和仲裁分析所用的试料量。

（7）当第一次化学分析不合格时，从该批中取加倍的试样，进行重复分析，第二次分析仍不合格时，则该批产品报废，按质量事故处理。

（8）送化验室试料，要按标准要求填写委托项目。

8.2.3 粉材检测内容与方法

8.2.3.1 假密度测定

假密度就是自由撒入单位容积内金属粉的质量（g/cm^3）。

A 铝粉FLP、AΠC的假密度测定

必须在标准的滑板式容积器上进行。将金属粉连续不断地、均匀自由地撒入固定在支架上边漏斗中，使粉经过2.5mm的筛孔，并沿着固定在容积器外壳上的斜板，落到量杯中，注满量杯的时间在40～

90s，然后用平板尺均匀地刮掉量杯上部多余的粉，在工业天平上称量，装有金属粉的量杯准确到0.01g。

B 铝粉FLX假密度的测定

在标准的酒杯式容积器上进行。将铝粉FLX一边撒入一边用软毛刷轻轻地刷动，使粉均匀不断地通过漏斗上0.5mm的筛网，落到量杯中去，落满量杯的时间为1~2min，然后用平板尺均匀地刮去量杯上多余的粉，在工业天平上称量，装有金属粉的量杯准确到0.01g。

C 假密度计算公式

$$YHB = \frac{G_1 - G}{V} \tag{8-1}$$

式中 YHB——假密度，g/cm³；

G_1——装有金属粉和量杯的总质量，g；

G——空量杯的质量，g；

V——量杯的容积，cm³。

8.2.3.2 筛分析测定

筛分析是用一定量的金属粉，通过一系列不同筛网依次筛分，得到各种粒度所占的百分比。

注：特细铝粉的检查、试验方法，按生产需要，逐步完善和补充。

（1）铝粉FLP、АПС、合金粉FLM的粒度检查均在71Б-ГР型振打仪上进行，按标准要求配好筛罗，在工业天平上称量50g，放到最上面的筛子上，盖好压盖，然后固紧。在振打仪上振打30min，拆下筛组，称量筛上物和筛下物，称量准确到0.01g。筛分损耗量不超过2%、筛上物不超过0.3%时，则认为筛净。塞在筛孔之间的粉用毛刷刷出，按筛上物处理。

（2）FLX、FLU粉的粒度检查，均采用风力分析，将所取的试样搅拌均匀后，用工业天平称量5gFLX粉，称量1gFLU粉，分别倒入按标准要求的筛罗上，用毛刷轻轻地刷动，借助风力将细粉通过筛网被抽出，直到看不见筛下物为止，称量筛上物，准确到0.005g。筛上物不超过0.3%时，认为筛净。

（3）筛分析计算公式：

$$R\text{或}D = \frac{R_1\text{或}D_1}{g} \times 100\% \tag{8-2}$$

式中 R_1——筛上物，g；

D_1——筛下物，g；

g——试料质量，g；

R——筛上物百分数，%；

D——筛下物百分数，%。

（4）FLU-4 粉的粒度较细，在 56μm 以下，必须用湿法分离，在分析天平上称量 1g 试料，预先将 0045 筛罗放在铝盘中，倒下适量酒精（20～25mL），用毛刷在筛面上轻轻地刷动，然后提起筛子，在搅匀情况下，让酒精和细粉流出，再倒入适量酒精重复进行。直到筛内粉末很少，将筛子擦干，放入烘箱中在 90～95℃下烘 10min，取出放入干燥器中冷却到室温，称量筛上物质量。其他网号也按上述方法进行，计算用上述筛分析公式。

8.2.3.3 盖水面积测定

盖水面积就是单位质量的粉，连续浮盖水的面积。

（1）必须在标准 500cm×200cm×100cm 长方体器皿中测定。

（2）用天平称量 0.05g 粉，精确到 0.005g，将粉撒入预先擦有石蜡的两块玻璃板中间水面上，用毛笔轻轻地搅均匀，边搅边移动玻璃板，粉均匀地覆盖在水面上，无堆起、漏孔、折痕和皱纹现象，用尺量其盖水的长度来计算面积。

（3）计算公式：

$$X = \frac{F}{g} \tag{8-3}$$

式中 X——盖水面积，cm^2/g；

F——测定面积，cm^2；

g——试料质量，g。

8.2.3.4 附着率的测定

（1）混合液的配制，称取 250g 库马隆树脂，装入盛有 1L 松节油的容器中，搅拌溶解，保持密闭，库马隆树脂可用研钵研碎。

（2）将抛光的金属铜片预先用松节油、酒精或汽油擦干，避免表面划伤和粘有油脂。

（3）称取1.5g试料，放在13mm×150mm试管中，加入10mL库马隆树脂和松节油混合液，用铝棒搅拌均匀，约1min，然后将金属片垂直插入试管中，以3～5cm/s的速度，由试管中提出，不能触动管壁，将金属片垂直地挂在支架上，金属片上涂有致密层的长度为L_1并测定金属片浸入混合液中的总长度L_0。

（4）计算公式：

$$附着率 = \frac{L_1}{L_0} \times 100\% \tag{8-4}$$

式中 L_1——金属片上涂有致密层长度，mm；

L_0——金属片插入混合液中的总长度，mm。

（5）粉材的包装和标志：

1）粉材应装在密封的金属桶内，桶盖盖严，用沥青密封好，质量不能超过规定。

2）金属桶应坚固而密封（用20～25kPa的压力检验）。铁制包装桶外表面应涂漆。

3）在每个桶上用快干漆注明：供方名称、产品牌号、批号、净重、毛重、技术条件和制造日期，并在桶上标明“易燃”、“防火”、“防潮”字样。

4）每个产品桶必须用规定的木箱进行包装。

5）每批产品应附有技术证明书。

6）粉材应贮存在严密、干燥的库房内保管。

7）粉材必须用棚车运输。

（6）产品入库检查方法：

1）产品须有入库通知单和化验单，要填写清楚，不可随意修改，并由检查员签字后，方可入库。

2）成品库检查员接到通知单和化验单后，要与实物相对照，逐项审核化验数据，若不符合时，当天向工段检查员提出，并通知成品库及时处理。

3）对入库的产品桶，发现有严重的变形、漏粉，要及时通知工段换新桶或退回工段，并及时更改交货单的数量，否则下批产品不准入库。

4）发现有漏粉的桶，成品库检查员要填写通知单，写明产品名称、牌号、批号、桶数并签字，通知工段检查员，经允许后，由生产段更换桶数。

5）入库的产品，要分批摆放，印迹向外，分批包装，发现有混批、混桶应及时查清，否则不能包装发货。

6）合格的产品桶，要用符合要求的沥青进行封桶，对浇注桶盖上的沥青宽度为20~25mm封严，不得有气泡和小孔。

7）包装用的木箱，不能用潮湿、裂纹和油多的木板制作或有向外突出的钉子，产品桶装入木箱后不能有窜动和撞击现象，应注明防火、防潮、易燃等标志。

8）对包装完的产品，经检查完全符合上述规定时，每批填写两份技术证明书并仔细地审核、盖章，记录在登记簿上。

（7）粉材成品包装桶检查方法

铝镁粉所用的包装桶，应进行密封性检查。

1）首先把U形压力计挂好，接好各胶管，开动空压机（风泵），使压力达到0.196~0.392MPa时，准备进行打压。

2）打压前首先检查桶表面，不应有腐蚀斑痕、穿通气孔、油污、水渍、严重碰伤及破坏氧化膜的擦、划伤，桶表面应清洁、干燥。

3）允许有用手感觉不到的擦、划伤，内表面5处，每处长度不超过100mm，外表面8处，每处长度不超过150mm。

4）金属桶的咬口处，涂上肥皂沫，把密封盖压紧，以1.96~2.45kPa的压力进行密封性检查，若发现漏气则为不合格。

5）经打压后，合格的或不合格的桶，要分开堆放，合格的要桶口向下，堆放整齐，搬运时要轻拿轻放，防止撞击变形。

8.3 铝及铝合金挤压材表面处理过程出现的缺陷分析与质量控制

8.3.1 机械磨光、抛光处理中常出现的缺陷及控制对策

由于磨（抛）光轮、磨（抛）光料和抛光剂等选择不当，尤其

是采用太大的抛光压力或磨触时间太长时，工件表面易留下暗色的斑纹，称为烧焦印。若浸入电解抛光液中取出观察，则更加清晰，显示出雾状乳白色的斑纹。这是由工件与抛光轮磨触时过热造成的。一旦发生，常采用下列办法解决：

（1）在稀碱溶液中进行轻微的碱蚀。

（2）用温和的酸浸蚀，如铬酸-硫酸溶液，或者质量分数为10%的硫酸溶液加温后使用。

（3）质量分数为3%的碳酸钠和2%的磷酸钠溶液，在40～50℃的温度下处理，时间为5min，缺陷严重的可延长至10～15min。

经上述清洗并干燥后，应立即用精抛轮或镜面抛光轮重新抛光。

为了避免出现此类缺陷，操作时应注意下列事项：

（1）选择合适的磨光轮或抛光轮。

（2）选择适宜的抛光机。

（3）适度掌握工件与抛光轮的接触时间，在简单机械上手工操作时，全凭操作者个人的经验。磨触时间以“秒”计，不可停留太长。在自动生产线上，要根据机器的类型、生产条件等因素进行计算，简单的可用下列公式计算：

$$\text{磨触时间(s)} = \frac{\text{轮面宽度(m)} \times 60}{\text{传送速度(m/min)}} \tag{8-5}$$

8.3.2 铝型材化学抛光与电化学抛光处理中常见缺陷及控制对策

8.3.2.1 化学抛光缺陷及对策

A 光亮度不足

其原因可以从特殊铝材的生产工艺和化学抛光工艺这两方面分析。建议采用铝纯度99.70%及其以上级别的铝锭，来生产特殊铝材；铝材加工工艺中质量控制是为化学抛光得到高光亮度表面奠定基础，例如铝-镁合金5605（Al99.98Mg1）是用纯度为99.99%精铝锭生产的。化学抛光后，具有很高的光亮度。槽液控制中硝酸含量不足，会使表面光亮度不足，其表面可能过多地附着一层铜；硝酸含量太高，铝材表面形成彩虹膜，会使表面模糊或不透明，还引起光亮度不足；化学抛光时间不足，温度不够，搅拌不充分，槽液老化等也会使化学抛光表面光亮度不足。槽液的相对密度较大，铝材浮出抛光槽液的液面，致使上部铝材光亮度不足。水的影响造成光亮度不足，往往容易被忽视。最好用干燥的铝材进入化学抛光槽液，杜绝水分的带入。

B 白色附着物

该缺陷的形貌为化学抛光后的铝材表面上附着有一层白色的沉积物，且分布不均匀，附着物底部的铝材表面有可能被腐蚀。通常，该缺陷是因为化学抛光槽液中溶铝量太高所致。如果化学抛光槽液的相对密度在 1.80 以上，可以得到进一步证实。因此需采取措施将槽液中的溶铝量调整到正常的范围内。

C 表面粗糙

化学抛光后的铝材表面出现粗糙现象。该缺陷可能是在槽液中硝酸含量过高，酸性浸蚀造成的；若槽液中铜含量也高，则表面粗糙现象会更严重。通常，若槽液中硝酸含量过高，化学抛光反应剧烈，有“沸腾”的现象产生。若硝酸含量正常，铜含量偏高，则水洗后的铝材表面上附着有一层很明显的金属铜的特征颜色。如果铜的特征颜色很深，则表面槽液中的铜含量偏高，应采取措施将硝酸与铜的含量调整到正常的范围内。如果添加剂铜含量高，则应适当少加；如果槽液中的铜来自于含铜铝材的化学抛光，则采取措施添加不含铜的添加剂或调整槽液。如果铝材内部组织缺陷引起表面粗糙：铸造状态组织，如铸造或压铸的铝工件，铝材晶粒细化不充分及疏松、夹渣等缺陷，加工过程中变形量不充分、松枝状花纹等缺陷，造成表面粗糙，则可通过提高铝材内部质量来防止。因此，铝材的生产工艺对提高化学抛光的表面质量显得尤为重要。

D 转移性浸蚀

该缺陷发生在铝材化学抛光完成后转移到水洗的过程中，主要是由铝材转移迟缓造成的。对该缺陷进一步的确认，化学抛光后的铝材表面出现光亮度偏低，并带有一些浅蓝色。也有可能槽液中硫酸含量偏高协同所致。铝材从化学抛光槽液中提升出来，那么热的抛光槽液仍在表面起剧烈的反应，硝酸消耗最快；若转移迟缓，甚至水洗过程中搅拌不充分都会出现该缺陷。因此，铝材化学抛光完成后，应迅速转移到水洗槽中水洗，并充分搅拌，水洗干净。

E 点腐蚀

该类缺陷通常是在铝材表面上由气体累积，形成气穴，产生腐蚀；或由硝酸含量偏低或与铜含量偏低一起造成的。根据具体情况，确因气体累积所致，则应合理装料，增加工件倾斜度，加强搅拌，尽快让气体逸出。夹具应选择正确位置夹紧，不能夹在装饰面上，不宜阻碍气体逸出。如果铝材表面化学清洗不充分，也会引起点腐蚀。如果铝材表面已经有浅表腐蚀缺陷或烤干的乳液斑痕，则会加剧该类缺陷的产生。应事先采取措施消除这样的缺陷并加强铝材表面质量的控制。如果确认硝酸含量偏低，则应及时补加到规定的范围内。

8.3.2.2 电化学抛光缺陷及对策

A 电灼伤

该缺陷形貌与阳极氧化中的电灼伤形貌相似，通常是由于导电接触面积不足，接触不良，铝工件通电电压上升过快，电流密度瞬间过大，产生电灼伤所致。因为电化学抛光的电流密度要比阳极氧化的电流密度大几倍，甚至十几倍，因此，该类缺陷要比阳极氧化过程中更容易发生，且更严重。特别要注意装料用夹具坚固，导电接触面积满足大电流密度通过的要求且接触良好，各处通电均匀，才能使电化学抛光正常进行。通电电压宜采用软启动的方式升压，不宜升压过快。大的铝工件要防止严重电灼伤，形成局部过热甚至产生弧光溶化铝，造成铝工件落入槽中。

B 暗斑

该缺陷的形貌为电化学抛光后铝工件表面上产生圆形或椭圆形的暗斑。该缺陷可能是由电流密度较低、电力线局部分布不均匀造成的，严重时可能形成黑灰色的圆形或椭圆形斑痕。如果铝工件在槽子下方接近底部区域或工件远离阴极的那个面出现该类缺陷，则可能是在阴极电流主回路覆盖到的范围内，电流密度分布极不均匀所致。这要调整阴极极板的分布或采用屏蔽的方法，使电流密度分布均匀。按电流密度控制装料量，铝工件不宜装得太满，不能接近槽子底部区域。装料尽量避免电力线分布不到的死角区域。

C 气体条纹

气体条纹缺陷在化学抛光和电化学抛光中均可能出现。它是由气体逸出造成的，气体沿着工件表面上升的过程中，气体连续不断地给表面搅拌加速其溶解所致。特别是水平放置的铝工件表面，气体沿着表面汇集到一处，不断上升产生明显的气体条纹。电化学抛光中电流密度较大，产生气体较多，形成气体条纹缺陷的倾向就大。该缺陷的防止要从装料入手，控制好电流密度，并搅拌充分。装料时要使所有工件的每个面都应该倾斜，装饰面最好垂直放置且朝向阴极。尽量设法避免产生气体聚集，铝工件表面上气体逸出通道尽可能短，控制电流密度达到规定范围内的最佳值。若搅拌不充分，阳极导电梁移动太慢，行程不够远，也有可能产生较多气体条纹。这要调整移动搅拌装置的参数，满足电化学抛光的搅拌要求。

D 冰晶状附着物

该缺陷的形貌是电化学抛光过程中铝材表面上沉积有冰晶状外观的附着物。它与磷酸铝沉积有关，槽液中溶铝量太高，则会出现附着物的缺陷。解决方法为降低槽液中的溶铝量，使之达到规定的范围内。如果确实因为磷酸含量太高，则应降低磷酸的含量，使之控制在正常的范围内。

8.3.3 铝型材阳极氧化着色产品的主要缺陷分析与对策

8.3.3.1 阳极氧化工序中发生的缺陷

A 黄变

a 定义

某些不纯物混入氧化膜中，造成皮膜带黄色。

b 现象

用这种皮膜来电解着色，色调就变了。

c 原因

（1）电解液中或者是合金材料中的铁、硅等混入了皮膜，造成皮膜带黄色。

（2）阳极氧化工艺条件不合适，即低温氧化、大电流密度氧化，生成异常的厚膜。

d 对策

(1) 降低合金及电解液中的铁、硅等的浓度。

(2) 优化阳极氧化工艺条件。

B 重叠

a 定义

氧化时材料重叠，因异常接近造成皮膜非正常生成。

b 现象

从没发生皮膜的部分和端部变薄的部分可以看到叠合型材的印迹，有时可看到部分彩虹（干涉色）。

c 原因

电解中型材排列太密，就有可能发生异常接触。

d 对策

(1) 保持合适的绑料间距。

(2) 夹紧夹具。

(3) 去掉变形的夹具。

(4) 不装吊变形、弯曲的型材。

(5) 调小搅拌量和循环量。

C 聚集气体（空气袋）

a 定义

电解中产生的气体或搅拌所用的空气，停留在材料的间隙或拐角里，故不能生成氧化皮膜，通常也着不上色。

b 现象

材料的间隙或拐角部，皮膜局部很薄或者没有，进行电解着色时，不能获得均匀颜色。

c 原因

吊装的角度不合适或者受材料的形状影响，在材料的间隙或拐角部，反应的气体和搅拌用的空气停留，阻碍了皮膜的生成和上色。

d 对策

采用气体容易排出的吊装角度和装料方式。

D 黑斑

a 定义

因局部析出了β′（Mg_2Si）中间相的原因，阳极氧化后显现出黑色或白色的斑点。

b 现象

可能看到沿挤出方向有大致等间距黑色、白色或灰色的斑点。这些斑点多为 Mg_2Si 析出物，硬度低。

c 原因

挤压材在与冷床接触的部位，受到急冷又回热的热过程，发生（Mg_2Si）中间相析出。析出中间相的铝表面，在去污过程中粗面化，由阳极氧化形成了杂乱的皮膜构造。

d 对策

（1）用冷却风扇等来抑制回热。

（2）减少与挤压材接触材料的热导率。

E 起粉（粉膜）

a 定义

阳极氧化后，皮膜表面形成白色粉。

b 现象

阳极氧化后，皮膜呈白色粉状，且不透明。用手擦，很容易将粉擦去。

c 原因

在高温、高浓度的电解液中长时间电解，或者电解后长时间浸渍，皮膜化学溶解而粉化。

d 对策

（1）调低电解液浓度、温度。

（2）调低铝离子量。

（3）缩短浸泡时间。

F 短路（电蚀、溶膜、打火）

a 定义

通电中，材料对极接触，材料一部分溶解。

b 现象

在通电工序中，材料和对极短路，材料的一部分因电流过大而溶解。

c　原因

材料对极接触，或者通过掉下的型材而短路。

d　对策

(1) 改善排列方式。

(2) 防止材料摇摆。

(3) 除去掉下的材料。

(4) 调整极间距离。

G　电解不良（通电不良）

a　定义

阳极氧化中，导电接触不良，与设定的电流值不同，没流过规定的电流，皮膜几乎不能生成。

b　现象

两面有时可看到彩虹现象（干涉色），不能正常电解着色。

c　原因

(1) 因停电、电源故障而中断电解。

(2) 夹具劣化、污染，不能绑紧。

(3) 夹具接触面积不足。

(4) 设定的电流值有误。

d　对策

(1) 加强夹具节点的管理。

(2) 增大接触面积。

(3) 确认设定的电流值。

H　乳白

a　定义

不纯物混入了阳极氧化膜，皮膜构造不同而产生乳白色。

b　现象

皮膜缺乏透明而发白。

c　原因

(1) 高温下电解处理。

(2) 热水洗时间短。

(3) 挤出条件（如挤压温度低等情况）不良。

(4) 硅、铁、锰等含量的波动。

d 对策

(1) 阳极氧化处理条件的正常化。

(2) 水洗条件正常化。

(3) 确认设定的电流值。

(4) 调整合金成分。

I 皮膜烧伤(烧伤)

a 定义

阳极氧化处理时,电流密度局部过大,形成似乎烧伤的外观。

b 现象

阳极氧化处理中,电流局部集中的地方,温度增高,皮膜厚度增加,成为白化、粉化状态。皮膜伤发生部位的周边,皮膜会减薄。

c 原因

(1) 接触面积不足、对极与材料过于接近等,产生局部的电流密度过大。

(2) 搅拌能力不足和不均匀,使温度不均匀,并且,铝离子浓度已超上限。

d 对策

(1) 确保合适的接点面积。

(2) 改善对极配置。

(3) 增加槽液循环量,且要均匀。

(4) 设定合适的电流密度。

(5) 优化工艺条件,特别是确定铝离子含量。

J 耐蚀性不好

a 主要原因

硫酸浓度过高,铝离子含量超过20g/L。

b 解决方法

将硫酸浓度保持在150~200g/L。如果确认铝离子超过20g/L时,则考虑更换1/2~3/4槽液。

K 挂料中个别膜薄导致着色浅,甚至不能着色

a 主要原因

料绑得不紧或碱蚀后松动，使料与导电杆接触不良。

b　解决方法

碱蚀后用钳子把绑线进一步拧紧。

L　氧化膜局部烧伤发黑

a　主要原因

铝件与导电杆接触不良或接触面积不够，导电杆上的膜未脱干净，或者是阴、阳极接触短路。

b　解决方法

改善接触，消除阴、阳极接触。

M　膜层呈暗色

a　主要原因

合金成分有问题，氧化时电流中断又给电，电解液浓度低，氧化电压过高，预处理不好。

b　解决方法

如确属材质问题，应提高铸锭质量；如属处理不好，就要加强预处理。调节电解质含量，调整硫酸浓度，适当降低电压。

N　出现指印

a　主要原因

操作时手指触及未封孔的阳极氧化膜（这是很多厂都存在的现象）。

b　解决方法

戴干净手套，尽量避免手指接触。

O　膜厚不均匀

其产生原因及解决方法见表8-1。

表8-1　膜厚不均匀缺陷的产生原因及解决方法

膜厚不均匀的主要原因	解决方法
(1)制品装挂过于密集。 (2)电流分布不均。 (3)极间距离不适当。 (4)极比（阴/阳）过大。 (5)空心制品（凹状或槽状）	(1)～(4)合理装挂，保证制品有一定的间距，防止阳极区局部过热，制品应处于均匀强电场中，防止边缘效应；与阴极间距力求一致，以减少制品间的膜厚差；保持阳阴极比合适，阴极布置合理且有足够面积。 (5)增加腔内电解液流速，以降低温差；提高槽内循

续表 8-1

膜厚不均匀的主要原因	解决方法
腔内槽液静止或流速降低，造成内膜厚度不均；槽溶液循环（搅拌）能力小或不均匀。 (6)槽液温度升高。 (7)制品表面附有残留油污或杂质。 (8)电解液有油脂杂物。 (9)阴极板长度不够，穿插不到位。 (10)合金成分的影响。 (11)部分分离阴极导电不良	环（搅拌）能力，槽内循环管合理分布孔数及其大小，使搅拌趋于均匀。 (6)加大冷却循环量，加强槽液冷却。 (7)加强制品碱蚀，加强水洗，严禁用手或带有油脂脏手套擦拭预处理好（合格）的制品表面，防止污染。 (8)加强槽液管理，脂类杂物必须清除。 (9)按制品长度定阴极长度，穿插到位。 (10)严格控制适于阳极氧化处理的合金成分。 (11)及时碱洗清洗，夹紧加固，使其恢复导电能力

8.3.3.2 锡盐电解着色工序发生的缺陷

A 色不均（霭雾）

a 定义

局部与成品的色调不同，电解着色的外观不均匀。

b 原因

(1) 阳极氧化后水洗不足或长时间水洗；
(2) 异常质的水洗；
(3) 着色浸透时间短；
(4) 搅拌不足或过度搅拌。

c 对策

(1) 找出阳极氧化后合适的水洗时间；
(2) 水洗水质要调整；
(3) 延长浸泡时间；
(4) 调整着色液浓度、pH 值，去除不纯物；
(5) 改善循环搅拌条件；
(6) 调整着色后水洗 pH 值。

B 重叠褪色

a 定义

材料在靠近的状态下进行电解着色而发生的着色不良。

b 现象

(1) 型材间隔太窄;

(2) 在竖吊时夹具不保证垂直度。

c 对策

(1) 进行合理的绑料间隔处理，细小的材料和摇晃大的材料应设置防摇晃装置。

(2) 定期保养夹具。

C 针状流痕

a 定义

氧化膜发生裂缝，其周边着色不良。

b 现象

材料表面产生未着色的彗星状流痕，材料的棱角部发生概率较高。

c 原因

用脉冲方法着色处理时，阳极处理时的阳极氧化膜产生裂纹，从裂纹中产生气体阻碍着色。

d 对策

优化电解着色条件，特别是脉冲电解时阳极处理条件要合适。

D 碱性流痕（碱性垂线）

a 定义

着色的材料附着碱性溶液而发生垂状色不均。附着碱液的部分，未着色或淡色。

b 现象

碱蚀处理后，夹具或导电梁水洗不充分时，这些部位残留碱液，电解着色液流到材料表面，妨碍金属析出。

c 原因

在碱性工序，夹具或者导电杆附着碱性溶液，其后的水洗未能充分除去。

d 对策

(1) 夹具强化水洗;

(2) 改变夹具结构;

（3）水洗水液面的调整。

E 发暗（一）

a 定义

色调有不鲜明的感觉。

b 现象

色调发暗，无光发白。

c 原因

6063合金铸锭均匀化处理时，氢进入铸锭中，着色时呈现发白的外观，这个反应是由于二氧化硫气体参与，所以烧丙烷气和煤油的直射炉均匀化时易发生。

d 对策

（1）控制炉内水蒸气和二氧化硫量；

（2）均匀化时用间接反射炉。

F 发暗（二）

a 定义

色调有不鲜明的感觉。

b 现象

色调发暗，浑浊外观。

c 原因

碱洗时，高温、高浓度和处理时间长。

d 对策

（1）设定合适的碱洗工艺；

（2）调低碱浓度；

（3）降低槽温；

（4）缩短碱洗时间。

G 发暗（三）

a 定义

色调有不明显的感觉。

b 现象

色调发暗，缺少透明度；

c 原因

氧化电流密度高时，膜烧伤而失光，反之，则生成白而浊的膜。如用这样的膜来着色，色调就发暗。

d 对策

(1) 设定正确的氧化电流密度。

(2) 调整氧化槽液的温度、浓度。

H 发暗（四）

a 定义

色调有不鲜明的感觉。

b 现象

色调发暗，色度不好，浑浊的外观。在着黑色时色调发灰。

c 原因

(1) 杂质混入着色液（如铝离子等)。

(2) 着色条件不适合：激发气体产生的条件；电压不适合。

d 对策

(1) 除去不纯物。

(2) 修正着色条件：抑制气体产生；采用适合电压。

I 棱角褪色（拐角缺陷）

a 定义

着色时，型材棱角部着色不良。

b 现象

棱角部色浅或无色。

c 原因

挤压时，棱角部发生模具裂缝划痕，着色时，此部分电流集中而着色不良。

d 对策

(1) 进行修模。早期不易发现裂纹划痕，肉眼很难看见，用手摸就容易区别。

(2) 水洗时不要在空气中长期放置。

(3) 水洗后移送时不要吹风。

J 酸流痕

a 定义

着色前在材料上，因附着酸性溶液而呈垂状色不均。与正常部分不同，色深或色浅。

b 现象

膜表面留有酸性溶液，阻碍或促进着色。如果着色后有此情况即出现退色，有时也有流痕样。

c 原因

在氧化处理工序，夹具、垂直杆或者材料上端夹紧附着酸性溶液，而其后的水洗又未能充分去除。

d 对策

(1) 强化夹具水洗。

(2) 改变夹具的构造。

(3) 强化水洗以及调整水洗液面。

(4) 设置垂直杆防附酸机构。

K 剥落（皮膜破坏）

a 定义

着色时，氧化膜呈斑点状剥离。

b 现象

产生着不上色的斑点，氧化膜阻挡层和铝界面有大量的气体产生，因压力大而离开膜层，有时可达几毫米大小。

c 原因

(1) 着色电压太高或者着色时间长。

(2) 着色液被污染。

(3) 氧化时形成的阻挡层太薄，或者不均匀。

d 对策

(1) 修正着色条件。

(2) 除去不纯物（Na^+、K^+、NO^-）。

(3) 提高氧化电压。

L 接点不良（端白）

a 定义

夹具劣化和绑料不紧等，引起接点着色不良。

b 现象

接点附近着色不良，色不均。

c 原因

(1) 夹具劣化、污染。

(2) 接点绑紧力弱。

(3) 与夹具不吻合。

(4) 夹具附着涂料。

d 对策

(1) 加强夹具管理，彻底清洗。

(2) 在夹具上涂耐久性绝缘涂料。

M 绑料周围不良

a 现象

着色时，被处理物端部色深或色浅。

b 原因

着色时，电压设定不正确。

c 对策

(1) 设定正确的着色电压：通常端部（周围）色深为电压低，色淡为电压高。

(2) 检查着色液的组成。

N 白点（一）（白斑）

a 定义

着色时，随着膜的剥离发生斑点状未着色的部分。

b 现象

与“剥落”不同，随着膜剥离呈白斑点状缺陷。白点部是裂纹产生于膜上，还未形成正常的皮膜，其周边部未上色，沿挤压方向发生较多。

c 原因

挤压时，卷入异物或金属间化合物，一电解着色就呈白点状裂缝，发生于膜上。

d 对策

(1) 防止异物卷入。

(2) 坯料充分均匀化。

(3) 调整合金成分。

(4) 着色条件适合。

O 白点(二)(白斑)

a 定义

从氧化至着色之间，表面附着碱雾，随着膜剥离产生斑点状未着色部分。

b 现象

与合金成分原因所形成的白点不同，环境中飘游着阻碍着色的有害气体，例如腐蚀工序中飞散的碱气附着而发生。

c 原因

碱雾附着。

d 对策

(1) 强化碱洗排气能力。

(2) 改变生产线内气流方向。

(3) 碱洗和着色隔开。

P 单锡盐发黑起灰

a 原因

发色的时间过长，四价锡离子浓度偏高。

b 对策

人工擦去起灰或在含硝酸的中和槽进行短时间漂洗。

Q 型材色调发绿或棕黄色

型材色调发绿的原因：封孔剂不当，用单锡盐发色时的硫酸/硫酸亚锡的比值偏高。

型材色调发棕黄色的原因：用单锡盐发色时的硫酸/硫酸亚锡的比值偏低；在锡盐与镍盐进行混合发色时也可能出现。

R 着色不均匀

原因：料间距太小，挂料导电不好，电流分布不均匀。

8.3.3.3 镍盐电解着色工序发生的缺陷

缺陷产生原因及解决方法见表8-2。

表 8-2 镍盐着色缺陷产生原因及解决方法

缺陷名称	现 象	产 生 原 因	解决方法
着色速度慢		槽液成分偏低； pH 值偏低； 槽液液温偏低	调整槽液成分； 调整 pH 值； 调整槽液温度
上下端色差		pH 值异常； Na^+ 离子浓度异常	调整 pH 值； 调整 Na^+ 离子浓度
彗星状针孔	顺着型材挤压纹的方向有彗星状的小白点	电解着色的负通电时间过长； 负通电电压过高	选择合适的波形
着色层脱落	着色层能被轻易剥离，从而露出非氧化底层	着色槽内 Na^+ 含量过多； 电解着色的负通电时间过长	调整槽液管理范围； 选择合理的波形
深色云状色斑	在夹具端 1 ~ 2m 处的型材表面有深色云状色斑	阳极氧化后水洗 pH 低	调整阳极氧化后的水洗条件； 调整槽液管理范围

8.3.3.4 封孔工序发生的缺陷

缺陷产生原因及解决方法见表 8-3。

表 8-3 封孔缺陷产生原因及解决方法

现 象	产生原因与机理	解决方法
冷封孔不合格	封孔液 pH 值低； 封孔液 Ni^{2+} 或 F^- 低： Ni^{2+}/F^- 比值不合格； 封孔液里的杂质超标、槽液老化	pH 值调整到 6.0； 调整到工艺控制值的上限； Ni^{2+}/F^- 比值调整到 1.5 ~ 2.5； 更换槽液
热封孔不合格	封孔温度低； pH 值偏低； 封孔时间不够； 封孔液里的杂质超标	温度高于 93℃； pH 值调整到 6.0； 根据氧化膜厚度计算时间； 更换槽液
冷封孔膜裂纹	常温封孔以水解反应产物 $Ni(OH)_2$ 填充占主导地位，在封孔效果较好的情况下，日光暴晒发生膨胀，$Ni(OH)_2$ 与氧化膜基体膨胀系数不一致，将膜孔胀裂	适当提高阳极氧化时电解液温度，降低电流密度，控制氧化膜厚度，将大大减少氧化膜破裂现象的发生；提高封孔温度，缩短封孔时间，封孔后热水洗，同时延长陈化时间，避免型材在日光下暴晒，将减少膜破裂现象产生

8.3.4 电泳涂装发生的缺陷

缺陷产生原因及解决方法见表8-4。

表8-4 电泳涂装型材缺陷产生原因及解决方法

缺陷名称	现　象	产 生 原 因	解决方法
起泡	在漆膜表面留有泡迹的外观	将铝材浸入电泳槽时，由于漆液表面的泡卷入或空气卷入； 由于循环系统有空气卷入，阳极屏蔽不良，在漆液中存在微小气泡； 漆膜的热流动性差的场合	铝材进槽注意倾斜，绑料注意方向和倾斜； 检查循环系统和阳极屏蔽，防止泡在槽内滞留
电泳无漆膜	表面无漆膜	导电系统有问题； 阳极氧化膜被完全封闭	检查电泳电源是否有问题； 检查整个导电回路是否导电不良； 导电杆是否打磨不干净、绑料是否绑紧； 检查阳极氧化后的水洗及热纯水洗的时间与温度
异常电解	气体残留在漆膜内部，表面粗糙不平	通电条件和液体组成异常，电流部分集中或流过异常电流，伴随着气泡形成厚薄不均的漆膜。特别是在高电压漆膜厚的条件下易发生	改善通电条件； 调节液体组成（如亚硝酸盐等）
漆膜黄变	漆膜发黄	漆膜太厚； 烘烤温度高或时间长； 槽内涂料被污染（特别是硫酸根离子污染）； 氧化后在水洗槽中浸泡时间太长	改善涂漆条件； 改善烘烤条件，选择合适的温度； 进行离子交换处理； 在水洗槽中浸泡时间不宜太长
胶着	漆液的胶化物附在漆膜表面	电泳及电泳后的水洗槽混入酸； 漆液的部分树脂凝聚，附在铝材上	检查过滤系统，必要时更换滤芯； 去除漆液中的凝聚物，同时找出凝聚原因

续表 8-4

缺陷名称	现象	产生原因	解决方法
表面粗糙	漆膜表面有细微的凹凸不平	胺浓度高于工艺控制值； 槽内涂料有污染； 槽内涂料固体成分过低； 槽内涂料极端老化； 电泳工序或烘烤工序中的尘土附在漆膜上	进行阴离子交换处理； 根据电导率的测定结果，进行离子交换处理； 补给电泳涂料原液，使其固体成分达到工艺控制值的上限； 进行阴离子交换处理，补足溶剂无改善时，则更换一部分或全部涂料； 查出尘土来源并去除
酸迹	漆膜表面有胶化流动的情况	在氧化工序，夹具附着酸，水洗不干净	水洗必须充分； 改进夹具的构造
针孔或缩孔	涂膜出现针孔或缩孔	漆液中出现小气泡； 槽内涂料有污染； 被涂装物有污染； 被涂装物的绑料角度或吊装角度不足； 被涂装物下垂量过大； 电泳主槽液面流量不足，导致气泡残留在液面上； 阴极罩不良	检查电泳槽的回流口、液面线、副槽的回流落差、过滤循环泵及其管道有否吸气、冲溅等； 暂停循环过滤，待气泡浮上表面除去； 检查天车上是否有油或油脂类东西跌下混入； 检查周围环境是否有油烟气进入； 将溶剂量及胺浓度调整到工艺控制值的上限； 进行离子交换处理； 进行硅藻土过滤； 强化电解后各水洗工序的水洗和改良其水质； 调整被涂装物的绑料角度，使其成吊装角度至5°以上； 对于被涂装物下垂过大，中间应加杆固定并保证倾角； 加大循环泵的流量

续表 8-4

缺陷名称	现　象	产生原因	解决方法
漆斑及漆流痕	漆膜表面有漆斑或漆流痕	电泳起槽后停留时间过长； 电泳后水洗不足； RO2 槽的固体成分过高； 电泳水洗后沥液角度及滴干时间掌握得不好； 被涂装物下垂量过大； 导电梁上有酸碱水滴下	电泳起槽后的停留时间在 1min 以内； 延长电泳后的水洗时间； 调增大 RO1、RO2 水洗槽的循环量； 开动 RO2 的回收，降低固体成分起槽沥液的角度大于 20°； 滴干时间应在 5min 以上； 中间加垂直杆固定
低光泽	涂膜光泽不够高	涂膜厚度不够； 涂膜有再溶解的情况； 电泳涂装水洗不良； ED 或 RO1 的 pH 值偏高； 槽内涂料被污染； 烘烤干燥不足； 碱蚀过度	检查电泳涂装电压是否在工艺控制值内； 检查电泳涂装后被涂装物是否长时间放在电泳槽液中或水洗液中； 检查电泳涂装起槽后沥液时间是否过长； 检查泳后的水洗时间是否适当； 检查 RO2 槽的固体成分是否有异常； 根据电导率的测定结果，进行离子交换处理； 检查烘烤干燥的时间与温度是否适当
乳白	漆膜有乳白色	热纯水浸洗不充分； 氧化后水洗条件不好； 槽内涂料被污染（特别是硫酸根离子污染）	确认热纯水浸洗的温度、时间是否合适； 缩短阳极氧化后的第一道水洗的时间； 在 pH 值小于 2 的水洗槽中放置时间不得超过 1.5min； 强化水洗水的更换； 根据电导率的测定结果，进行离子交换处理

续表 8-4

缺陷名称	现 象	产生原因	解决方法
雾	白雾	前处理工序的酸、碱雾附在电泳后至烘烤干燥间的涂膜上	对酸碱雾发生的酸蚀、碱蚀工序加强排气抽风；改变车间内的气流方向（如采用排气扇、遮挡等）；电泳工序不得吹进酸碱雾
漆膜薄	所上涂膜较薄	涂装电压过低，时间偏短； 电泳槽液温度过低； 电泳槽液固体成分过低； 电泳槽内乙二醇单丁醚 BC 不足； 电泳槽液 pH 值太高或电泳槽液被污染； 电泳槽液极端老化	各涂装电压分阶段调高； 将漆液温度调高到 22~25℃； 补充固体成分和 BC； 开启离子交换，如果没有好转，要考虑漆液的一部分或全部更换
漆膜厚	所上涂膜过厚	涂装电压过高，时间太长； 电泳槽液温度过高； 电泳槽液固体成分过高； 电泳槽内 BC 过多	将涂装电压分阶段调低； 减少通电时间； 将漆液温度调低到 19~22℃； 停止固体成分和 BC 的补充
漆膜不均匀	所上涂膜厚薄不均	涂装电压不适合； 电泳槽液温度过高； 电泳槽内溶剂过多； 型材绑料间隙或吊装间隔过窄； 极比不适当； 极间距部分过小； 电流密度局部过大； 槽内涂料性能变化过大； 电泳槽液循环速度太低或不均匀	根据铝材的形状、绑料面积设定电压； 槽液温度调整到 20~22℃； 根据溶剂分析结果进行调整（使用 RO 透过液排出）； 调整绑料间隔或吊装间隔在 3cm 以上； 调整挂料面积，使极比为1∶1~5∶1； 将一部分电极用塑料板遮盖屏蔽； 减少漆液固体成分的剧烈波动； 增加离子交换频度； 加大电泳槽液循环速度，变换循环液体的出口角度

续表 8-4

缺陷名称	现 象	产 生 原 因	解决方法
滴形水迹	点状或滴水状	从电泳架、夹具等落下的水滴，附着在半干的漆膜表面被烤干，附着部位的光泽发生变化，以及水滴中的不纯物成分而产生	延长除水分时间； 对夹具进行改造
皮膜裂纹	阳极氧化膜的裂纹，通常是与挤压方向相垂直的白色微条纹	膜厚高（大于15μm）； 热水洗温度高； 热水洗时间长； 热水水质不良； 烘烤温度高	按标准控制氧化膜的厚度； 选择适当的热水洗条件（温度、时间、水质）； 选择适当的烘烤温度
条纹	竖吊系统中沿纵向可见的凸状筋	电泳起槽后，因漆液从两边干燥，而中间部位漆胶着而产生	除去漆液中的不纯物； 调整溶剂浓度和胺浓度
涂料迹	竖吊系统中可见的凸状迹	漆膜上附着漆液，不均匀地滴落而形成凸状迹	降低固体成分浓度，提高溶剂浓度； 提高 pH 值； 延长电泳后水洗阶段的时间； 提高水洗槽水位，使铝材上部无法残留漆液
接触	竖吊系统中铝材相互接触	型材吊挂间隙小； 夹具不够垂直； 烘烤炉内风压太大	应有合适的间隔； 降低或分散炉内风力
颗粒状异物	漆膜下有颗粒状异物	涂料中有脏物，RO1、RO2 水洗液脏； 型材电泳前未洗净； ED 槽 pH 值低； 烘烤炉内有脏物	过滤涂料，过滤水洗液； 电泳前应 3 道水洗，其中一道热水； 加氨水，使 pH 值为 7.6~8.0； 炉内循环风应干净； 滴干区应建塑料棚，罩住型材

续表 8-4

缺陷名称	现　象	产生原因	解决方法
漆膜起皱纹	橘子皮	涂料严重老化； pH 值太高； 槽液被污染； 固体成分含量太低	槽液进行离子交换； 取样化验，调整槽液成分； 固体成分含量调整到 7.5%～8.5%
粗糙失光	漆膜粗糙、光泽不好	氧化槽 Al^{3+} 太高； 氧化槽温偏高； ED 槽 pH 值偏高； 碱蚀液中 Zn 高； 中和槽酸浓度太低	降低 Al^{3+} 含量； 槽温控制在 19～23℃； 降低 pH 值； 控制 NaOH 品质； 正确执行工艺； 提高酸浓度
灰尘附着	漆膜表面灰尘附着	ED 槽前 3 个水槽的水太脏； ED 槽中有脏物； 滴干区上方落下尘灰； 烘烤炉内有灰尘	更换纯水或过滤纯水； 过滤 ED 槽液； 滴干上方加罩或检查罩有无破损； 清除炉内灰尘

8.3.5 铝合金建筑型材静电粉末涂装常见缺陷及质量控制

8.3.5.1 常见缺陷及产生原因

常见缺陷及产生原因见表 8-5。

表 8-5 静电粉末涂装常见缺陷、产生原因及相应防止措施

缺陷名称	缺陷特征	粉末涂料原因及防止措施	喷涂工艺原因及相应防止措施
缩孔	表面类似毛孔、针孔、火山口的缺陷	(1)流平剂、消泡剂用量不够； (2)流平剂、消泡剂混合不均匀； (3)制造过程中相容性不好的粉末涂料间相互污染； (4)制造过程中压缩空气含油含水	(1)脱脂不净； (2)工件表面不平整； (3)表面处理后干燥不充分； (4)更换粉末品种时，清扫不彻底； (5)喷涂用压缩空气含油含水或链条掉油污染； (6)粉末受潮或车间空气潮

续表 8-5

缺陷名称	缺陷特征	粉末涂料原因及防止措施	喷涂工艺原因及相应防止措施
颗粒	涂层表面突起的质点	(1)原材料质量不好，树脂中含有胶化粒子； (2)颜料、填料或助剂中含有机械杂质； (3)挤出机的自清洗作用不好，带进没有熔融性的部分胶化粒子； (4)环境中的灰尘等机械杂质带进粉末涂料中	(1)工件表面有毛刺，或者表面粗糙，有微细麻坑等； (2)表面处理液中的铬化残渣等杂质仍附着在工件表面； (3)喷粉室周围环境不干净，空气中一些粉尘和颗粒物被带进粉末涂料或喷粉室，或者因静电感应作用使带电杂质被吸附到工件上； (4)涂层过薄，不能隐蔽涂膜上微小不熔融的颗粒； (5)回收涂料未经过筛或过筛筛网眼太粗； (6)输送链挂具上固化粉末涂层的颗粒掉入涂膜
膜厚超差	同一工件膜厚超过合同规定的范围		(1) 在喷粉空中喷枪的数目和排列方式； (2) 喷枪的出粉量和空气压力； (3) 输送链的运转速度； (4) 工件的悬挂方式和排列； (5) 回收粉使用比例不当或混合不均
不上粉	工件表面附粉量与喷粉量之比小于60%	对于电晕放电体系，应选择带静电性能好的填料品种，或添加增电剂等特殊助剂的办法来提高涂料的带静电性能；对于摩擦荷电体系，应在配方中添加摩擦荷电助剂；颜料和填料质量分数高，导致密度大，粒子粗，使重力大于静电吸附力；或者粒度过小，带电少，静电吸附力小	电晕喷枪的电压过低或过高；工件电阻过大（接地不良或挂具未清理）；喷粉量过大；空气压力过大

续表 8-5

缺陷名称	缺陷特征	粉末涂料原因及防止措施	喷涂工艺原因及相应防止措施
失光泛黄	60° 光泽下限值超标	(1) 不同树脂类型粉末涂料之间的干扰； (2) 两种活性不同的树脂配制的粉末涂料之间也容易相互干扰	(1) 喷粉系统清扫不彻底； (2) 固化温度过高，时间过长，超过涂料的耐热温度
色差	涂层与标准色板间的色差超出规定	配方设计中选择的原材料，如颜料、消光固化剂等的耐热性不理想；涂装厂的烘烤固化条件与粉末生产厂调色时的烘烤固化条件之间有一定差距	(1) 膜厚不均； (2) 炉温不均； (3) 厚度相差较大的工件挂在同一个固化炉中固化时，工件材料厚的比薄的升温时间长，导致色差； (4) 喷粉系统清扫不干净
物理性能①不合格		配方设计中树脂与固化剂的匹配不合理，例如树脂的反应活性选择或者固化剂的品种和用量选择不合理；填料的质量分数或者体积分数太大等	(1) 未达到涂料要求的固化温度； (2) 达不到涂料要求的固化时间； (3) 工件表面处理不好； (4) 涂膜厚度过厚； (5) 试验温度过低； (6) 固化温度过高，烘烤时间过长
耐化学性能②不合格		配方的设计中，树脂和固化剂体系的匹配；颜料和填料的化学稳定性和在配方中的质量分数等因素不合适	(1) 表面处理质量不好； (2) 固化不完全； (3) 膜厚薄而不均
遮盖力不好		涂料配方对有遮盖力的颜料用量不够，使涂膜没有足够遮盖力	涂膜厚度太薄

①物理性能指压痕硬度、耐冲击性、抗弯曲性、附着力和杯突试验值；

②耐化学性能指耐盐酸性、耐溶剂性、耐灰浆性、耐盐雾腐蚀性、耐湿热性、耐沸水性和人工加速耐候性。

8.3.5.2 铝合金建筑型材静电粉末喷涂的质量控制指标

铝合金建筑型材静电粉末喷涂质量控制指标见表 8-6。

表 8-6 铝合金建筑型材静电粉末喷涂的技术指标

(摘自 GB/T5237.4—2010 标准)

检验项目	测试方法	技术指标
60°光泽	GB/T9754	≥80±10，<80±7
颜色和色差	按 GB/T9761—1988 目测，单色涂层仲裁采用色差仪按 GB/T11186.2 测定	单色粉末涂层与标准色板间的色差 $\Delta E_{ab}^{*}\leqslant 1.5$（同一批产品之间的色差）
涂层厚度	GB/T4957	40~120μm
压痕硬度	GB/T9275	≥80
附着力	GB/T9286	0 级
耐冲击性	GB/T1732，冲头直径 16mm	正面无开裂和脱落现象
杯突试验	GB/T9753	压陷深度 6mm 无开裂和脱落
抗弯曲性	GB/T6742	曲率半径 3mm，弯曲 180°无开裂和脱落
耐盐酸性	在涂层上滴 10 滴（1+9）盐酸溶液，用表面罩盖住，在（20±2）℃环境下放置 15min	无气泡和其他明显变化
耐溶剂性	将浸有二甲苯溶液的棉条置于试样上 30s，而后取下棉条用水洗净抹干，在室温放置 2h	无软化和其他明显变化
耐灰浆性	用1份石灰+3份标准砂+水混合成灰浆，在试样上做成 φ15mm×6mm 的圆柱，在温度（38±3）℃、相对湿度(95±5)%的环境中放置 24h	无脱落和其他明显变化
耐盐雾腐蚀性	1000h，ASS 试验，GB/T10125	划线两侧各 2mm 以外部分，涂层不应有腐蚀和脱落
耐湿热性	1000h，GB/T1740	≤1 级
人工加速	按 GB/T1865 方法 1 用氙灯照射 250h，按 GB/17766 评级	不粉化，失光率和变色色差 1 级
耐沸水性	将试片悬挂在温度不低于 95℃的沸水中煮沸 2h	无气泡、皱纹、水斑和脱落
外观	在自然散射光条件下，用正常视力观察涂层表面	平滑、均匀，不允许有皱纹、流痕、鼓泡、裂纹、发黏

8.3.6　液相静电喷涂涂层常见缺陷分析及控制措施

8.3.6.1　涂层厚度不足

a　产生原因

(1) 涂料稀释过度；

(2) 工件接地不良；

(3) 静电电压偏低。

b　防止措施

(1) 调整涂料的黏度；

(2) 加强工件的接地；

(3) 提高静电电压。

8.3.6.2　流挂

a　产生原因

(1) 漆膜太厚；

(2) 稀释剂挥发性差；

(3) 涂料搅拌不均匀。

b　防止措施

(1) 调整喷枪喷出量，以降低漆膜厚度；

(2) 使用挥发性好的稀释剂；

(3) 充分搅拌涂料。

8.3.6.3　涂层起泡

a　产生原因

(1) 预处理后水分未烘干；

(2) 涂料中有空气；

(3) 流平时间不足。

b　防止措施

(1) 升高预处理水分烘干温度或延长烘烤时间；

(2) 减慢搅拌速度，防止涂料中混入空气；

(3) 降低输送速度以延长流平时间。

8.3.6.4　色差

a　产生原因

(1) 供漆系统清洗不干净而使涂料污染;
(2) 涂层厚度不均匀;
(3) 烘烤温度过高或烘烤时间过长。

b 防止措施

(1) 加强涂料管理, 彻底清洗供漆系统;
(2) 涂料使用前充分搅拌均匀, 防止涂膜厚度不均匀;
(3) 调整烘烤炉参数。

8.3.6.5 水迹、油斑

a 产生原因

(1) 喷涂室水帘溅水;
(2) 工件表面有油;
(3) 压缩空气中含有油分、水分。

b 防止措施

(1) 调整喷涂室水帘结构以防止溅水;
(2) 加强工件表面预处理的脱脂;
(3) 防止预处理后工件被油污染;
(4) 对压缩空气进行充分的除油、除水。

8.3.6.6 麻点

a 产生原因

(1) 喷漆环境不清洁;
(2) 油漆太脏;
(3) 烘烤炉太脏。

b 防止措施

(1) 保持喷漆现场清洁, 防止车间内尘土飞扬;
(2) 加强漆液管理;
(3) 油漆、烘烤炉应洁净。

参考文献

[1] 肖亚庆，谢水生，刘静安，等．铝加工技术实用手册 [M]．北京：冶金工业出版社，2005.

[2] 王祝堂，田荣璋．铝合金及其加工手册 [M]．长沙：中南大学出版社，2005.

[3] 刘静安，谢水生．铝合金材料及其应用与开发 [M]．北京：冶金工业出版社，2011.

[4] 李学朝．铝合金材料组织与金相图谱 [M]．北京：冶金工业出版社，2010.

[5] 朱学纯，胡永利，易传江，刘静安．铝、镁合金标准样品制备技术 [M]．北京：冶金工业出版社，2011.

[6] 王祝堂，陈冬一，王仕越．最新变形铝合金国际四位数字体系牌号及化学成分 [J]．轻合金加工技术，2008（10），（11）.

[7] 吴小源，刘志铭，刘静安．铝合金型材表面处理技术 [M]．北京：冶金工业出版社，2009.

[8] 赵世庆，王华春，郭金龙，等．铝合金热轧及热连轧技术 [M]．北京：冶金工业出版社，2010.

[9] 钟利，马英义，谢延翠．铝合金中厚板生产技术 [M]．北京：冶金工业出版社，2009.

[10] 尹晓辉，李响，刘静安，等．铝合金冷轧及薄板生产技术 [M]．北京：冶金工业出版社，2010.

[11] 唐剑，王德满，刘静安，等．铝合金熔炼与铸造技术 [M]．北京：冶金工业出版社，2009.

[12] 段瑞芬，赵刚，李建荣．铝箔生产技术 [M]．北京：冶金工业出版社，2010.

[13] 李建湘，刘静安，杨志兵．铝合金特种管、型材生产技术 [M]．北京：冶金工业出版社，2008.

[14] 宋晓辉，吕新宇，谢水生．铝及铝合金粉材生产技术 [M]．北京：冶金工业出版社，2008.

[15] 刘静安，张宏伟，谢水生．铝合金锻造技术 [M]．北京：冶金工业出版社，2012.

[16] 刘静安，阎维刚，谢水生．铝合金型材生产技术 [M]．北京：冶金工业出版社，2011.

[17] 李念奎，凌杲，聂波，刘静安．铝合金加工材料热处理技术 [M]．北京：冶金工业出版社，2011.

[18] 侯波，李永春，李建荣，谢水生．铝合金连续铸轧和连铸连轧技术 [M]．北京：冶金工业出版社，2010.

[19] 李静媛，赵艳君，任学平．特种金属材料及其加工技术 [M]．北京：冶金工业出版社，2010.

[20] 刘静安，赵云路．铝材生产关键技术 [M]．重庆：重庆大学出版社，1997.

[21] 林肇琦．有色金属材料学［M］．沈阳：东北工学院出版社，1986.
[22] 刘静安，谢建新．大型铝合金型材挤压技术与工模具优化设计［M］．北京：冶金工业出版社，2003.
[23] 李西铭，等．轻合金管、棒、型线材生产［M］，北京：中国有色金属工业总公司教材办，1998.
[24] 罗启全．铝合金熔炼与铸造［M］．广州：广东科技出版社，2002.
[25] 朱祖芳．铝合金阳极氧化与表面处理技术［M］．北京：化学工业出版社，2004.
[26] 程远明．铝加工缺陷［M］．哈尔滨：黑龙江科技出版社，1986.
[27] 蒋香泉，等．工艺操作规程．东北轻合金加工厂，1988.
[28] 技术检查手册编写组．轻合金技术检查手册．东北轻合金加工厂，1979.
[29] 熊心源，等．铝及铝合金铸锭．加工材技术废品汇编．西南铝加工厂，1994.
[30] 罗苏，吴锡坤，刘静安，等．铝型材加工实用技术手册［M］．长沙：中南大学出版社，2006.
[31] 谢水生，刘静安，黄国杰．铝加工生产技术 500 问［M］．北京：化学工业出版社，2008.
[32] 周家荣．铝合金熔铸生产技术问答［M］．北京：冶金工业出版社，2008.